高等学校物联网专业系列教材
编委会名单

高等学校物联网专业系列教材

物联网实验

张燕燕　主　编

潘若禹　王　娜　庞胜利　副主编

中国铁道出版社
CHINA RAILWAY PUBLISHING HOUSE

内 容 简 介

本书主要介绍了物联网的相关知识和基本技术，阐述了物联网的基本概念、原理及其应用。全书以实验为导向，针对物联网的感知与标识、通信与网络、接入与处理 3 个不同层面的技术，共设计了 27 个实验，并对每个实验进行了详细的讲解，配有实验源代码、实验环境及配置文档等相关资料，为读者进一步学习和开发物联网应用解决方案提供了思路。

本书内容详尽，知识点涵盖全面，学生易学易懂。

本书适合作为高等学校物联网工程、传感器工程等相关专业，以及无线通信、网络技术、电子技术、单片机、嵌入式系统等课程的实验教材，也可以作为物联网应用系统开发人员的入门指导书。

图书在版编目（CIP）数据

物联网实验 / 张燕燕主编. —北京：中国铁道出
版社，2014.10
高等学校物联网专业系列教材
ISBN 978-7-113-13366-5

Ⅰ.①物… Ⅱ.①张… Ⅲ.①互联网络—应用—高等
学校—教学参考资料 ②智能技术—应用—高等学校—教学
参考资料 Ⅳ.①TP393.4 ②TP18

中国版本图书馆 CIP 数据核字（2014）第 216971 号

书　　名：物联网实验
作　　者：张燕燕　主编

策　　划：巨　凤　　　　　　　　　　　读者热线：400-668-0820
责任编辑：周　欣
编辑助理：绳　超
封面设计：一克米工作室
责任校对：汤淑梅
责任印制：李　佳

出版发行：中国铁道出版社（100054，北京市西城区右安门西街 8 号）
网　　址：http://www.51eds.com
印　　刷：三河市航远印刷有限公司
版　　次：2014 年 10 月第 1 版　　　2014 年 10 月第 1 次印刷
开　　本：787mm×1092mm　1/16　印张：17.5　字数：426 千
印　　数：1～3 000 册
书　　号：ISBN 978-7-113-13366-5
定　　价：35.00 元

总　序

物联网是继计算机、互联网和移动通信之后的又一次信息产业的革命性发展。目前物联网已被正式列为国家重点发展的战略性新兴产业之一。其涉及面广，从感知层、网络层，到应用层均有核心技术及产品支撑，以及众多技术、产品、系统、网络及应用间的融合和协同工作；物联网产业链长、应用面极广，可谓无处不在。

近年来，中国的互联网产业发展迅速，网民数量全球第一，这为物联网产业的发展奠定基础。当前，物联网行业的应用需求领域非常广泛，潜在市场规模巨大。物联网产业在发展的同时还将带动传感器、微电子、新一代通信、模式识别、视频处理、地理空间信息等一系列技术产业的同步发展，带来巨大的产业集群效应。因此，物联网产业是当前最具发展潜力的产业之一，是国家经济发展的又一新增长点，它将有力带动传统产业转型升级，引领战略性新兴产业发展，实现经济结构的战略性调整，引发社会生产和经济发展方式的深度变革，具有巨大的战略增长潜能，目前已经成为世界各国构建社会经济发展新模式和重塑国家长期竞争力的先导性技术。

物联网技术的发展和应用，不但缩短了地理空间的距离，也将国家与国家、民族与民族更紧密地联系起来，将人类与社会环境更紧密地联系起来，使人们更具全球意识，更具开阔眼界，更具环境感知能力。同时，带动了一些新行业的诞生和提高社会的就业率，使劳动就业结构向知识化、高技术化发展，进而提高社会的生产效益。显然，加快物联网的发展已经成为很多国家乃至中国的一项重要战略，这对中国培养高素质的创新型物联网人才提出了迫切的要求。

2010 年 5 月，国家教育部已经批准了 42 所本科院校开设物联网工程专业，在校学生人数已经达到万人以上。按照教育部关于物联网工程专业的培养方案，确定了培养目标和培养要求。其培养目标为：能够系统地掌握物联网的相关理论、方法和技能，具备通信技术、网络技术、传感技术等信息领域宽广的专业知识的高级工程技术人才；其培养要求为：学生要具有较好的数学和物理基础，掌握物联网的相关理论和应用设计方法，具有较强的计算机技术和电子信息技术的能力，掌握文献检索、资料查询的基本方法，能顺利地阅读本专业的外文资料，具有听、说、读、写的能力。

物联网工程专业是以工学多种技术融合形成的综合性、复合型学科，它培养的是适应现代社会需要的复合型技术人才，但是我国物联网的建设和发展任务绝不仅仅是物联网工程技术所能解决的，物联网产业发展更多的需要是规划、组织、决策、管理、集成和实施的人才，因此物联网学科建设必须要得到经济学、管理学和法学等学科的合力支撑，因此我们也期待着诸如物联网管理之类的专业面世。物联网工程专业的主干学科与课程包括：信息与通信工程、电子科学技术、计算机科学与技术、物联网概论、电路分析基础、信号与系统、模拟电子技术、数字电路与逻辑设计、微机原理与接口技术、工程电磁场、通信原理、计算机网络、现代通信网、传感器原理、嵌入式系统设计、无线通信原理、无线传感器网络、近距无线传输技术、二维码技术、数据采集与处理、物联网安全技术、物联网组网技术等。

物联网专业教育和相应技术内容最直接地体现在相应教材上，科学性、前瞻性、实用性、综合性、开放性应该是物联网专业教材的五大特点。为此，我们与相关高校物联网专业教学单位的专家、学者联合组织了本系列教材"高等学校物联网专业系列教材"，为急需物联网相关知识的学生提供一整套体系完整、层次清晰、技术先进、数据充分、通俗易懂的物联网教学用书，出版一批符合国家物联网发展方向和有利于提高国民信息技术应用能力，造就信息化人才队伍的创新教材。

本系列教材在内容编排上努力将理论与实际相结合，尽可能反映物联网的最新发展，以及国际上对物联网的最新释义；在内容表达上力求由浅入深、通俗易懂；在知识体系上参照教育部物联网教学指导机构最新知识体系，按主干课程设置，其对应教材主要包括物联网概论、物联网经济学、物联网产业、物联网管理、物联网通信技术、物联网组网技术、物联网传感技术、物联网识别技术、物联网智能技术、物联网实验、物联网安全、物联网应用、物联网标准、物联网法学等相应分册。

本系列教材突出了"理论联系实际、基础推动创新、现在放眼未来、科学结合人文"的特色，对基本概念、基本知识、基本理论给予准确的表述，树立严谨求是的学术作风，注意与国内外的对应及对相关概念、术语的正确理解和表达；从实践到理论，再从理论到实践，把抽象的理论与生动的实践有机地结合起来，使读者在理论与实践的交融中对物联网有全面和深入的理解和掌握；对物联网的理论、研究、技术、实践等多方面的发展状况给出发展前沿和趋势介绍，拓展读者的视野；在内容逻辑和形式体例上力求科学、合理，严密和完整，使之系统化和实用化。

自物联网专业系列教材编写工作启动以来，在该领域众多领导、专家、学者的关心和支持下，在中国铁道出版社的帮助下，在本系列教材各位主编、副主编和全体参编人员的参与和辛勤劳动下，在各位高校教师和研究生的帮助下，即将陆续面世。在此，我们向他们表示衷心的感谢并表示深切的敬意！

虽然我们对本系列教材的组织和编写竭尽全力，但鉴于时间、知识和能力的局限，书中难免会存在各种问题，离国家物联网教育的要求和我们的目标仍然有距离，因此恳请各位专家、学者以及全体读者不吝赐教，及时反映本套教材存在的不足，以使我们能不断改进出新，使之真正满足社会对物联网人才的需求。

高等学校物联网专业系列教材编委会

2011 年 10 月 1 日

前　言

　　近年来，继个人计算机、互联网与移动通信网之后，一种全新的"网络"——物联网（Internet of Things）开始悄然出现并影响日益巨大，物联网被视为互联网的应用拓展。在互联网时代，任何物品都是虚拟的，很难感知世界。而物联网将其用户端延伸并扩展到了任何物体与物体之间的信息交换和通信，这是一张与互联网相连并且连接世界万物的巨大网络。物联网的出现，打破了之前人类的传统思维。因其前景广阔、影响巨大，引起了社会各产业界、学术界的高度重视。人们开始从各自的专业领域和实际需求，探索和研究适用于自己的"物联网"。而其无处不在的普适性，也促进了物联网的高速发展。物联网具有学科综合性、产业链条长、渗透范围广等特点，因而对相关领域的技术创新人才提出了更加综合的要求。

　　为了能够尽量全面展示物联网不同层面的核心技术，本书在实验基础上讲解了物联网的感知层、网络层和应用层及相关技术的基本知识后，对本书所涉及的单片机、嵌入式系统及智能型物联网实验平台也做了相应的介绍，并针对本书中所使用的平台，详细地给出了各自平台环境的搭建方法，设计了专门的涉及平台方面的基础实验。然后，从物联网的感知与标识、通信与网络、接入与处理 3 个不同的技术层面设计了 RFID 读/写实验、各种传感器技术实验、短距离无线通信实验、ZigBee 网络通信实验、无线自组网实验、局域网组网试验、路由器基础实验、动态路由协议实验、访问控制列表实验及 NAT 配置实验等 27 个实验，以供读者入门以及进一步提高。

　　本书由西安邮电大学张燕燕任主编，潘若禹、王娜、庞胜利任副主编。其中第 1、2、3 章由张燕燕编写，第 4 章由庞胜利编写、第 5 章由潘若禹编写，第 6、7 章由王娜编写。张燕燕对全书进行了审定。在本书编写过程中，西安邮电大学管理工程学院秦成德教授、通信与信息工程学院王军选教授对本书提出了宝贵意见，为本书的形成给予了很大的支持。此外，对参与书稿整理工作的程一统、叶政良、杨洋、张丞、赵勇超、安小敏、唐智、崔昭等同学，在此表示深深的感谢。

编　者

2014 年 8 月

目 录

第1章 物联网实验概述

物联网内涵丰富，涉及计算、控制、自动化、通信、网络、微电子、微机电等诸多领域，通过与具体应用背景的结合，物联网可深入到社会生产和生活的各个方面。对物联网的认知需要对物联网的基本概念和组成有一个深入的认识，本章是对物联网技术的讲述和本书内容的介绍。

1.1 物联网认知

物联网（Internet of Things）概念是在无线传感器网络的基础上发展而来的，正式提出已经有十余年的历史，在世界范围内引起越来越高的关注。在国内，随着政府对物联网产业的关注和支持力度的显著提高，物联网已经逐渐从产业愿望走向现实应用。现在较为普遍的理解是：物联网是指通过各种信息传感设备，如传感器、射频识别（RFID）装置、全球定位系统、红外感应器、激光扫描器、气体感应器等各种装置与技术，实时采集任何需要监控、连接、互动的物体或过程，采集其声、光、热、电、力学、化学、生物、位置等各种需要的信息，与互联网相结合而形成的一个巨大的网络。物联网的目的是将现实世界的信息进行自动化、实时性、大范围、全天候的标记、采集、传输和分析，并以此为基础搭建信息运营平台、构建信息应用体系，从而实现社会生产生活中物与物、物与人，所有的物品与网络的连接，方便识别、管理和控制。

物联网中的"物"，不是我们普遍意义认知的普通的万事万物，并非自然的物品，我们现实世界的物品很难满足这样的要求，这就必须通过特定的物联网设备的帮助才能满足上面的要求。这个"物"必须满足如下的条件才能够被纳入"物联网"的范畴：

（1）有相应信息的接收器；

（2）有数据传输通路；

（3）有一定的存储功能；

（4）有处理运算单元（CPU）；

（5）有操作系统；

（6）有专门的应用程序；

（7）有数据发送器；

（8）遵循物联网通信协议；

（9）在网络中有可被识别的唯一编号。

物联网的发展离不开互联网，它是在互联网的基础上延伸和扩展的。物联网是比互联网更为庞大的网络，其网络连接延伸到了任何的物品和物品之间，这些物品通过各种信息传感设备来与互联网连接在一起，进行更为复杂的信息交换和通信，来实现对物品的管理和控制。因此，从技术角度来分析，物联网是各种传感器和实际存在的互联网相互衔接的一种新技术。物联网是自动控制、通信以及计算机技术的交叉学科，它综合运用了互联网、通信网络、信息处理技术（感知技术、智能处理）、传感器技术（无线传感器网络）、M2M 机器间通信等相关技术。物联网的概念模型如图 1-1 所示。

物联网是人类认识世界理想化的新境界。将简单的信息处理提升到人类社会与物理世界的融合上，而不再是以纯粹的具体技术升级为背景。信息技术"潜移默化"地融入人们的生活中，在丝毫不被人察觉的情况下完成任务，从而在真正意义上实现了人类对自然界丰富信息的随心所欲的感知和认识，从最大程度上消除了人与自然的距离，达到人与自然的和谐共生。

2009 年 IBM 论坛上，IBM 提出了"智慧地球"的概念，IBM 认为，IT 产业下一阶段的任务是把新一代 IT 技术充分运用在各行各业之中，具体地说，就是把感应器嵌入和装备到电网、铁路、桥梁、隧道、公路、建筑、供水系统、大坝、油气管道等各种物体中，并且普遍连接，形成物联网。

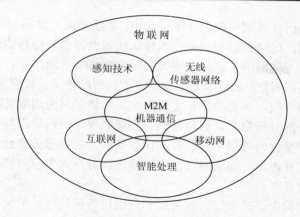

图 1-1　物联网的概念模型

物联网能够加速我国建设高科技、低污染、节约型、信息化的新型工业体系，提高产业竞争力；有助于促进需求、提供内生增长动力；有助于提升人们的生活水平和社会的和谐程度。此外尤其值得重视的是，物联网有助于我国科技创新的发展和国际经济科技制高点的争夺。物联网发展带动的全面科技创新对实现"建设创新型国家"的战略性目标和国家的跨越性发展具有重大意义。

1.2　物联网的体系结构

物联网可实现的价值体现在让物体也拥有了"智慧"，从而达到人与物、物与物之间的沟通。其中，物联网涉及感知、控制、微电子、软件、计算机、嵌入式系统、微机电、网络通信等技术领域，涵盖的范围广阔。它是典型的交叉学科，涉及学科领域众多，所运用到的核心技术包括 RFID 智能识别技术、传感器技术、无线通信技术、云计算技术、IPv6 技术等，至今还未能达成世界公认的统一标准。但通过分析目前的发展状况，以及对未来应用的展望，学术界基本一致认可物联网包括"感知层、网络层、应用层"这 3 个层次，如图 1-2 所示。

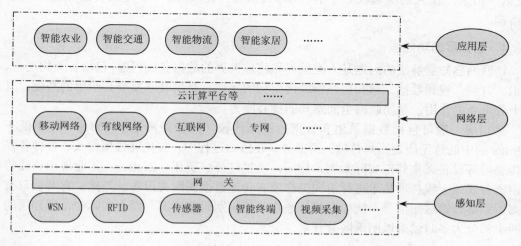

图 1-2　物联网体系架构示意图

目前在业界物联网体系架构的这 3 个层次中，底层是以二维码、RFID、传感器为主，实现对"物"的识别，运用传感和识别技术感知物理世界获取信息的感知层；第二层是通过现有的互联网、无线网络、通信网络等实现数据传输的网络层；最上层则是包含各类应用服务的应用层，例如：智能农业、智能交通、智能物流、智能家居等应用和服务。应用层还包括了中间件层，主要功能是实现网络层与物联网应用服务间的接口和功能调用，具体包括对业务的分析整合、信息共享、智能处理、网络管理等，体现为工作中的支撑平台、信息处理平台、管理平台、智能计算平台、信息服务平台等。通过感知层、网络层和应用层的交互作用，物联网可以实现物理世界与人类应用需求的连通，可以实现真正意义上的物物互联。

在物联网体系架构中，感知层、网络层和应用层各尽其用，但又相互联系，3 层的关系理解如下：

感知层相当于物联网的皮肤和五官，主要负责信息的采集和对物体的识别工作。包括摄像头、GPS（全球定位系统）、各种物理量传感器、二维码标签和识读器、RFID 标签和读写器等，用于识别物体、采集信息，与人体结构中皮肤和五官的作用类似。

网络层相当于物联网的神经中枢和大脑，负责将感知到的信息进行传输和处理。包括通信与互联网的融合网络、网络管理中心和信息处理中心等。

应用层是物联网的社会分工，根据各行业对物联网的需求实现广泛的智能化。它是物联网与行业专业技术的深度融合，与行业需求结合，实现行业智能化，这类似于人类的社会分工，最终构成人类社会。

1.2.1 感知层

物联网是物物相连的网络，网络的接入终端是各种各样的物品，这些物品连入物联网的前提是具有智能感知能力。完成对物体的感知这一关键环节，就要用到感知层的各种技术，RFID 技术、传感器技术、实时定位技术、模式识别技术等各种各样的感知技术的应用使物品有了"感觉"，并且将它们的"感觉"通过特定的手段和方式"表达"出来，使人们能够及时了解和掌握它们的情况。图 1-3 是由传感器组成的感知结构。

1. 感知层的功能

物联网感知层解决的问题是人类世界和物理世界的数据获取问题，包括各类物理量、标识、音频、视频数据。感知层是物联网架构的底层，是物联网发展和应用的基础，具有十分重要的作用，是物联网全面感知的核心能力。

感知层一般可包括数据采集和数据短距离传输（传输距离小于 100 m，速率低于 1Mbit/s 的中低速无线短距离传输）两部分。在感知过程中，首先通过摄像头、各种各样的传感器等设备采集外部实际数据。然后，通过红外、蓝牙、ZigBee、工业现场总线等短距离有线或无线传输技术进行协同工作或者传递数据到网关设备。当然，有时也只有数据短距离传输这一部分，例如，仅传递物品的识别码的情况。而在实际中，感知层的这两个部分大多时候难以明确区分开来。

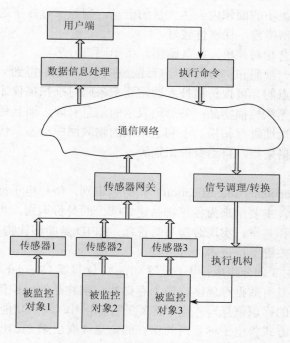

图 1-3　传感器组成的感知结构

2．感知层的关键技术

根据国际电信联盟（ITU）的定义，物联网感知层涉及的关键技术包括 RFID 技术、传感器技术、纳米技术、智能嵌入计算技术等。而实际上，感知层综合了传感器技术、嵌入式技术、智能组网技术、无线通信技术、分布式信息处理技术等，通过各种各样集成化的微型传感器协作实时监测、感知和采集各种环境信息或监测对象信息。然后，通过嵌入式系统对信息进行处理，并通过随机的自组织无线通信网络以多跳中继方式将所感知的信息传送到接入层的基站结点和接入网关，最终到达用户终端，从而真正实现"无处不在"的物联网理念。

3．感知层的主要技术

感知层的主要技术有物品标识技术（二维码和 RFID）、传感器技术、短距离无线传输技术（ZigBee 和蓝牙）等。本书第 3 章和第 4 章将对这些技术进行详细的讲解。

1）二维码技术

二维码（Two-dimensional Bar Code）技术是物联网感知层实现过程中最基本和最关键的技术之一。二维码又称二维条形码或二维条码，是用某种特定的几何形体按一定规律在平面上分布（黑白相间）的图形来记录信息的应用技术。从技术原理来看，二维码在代码编制上巧妙地利用构成计算机内部逻辑基础的"0"和"1"比特流的概念，使用若干与二进制相对应的几何形体来表示数值信息，并通过图像输入设备或光电扫描设备自动识读以实现信息的自动处理。

与条形码字符集最大能表示的字符个数为 128 个 ASCII 字符、信息量非常有限的一维码相比，二维码有着明显的优势：数据容量更大，二维码可以在横向和纵向两个方向同时表达信息，能在很小的面积内表达大量的信息，超越字母数字的限制；具有抗损毁能力，还可以引入保密措施，保密性较好。

作为一种制造工艺相对简单，持久耐用，条形码符号形状、尺寸大小比例可变，比较廉价实用的技术，一维码和二维码在今后还会在各行各业中得到一定的应用。然而，条形码的使用是有缺点的。可视传播技术通常要求条码对准扫描仪才有效；条形码的横条被撕裂、污损，则无法扫描物品；条形码表示的信息有限，而且使用过程需要用扫描器以一定的方向近距离地进行扫描，不利于未来的物联网中动态、快读、大数据量以及有一定距离要求的数据采集，自动身份识别等。

2）RFID 技术

RFID（Radio Frequency Identification）即射频识别，俗称电子标签。它是一种非接触式的自动识别技术，主要用来为各种物品建立唯一的身份识别，再通过开放式的计算机网络实现信息交换和共享，实现对物品的管理。RFID 是能够让物品"说话"的技术，也是物联网感知层的关键支持技术。

RFID 系统主要由 3 部分组成：电子标签（Tag）、读写器（Reader）和天线（Antenna）。其中，电子标签芯片具有数据存储区，用于存储待识别物品的标识信息；读写器是将约定格式的待识别物品的标识信息写入电子标签的存储区中（写入功能），或在读写器的阅读范围内以非接触的方式将电子标签内的保存的信息读取出来（读出功能）；天线用于发射和接收射频信号，一般内置在读写器和电子标签中。

与条形码相比，RFID 具有无须接触、自动化程度高、识别速度快、耐用可靠、适用于各种工作环境、能实现高速和多标签同时识别、使用寿命长等优势，所以广泛用于各个领域。例如：物流和供应管理、道路自动收费、门禁安防系统、图书馆管理、文档归类、生产制造和装配、物品监视追踪、汽车监控等。但 RFID 卡的制造成本比条形码稍高。第 3 章将重点介绍 RFID 技术并设置相应的实验。

RFID 系统的基本模型如图 1-4 所示。

图 1-4　RFID 系统的基本模型

3）传感器技术

在物理世界中，人类是通过视觉、听觉、触觉和嗅觉等感官来感觉和感知外界的信息，感觉和感知的信息输入大脑进行分析判断和处理，大脑再指挥人做出相应的动作。但是，通过人的五官来感觉和感知外界的信息非常有限，超出人可感知的温度、光照强度、空气污染的指数、质量等具体参数，就需要借助电子设备的帮助。传感器是感知获取信息及各种信息处理系统的一个主要设备。

传感器是一种检测装置，能感受到被测的信息，并能将检测感受到的信息，按一定的规则变换成电信号或其他所需形式的信息输出，以满足信息的传输、处理、存储、显示、记录和控制等要求。传感器是实现自动检测和自动控制的首要环节。在物联网系统中，传感器可以对各种参量进行信息采集和简单的加工处理，可以独立存在，也可以与其他设备结合一体呈现，无论哪种形式，都是物联网中的感知和输入部分。传感器及其组成的传感器网络将在未来的物联网数据采集前端发挥重要的作用。

传感器的分类方法多种多样，比较常用的有以下几种：

（1）按被测量类型分类：被测量的类型主要有机械量，如力、速度、加速度、位移等；热工量，如温度、流量（速）、压力（差）等；物性参量，如浓度、密度、酸碱度等；状态参量，如裂纹、缺陷、泄漏、磨损等。

（2）按能量转换原理分类：有源传感器和无源传感器。有源传感器将非电学量转换为电能量，如电动势、电荷式传感器等；无源传感器不起能量转换作用，只是将被测非电学量转换为电参数的量，如电阻式、电感式及电容式传感器等。

（3）按工作原理分类：有非电学量测量技术中应用范围较广的电学式传感器；有利用铁磁物质的一些物理效应而制成的磁学式传感器；有利用光电器件的光电效应和光学原理制成的光电式传感器；有利用热电效应、光电效应、霍尔效应等原理制成的电势型传感器；有利用压电效应原理制成的电荷传感器；有利用半导体的压阻效应、内光电效应、磁电效应、半导体与气体接触产生物质变化等原理制成的半导体传感器；有利用改变电子或机械的固有参数来改变谐振频率的原理制成的谐振式传感器。

传感器作为感知获取信息的关键部件，是物联网中不可缺少的信息采集手段，也是采用微电子技术改造传统产业的重要方法，对提高经济效益、提高科学研究和生产技术的水平有着举足轻重的作用。传感器技术水平的高低直接影响着信息技术水平的发展与应用。

4）ZigBee

ZigBee 是基于 IEEE 802.15.4 标准的低功耗个人局域网协议。这个协议规定的技术是一种短距离、低功耗的无线通信技术。ZigBee 这一名称来源于蜜蜂的八字舞，蜜蜂（Bee）是靠飞翔和"嗡嗡"（Zig）地抖动翅膀的"舞蹈"来与同伴传递花粉所在方位信息的，蜜蜂依靠这样的方式构成了群体中的通信网络。ZigBee 的特点是近距离、低复杂度、自组织、低功耗、低数据传输速率、低成本。ZigBee 主要适合用于自动控制和远程控制领域，可以嵌入各种设备。简而言之，ZigBee 就是一种便宜的、低功耗的近距离无线组网通信技术。

ZigBee 采用分组交换和跳频技术，并且可使用 3 个频段，分别是 2.4 GHz 的公共通用频段、欧洲的 868 MHz 频段和美国的 915 MHz 频段。ZigBee 主要应用在短距离范围并且数据传输速率不高的各种电子设备之间。与蓝牙相比，ZigBee 更简单、数据传输速率更低、功率及费用也更低。同时，由于 ZigBee 技术的低数据传输速率和通信范围较小的特点，也决定了 ZigBee 技术只适合于承载数据流量较小的业务。

ZigBee 技术主要的特点如下：

（1）低功耗。在低耗电待机模式下，2 节 5 号干电池可支持 1 个结点工作 6～24 个月，甚至更长。这是 ZigBee 的突出优势，相比较，蓝牙能工作数周。

（2）低成本。通过大幅简化协议（不到蓝牙的 1/10），降低了对通信控制器的要求。

（3）低数据传输速率。ZigBee 工作在 20～250 kbit/s 的速率，分别提供 250 kbit/s（2.4 GHz）、40 kbit/s（915 MHz）和 20 kbit/s（868 MHz）的原始数据吞吐率，满足低速率传输数据的应用需求。

（4）近传输距离。传输距离一般介于 10～100 m 之间，具体依据实际发射功率的大小和各种不同的应用模式而定。如果通过路由和结点间通信的接力，传输距离可以更远。

（5）短时延。ZigBee 的响应速率较快，一般从睡眠转入工作状态只需要 15 ms，结点连接进入网络只需要 30 ms，进一步节省了电能。相比较，蓝牙需要 3～10 s；

（6）高容量。ZigBee 可采用星状、片状和网状网络结构，由一个主结点管理若干子结点，一个主结点最多可管理 254 个子结点；同时主结点还可由上一层网络结点管理，最多可组成 65 000 个结点的大网。

（7）高安全性。ZigBee 提供了数据完整性检查和鉴定功能，采用 AES-128 加密算法，同时根据具体应用可以灵活确定其安全属性。

总之，由于 ZigBee 技术具有成本低、组网灵活等特点，可以嵌入各种设备，在物联网中发挥了重要作用。

5）蓝牙（Bluetooth）

蓝牙技术是一种无线数据与语音通信的开放性全球规范，它以低成本的近距离无线连接为基础，为固定与移动设备通信环境建立一个特别连接。和 ZigBee 一样，它也是一种短距离无线传输技术。

蓝牙采用分散式网络（Distributed Networks）结构以及快跳频（Frequency Hopping）和短包技术，支持点对点及一点对多点通信，工作在全球公共通用的 2.4 GHz 频段，能提供数据传输速率为 1Mbit/s 和 10 m 的传输距离，并采用时分双工传输方案实现全双工传输。

蓝牙除具有和 ZigBee 一样，可以全球范围适用、功率低、成本低、抗干扰能力强等特点外，还有许多它自己的特点：

（1）同时可传输语音和数据：蓝牙采用电路交换和分组交换技术，支持异步数据信道、三路语音信道以及异步数据与同步语音同时传输的信道。

（2）可以建立临时性的对等连接（Ad-hoc Connection）：根据蓝牙设备在网络中的角色，可分为主设备（Master）与从设备（Slave）。主设备是组网连接主动发起连接请求的蓝牙设备，几个蓝牙设备连接成一个皮网（Piconet）时，其中只有一个主设备，其余的均为从设备。

（3）开放的接口标准：为了推广蓝牙技术的使用，SIG 将蓝牙的技术标准全部公开，全世界范围内的任何单位和个人都可以进行蓝牙产品的开发，只要最终通过 SIG 的蓝牙产品兼容性测试，就可以推向市场。

蓝牙的主要应用为语音/数据接入、外围设备互联和个人局域网（PAN）。在物联网的感知层，主要用于数据接入。蓝牙技术能有效地简化移动通信终端设备之间的通信，也能够成功地简化设备与因特网之间的通信，从而使数据传输变得更加迅速高效，为无线通信拓宽了道路。蓝牙和 ZigBee 是物联网感知层典型的短距离传输技术，将在第 5 章详细介绍。

1.2.2　网络层

网络是物联网最重要的基础设施之一。网络层在物联网 3 层模型中连接感知层和应用层，具有强大的纽带作用，高效、稳定、及时、安全地传输上下层的数据。

1．网络层的功能

物联网网络层是在现有的网络的基础上建立起来的，它与目前主流的移动通信网、互联网、企业内部网、各类专网一样，主要承担着数据传输的功能，特别是三网融合后，有线电视网也能承担数据传输的功能。

在物联网中，网络层能够把感知层感知的数据无障碍、高可靠性、高安全性地进行传送，解决感知层所获得的数据在一定范围内，特别是远距离传输问题。网络层还承担比现有网络更大的数据量和面临着更高的服务质量的要求，目前的网络尚不能满足物联网的需求。这要求物联网需要对现有的网络进行融合和扩展，利用新技术以实现更加广泛和高效的互联功能。

2．网络层的关键技术

建立在互联网和移动通信网等现有网络基础上的物联网网络层，除具有目前已经比较成熟的如远距离有线、无线通信技术和网络技术外，为实现"物物相连"的需求，物联网网络层将综合使用 IPv6、2G/3G/4G、Wi-Fi 等通信技术，实现有线和无线的结合、宽带和窄带的结合、感知网和通信网的结合。同时，网络层中的感知数据管理与处理技术是实现以数据为中心的物联网的核心技术。感知数据管理与处理技术包括物联网数据的存储、查询、分析以及感知数据决策和行为的技术。下面将对网络层依托的互联网、移动通信网和无线传感器网络这 3 种主要网络形态以及涉及的 Ipv6 和 Wi-Fi 等关键技术进行介绍。

1）互联网（Internet）

互联网是 20 世纪 70 年代由美国军方的 ARPA 发展而来的。是一个由各种不同类型和规模的独立运行和管理的计算机网络组成的全球范围的计算机网络。网络间可以畅通无阻地交换信息。具有快捷性、普及性，是现今最流行、最受欢迎的传媒之一。

组成互联网的计算机网络包括局域网（LAN）、地域网（MAN）以及大规模的广域网（WAN）等。这些网络通过普通电话线、高速率专用线路、卫星、微波和光缆等通信线路把不同国家的大学、公司、科研机构以及军事和政府等组织的网络连接起来。

互联网为人们提供了巨大的不断增长的信息资源和服务工具宝库，用户可以利用其提供的各种工具去获取其提供的巨大信息资源和先进的服务。同样可以通过互联网将个人或企业部门的信息发布出去，随时供其他用户访问浏览。

2）移动通信网

移动通信系统从 20 世纪 80 年代诞生以来，到 2020 年将大体经过 4 代的发展历程，到 2010 年，将从第三代过渡到第四代（4G）。未来几代移动通信系统最明显的趋势是要求高数据传输速率、高机动性和无缝隙漫游。

第三代移动通信网：指继目前的 GSM 数字蜂窝网和窄带 CDMA 网之后，采用国际电信联盟定义的第三代移动通信技术和标准（IMT-2000），以承载数据业务为主的高速、宽带移动通信网络。包括核心网、无线接入网和终端。第三代移动通信采用了频谱利用率更高的无线技术，可支持 384 kbit/s 以上的数据传输速率的中高速移动数据业务，最大数据传输速率可达 14 Mbit/s，因而可实现包括活动图像在内的移动多媒体业务。

第四代移动通信网（4G）：4G 最大的数据传输速率超过 100 Mbit/s，这个数据传输速率是移动电话数据传输速率的 1 万倍，也是 3G 移动电话数据传输速率的 50 倍。4G 手机可以提供高性能的汇流媒体内容，并通过 ID 应用程序成为个人身份鉴定设备。它也可以接受高分辨率的电影和电视节目，从而成为合并广播和通信的新基础设施中的一个纽带。

3）无线传感器网络

无线传感器网络（Wireless Sensor Network，WSN）的基本功能是将一系列在空间上分散的传感器单元通过自组织的无线网络进行连接，从而将各自采集的数据通过无线网络进行传输汇总，以实现对空间分散范围内的物理或环境状况的协作监控，并根据这些信息进行相应的分析和处理。无线传感器网络技术在物联网的 3 个层面都有应用，它是结合了计算机、通信、传感器这 3 项技术的一门全新的信息获取和处理技术，具有较大的范围、低成本、高密度、灵活布设、实时采集、移动支持、全天候工作的优势，对物联网产业的发展有着显著的推动作用。

无线传感器网络采用 Ad-hoc（多跳移动无线网络）方式进行自动组网，一个典型的无线传感器网络包括大量的传感器结点（Sensor Node）、汇聚结点（Sink Node）和管理结点，图 1-5 所示是无线传感器网络体系结构。大量传感器结点随机部署在监测区域，通过自组织的方式构成网络。传感器结点采集的数据通过其他传感器结点逐跳地在网络中传输，传输过程中数据可能被多个结点处理，经过多跳后路由到汇聚结点，最后通过互联网或者卫星到达数据处理中心。也可以沿着相反的方向，通过管理结点对传感器网络进行管理，发布监测任务以及收集监测数据。

无线传感器网络结点通常由传感探测单元、无线传输单元、数据处理单元和电源管理单元组成。

（1）传感探测单元主要负责对真实世界或经过标记设备标记的物理信息进行感知，并将其转化为数字化的信息数据。它通常由集成了传感器和简单数-模转换电路的 MEMS 芯片和其周边电路组成。传感探测单元是无线传感器网络技术的基础，一切其他无线传感器网络应用都是以传感探测单元获得的数据为基础的。

（2）无线传输单元主要包括数据接口和射频收发芯片，负责切实实现结点之间的无线通信和自动组网。无线传输单元通常占据无线传感器网络结点一半以上的功耗。低功耗无线传输单元的研发和无线传输单元电源管理方案的改进是降低无线传感器网络结点整体功耗的主要途径。

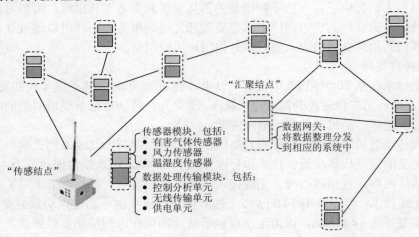

图 1-5　无线传感器网络体系结构

（3）数据处理单元负责控制整个结点的处理操作、路由协议、同步定位、功耗管理、任务管理、与其他结点进行无线通信，交换控制消息等。

（4）电源管理单元通常由电池或其他电源构成，负责提供无线传感器网络结点工作所需的能源。电源管理中新型电池和微型发电技术的发展，是延长无线传感器网络结点工作时间的重要手段之一。

1.2.3　应用层

物联网最终的目的是要把感知和传输来的信息更好地利用。应用层是物联网和用户（包括人、组织和其他系统）的接口，它与行业需求结合，实现物联网的智能应用。

1．应用层的功能

应用层的主要功能是把感知和传输来的信息进行分析和处理，做出正确的控制和决策，实现智能化的管理、应用和服务。具体来讲，应用层实现信息的存储、数据的挖掘、应用的决策等。应用层涉及海量信息的智能处理、分布式计算、中间件、信息发现等多种技术。物联网的应用是多种多样的，由于传送是由多种异构网络组成的，因此在传送和应用层之间需要有中间件进行承上启下。中间件是一种独立的系统软件或者服务程序，能够隐藏底层网络环境的复杂性，处理网络之间的异构性，分布式应用软件借助于中间件在不同的技术之间共享资源，它是分布式计算和系统集成的关键组件。

目前的物联网应用都是各个行业自己建立系统，系统和终端与具体应用相关，不便于多种业务的开展，也不利于业务的变更，同时需要专门的行业服务器。由于没有统一的物联网标准，物联网接入、融合的管理平台，物联网因为各行业的差异尚无法产生规模化效应。物联网的行业特性主要体现在其应用领域内，目前绿色农业、工业监控、公共安全、城市管理、远程医疗、智能家居、智能交通和环境监测等各个行业均有物联网应用的尝试，某些行业已经积累一些成功的案例。目前，在铁路、交通、电力、治安、石化、卫生医疗、城市管理等各个领域开始应用物联网技术，并出现了"车联网""数字城市""智能电网""智能交通"等多种应用，只不过，这些应用还只是在做个别项目试点。

2．应用层的关键技术

物联网应用层能够为用户提供丰富多彩的业务体验，然而，应用层需要解决的一个关键问题是如何合理高效地处理从网络层传输来的海量信息，并从中分析提取有效信息。这里对应用层的 M2M 技术、用于处理海量数据的云计算技术进行简单的介绍。

1）M2M 技术

M2M 是机器对机器（Machine-to-Machine）通信的简称。目前，M2M 技术重点在于机器对机器的无线通信，存在以下 3 种方式：机器对机器，机器对移动电话（如用户远程监视），移动电话对机器（如用户远程控制）。实际上 M2M 技术所有的解释在现有的互联网都可以实现，人与人之间的交互可以通过互联网进行。预计未来用于人与人通信的终端可能仅占整个终端市场的 1/3，而更大数量的通信是机器对机器（M2M）通信业务。事实上，目前机器的数量至少是人类数量的 4 倍，因此 M2M 技术具有巨大的市场潜力。

M2M 技术的潜在市场不仅限于通信行业。由于 M2M 技术是无线通信和信息技术的整合，它可用于双向通信，如远距离信息收集、设置参数和发送指令，因此 M2M 技术可有不同的应用方案，如安全监测、自动售货机、货物跟踪等。

在 M2M 技术中，GSM/GPRS/UMTS 是主要的远距离连接技术，其近距离连接技术主要有 802.11b/g、Bluetooth、ZigBee、RFID 和 UWB。此外，还有一些其他技术，如

XML 和 Corba，以及基于 GPS、无线终端和网络的位置服务技术。目前，M2M 技术的重点在于机器对机器的无线通信，而将来的应用则将遍及军事、金融、交通、气象、电力、水利、石油、煤矿、工控、零售、医疗、公共事业管理等各个行业。短距离无线通信技术的发展和完善，使得物联网前端的信息通信有了技术上的可靠保证。

2）云计算技术

云计算（Cloud Computing）是网格计算、分布式计算、并行计算、效用计算、网络存储、虚拟化、负载均衡等传统计算机技术和网络技术融合的产物。云计算的基本原理是，通过使计算分布在大量的分布式计算机上，而非本地计算机或远程服务器中，企业数据中心的运行将更与互联网相似。这使得企业能够将资源切换到需要的应用上，根据需求访问计算机和存储系统。它旨在通过网络把多个成本相对较低的计算实体整合成一个具有强大计算能力的完美系统，并借助 SaaS、PaaS、IaaS、MSP 等先进的商业模式把这强大的计算能力分布到终端用户手中。云计算的一个核心理念就是通过不断提高"云"的处理能力，减少用户终端的处理负担，最终使用户终端简化成一个单纯的输入/输出设备，并能按需享受"云"的强大计算处理能力。Google 搜索引擎是云计算的成功应用之一。

1.3　本书设计思路

物联网的内涵丰富，涉及计算、控制、自动化通信、网络、微机电等诸多领域，几乎囊括了信息技术及相关领域的各个方面，而且通过与应用背景的结合，物联网更是深入到社会生产和生活的每个角落，并渗透到各行各业。本书在介绍了物联网的层面和关键技术后，给出了系列实验和系统的设计思路，让读者对物联网实验及应用技术有一个宏观的了解，也可以通过学习实验内容，进一步学习物联网的具体实现办法。

1.3.1　本书结构安排

第 1 章主要介绍物联网的总体情况，包括物联网基本概念、物联网的认知和体系结构，以及物联网的层次，还包括了本书的实验在物联网不同层次的情况。本书只是对涉及的实验，介绍了用到的关键技术的基础知识，读者可以根据自己实验时的需要，在实验前进行选读和学习。

第 2 章介绍本书所涉及的单片机、嵌入式及智能终端平台，每部分都讲述了各平台的基础知识，包括硬件、软件、开发环境相关知识，最后针对本书中所使用的平台，设计了专门的涉及平台方面的基础实验。实验作为本书的基础，基本都是在这 3 个平台上，通过对硬件的组合和增强、软件及协议的修改和开发来实现的。

第 3 章是条形码与 RFID 应用实验。首先介绍物流条码技术的基础知识，然后介绍 RFID 整体系统架构和工作原理，编码、调制与数据检验。最后安排了基于 RFID 的射频识别实验，包括两个不同平台的 RFID 读/写实验，单片机实验平台 RFID 读/写实验和嵌入式实验平台 RFID 读/写实验。

第 4 章是传感器技术及相关实验。本章详细介绍了传感器基础知识及各种传感器，主要包括：温度传感器、湿度传感器、光照传感器、超声波传感器、加速度传感器、霍尔传感器、红外传感器、GPS 传感器等。然后介绍了传感器接口技术，并在理论知识的基础上，设计了数字式温湿度传感器实验、光照传感器基础实验、红外通信实验。本章的实验旨在让读者全面地了解和学习感知层最基本的实验。传感器的实验内容较多，读者可以根据专业及项目需要在学习了本章内容后，进行有针对性地选修。

第 5 章是物联网通信技术及相关实验。首先介绍 RS-232 及 RS-485 串行通信技术的概念，CAN 总线通信技术的基础知识，包括 CAN 总线基本工作原理、CAN 控制器和收发器、CAN 总线的报文格式和通信基础，蓝牙通信技术的原理及基本结构，红外技术概述和 ZigBee 技术概述。并以这些技术为背景设计了更贴近应用的实验。主要包括基于 CAN 总线通信实验、基于蓝牙技术的通信实验、ZigBee 网络拓扑选择实验、ZigBee 协议分析实验。由于每部分涉及相当多的基础知识，读者应适当结合需要选择适合的内容深入学习。

第 6 章是 M2M 技术实验，在介绍了 M2M 技术概述、GSM 技术、GPRS 技术和 M2M 技术后，设计了 GPRS 通信实验。因为很难从实验的角度展示物联网的应用和服务，但读者可以将本章的实验结合实际需要，对物联网的应用系统有一定的认识。

第 7 章是互联网通信实验。本章集中介绍与通信网络相关的实验，首先是介绍 IP 网络技术、以太网通信技术和局域网组网交换技术原理、与 IP 网络互相关的连路由技术概述、RIP 协议原理和 OSPF 协议原理、Wi-Fi 技术概述、Wi-Fi 技术网络结构和原理，设计的实验有交换机的基本配置实验、验证生成树协议、VLAN 配置实验、VLAN 主干道配置实验、路由器的基本配置实验、路由器直连路由实验、路由器静态路由实验、RIP 路由配置实验、点到点链路 OSPF 配置实验、广播多路访问 OSPF 配置实验、多区域 OSPF 配置实验、标准访问控制列表实验、访问控制列表综合实验、NAT 配置实验。

1.3.2　实验编写计划

为了更好地让读者对物联网实验入门，本书尽可能在各层的主要技术中选取有代表性的核心技术通过具体的实验展现。因此，后续的章节的名称没有与物联网的层次进行对应，而是为了清晰可见，本书的章节安排以技术内容命名。

（1）在感知层，主要涉及智能感知和标识相关的技术，包括条形码与 RFID 应用实验、各类传感器实验（数字式温湿度传感器实验、光照传感器基础实验、红外通信实验）。

（2）在网络层，主要涉及无线通信和网络协议的设计。由于骨干网络环境复杂，在实验室呈现的难度及成本较高，本书主要以物联网通信技术及相关实验为例来设计实验，包括 CAN 总线的通信实验、基于蓝牙技术的通信实验、ZigBee 网络拓扑选择实验和 ZigBee 协议分析实验。

（3）在应用层，主要涉及网络接入和智能处理的技术。应用层的核心在于中间件和服务平台，实验的内容包括 GPRS 通信实验、局域网组网实验（交换机的基本配置实验、验证生成树协议、VLAN 配置实验、VLAN 主干道配置实验、路由器的基本配置实验、路由器直连路由实验、路由器静态路由实验、RIP 路由配置实验、点到点链路 OSPF 配置实验、广播多路访问 OSPF 配置实验、多区域 OSPF 配置实验、标准访问控制列表实验、访问控制列表综合实验）NAT 配置实验。由于这些应用服务在实验中涉及较多的数据及网络资源，本书在选取相关内容时进行了一定的简化。

由于设计的实验可能涉及的硬件平台、软件平台、实验环境种类繁多，故将这些实验聚焦在 3 种实验平台上，包括单片机实验平台（基于 STC-51 单片机开发板）、嵌入式实验平台（基于 UP-CUP2410 的开发平台）及智能型物联网实验平台（基于 DS210A 型物联网、嵌入式实验教学平台），本书所有的实验都分布在这 3 种实验平台上。由于硬件环境的要求，部分实验可能会跨越多个实验平台，但只要掌握了这 3 种实验平台，就可以设计出丰富的实验和系统，而不局限于本书的内容。

 习题

1. 什么是物联网？物联网的"物"的含义是什么。
2. 物联网由哪几部分组成？它们的作用与相互关系怎样？
3. 物联网应具备的 3 个特征是什么？
4. 感知层的常用感知技术有哪些？
5. 简述物联网感知、网络与应用的关键技术。

第2章 物联网基础实验平台

通过对物联网领域中常用的单片机实验平台、嵌入式实验平台和智能型物联网实验平台的介绍，使读者对后续章节里所用到的实验平台有清楚的认识。首先，简述了各实验平台的硬件、软件和开发环境的相关基础知识，然后针对每一种实验平台，设计一个入门实验。通过对这些实验的深入学习，读者可以迅速掌握各实验平台软硬件开发的方法及过程，为深入学习物联网各层的应用实验打下基础。

2.1　单片机实验平台

单片机在物联网中应用于硬件设计方案，特别是在与传感器网络相关的硬件方案中起着重要的作用。其典型的特点在于低功耗、低成本、小体积、自组织等。在目前的工艺条件下，单片机是搭建原型系统和产品的主要工具。随着未来的材料和工艺的发展，集成芯片、微机电芯片等会逐步走上舞台，并有可能最终成为主导。

2.1.1　硬件环境介绍

单片机是一种集成电路芯片，是采用超大规模集成电路技术把具有数据处理能力的中央处理器CPU、随机存储器RAM、只读存储器ROM、多种I/O口和中断系统、定时器/计时器等功能（可能还包括显示驱动电路、脉宽调制电路、模拟多路转换器、A/D转换器等）集成到一块硅片上构成的一个小而完善的微型计算机系统，在工业控制领域中广泛应用。从20世纪80年代，4位、8位的单片机，发展到现在的32位的主频超过300 MHz的高速单片机。

单片机诞生于1971年，经历了SCM、MCU、SoC三大阶段，早期的SCM单片机都是4位或8位的。其中最成功的是Intel的8031，此后在8031基础上发展出了MCS-51系列MCU系统。基于这一系统的单片机系统直到现在还在广泛使用。随着工业控制领域要求的提高，开始出现了16位单片机，但因为性价比不理想并未得到很广泛的应用。20世纪90年代后随着消费电子产品大发展，单片机技术得到了巨大提高。随着Intel i960系列特别是后来的ARM系列的广泛应用，32位单片机迅速取代16位单片机的高端地位，并且进入主流市场。

1. 51系列单片机

51系列单片机是对所有兼容Intel 8031指令系统的单片机的统称。该系列单片机的始祖是Intel的8031单片机，后来随着Flash ROM技术的发展，8031单片机取得了长足的进展，成为应用最广泛的8位单片机之一，其代表型号是Atmel公司的AT89系列，它广泛应用于工业测控系统之中。51系列单片机是基础入门的一类单片机，也是应用最广泛的一类单片机。

当前常用的51系列单片机主要产品有：Intel的80C31、80C51、87C51、80C32、80C52、87C52等；Atmel的89C51、89C52、89C2051等；Philips、华邦、Dallas、Siemens（Infineon）等公司的许多产品。目前，国产宏晶STC单片机以其低功耗、廉价、性能稳定，占据着国内51系列单片机较大市场。

2. PIC系列单片机

PIC（Peripheral Interface Controller）系列单片机是美国Microchip公司的产品，其突出的特点是体积小、功耗低、精简指令集、抗干扰性好、可靠性高、有较强的模拟接口、代码保密性好、大部分芯片有其兼容的Flash程序存储器的芯片，是目前市场份额增长最快的单片机之一。

PIC系列单片机是一种用来开发和控制外围设备的集成电路（IC）。一种具有分散作用（多任务）功能的CPU。与人相比，它的大脑就是CPU，PIC系列单片机共享的部分相当于人的神经系统。PIC系列单片机有计算功能和记忆内存，像CPU并由软件控制运行。

然而，处理能力一般，存储器容量也很有限，这取决于 PIC 系列单片机的类型。但是它们的最高操作频率大都在 20 MHz 左右，存储器容量用作写程序的有 1～4 KB。时钟频率与扫描程序的时间和执行程序指令的时间有关系。但不能仅以时钟频率来判断程序处理能力，它还随处理装置的体系结构改变。如果是同样的体系结构，时钟频率较高的处理能力较强。

3. AVR 系列单片机

1997 年，AVR 系列单片机是由 Atmel 公司研发出来的，它是增强型内置 Flash 的 RISC（Reduced Instruction Set CPU）精简指令集高速 8 位单片机。

AVR 系列单片机价格低廉。学习 AVR 系列单片机可使用 ISP 在线下载编程方式（即把 PC 上编译好的程序写到单片机的程序存储器中），不需购买仿真器、编程器、擦抹器和芯片适配器等，即可进行所有 AVR 系列单片机的开发应用，这可节省很多开发费用。程序存储器擦写可达 10 000 次，甚至更高，不会产生报废品。

超功能精简指令集（RISC），具有 32 个通用工作寄存器，克服了如 8051 MCU 采用单一 ACC 进行处理造成的瓶颈现象。快速的存取寄存器组、单周期指令系统，大大优化了目标代码的大小、执行效率，部分型号 Flash 非常大，特别适用于使用高级语言进行开发。

作输出时与 PIC 系列单片机的 HI/LOW 相同，可输出 40 mA（单一输出），作输入时可设置为三态高阻抗输入或带上拉电阻输入，具备 10～20 mA 灌电流的能力。片内集成多种频率的 RC 振荡器、加电自动复位、把关定时器（俗称"看门狗"）、启动延时等功能，外围电路更加简单，系统更加稳定可靠。

4. MSP430 系列单片机

MSP430 系列单片机是美国德州仪器（TI）1996 年开始推向市场的一种 16 位超低功耗、具有精简指令集（RISC）的混合信号处理器（Mixed Signal Processor）。具有丰富的寻址方式（7 种源操作数寻址、4 种目的操作数寻址）、简洁的 27 条内核指令以及大量的模拟指令；大量的寄存器以及片内数据存储器都可参与多种运算；还有高效的查表处理指令。这些特点保证了它可编制出高效率的源程序。

MSP430 系列单片机具有超低的功耗，是因为其在降低芯片的电源电压和灵活而可控的运行时钟方面都有其独到之处。首先，MSP430 系列单片机的电源电压采用的是 1.8～3.6 V 电压。因而其在 1 MHz 的时钟条件下运行时，芯片的电流最低会在 165 μA 左右，RAM 保持模式下的最低功耗只有 0.1 μA。其次，独特的时钟系统设计。在 MSP430 系列单片机中有两个不同的时钟系统：基本时钟系统、锁频环（FLL 和 FLL+）时钟系统和 DCO 数字振荡器时钟系统。可以只使用一个晶体振荡器（32.768 kHz），也可以使用两个晶体振荡器。由系统时钟系统产生 CPU 和各功能所需的时钟。并且这些时钟可以在指令的控制下，打开和关闭，从而实现对总体功耗的控制。由于系统运行时开启的功能模块不同，即采用不同的工作模式，芯片的功耗有着显著的不同。在系统中共有 1 种活动模式（AM）和 5 种低功耗模式（LPM0～LPM4）。在实时时钟模式下，可达 2.5 μA，在 RAM 保持模式下，最低可达 0.1 μA。

MSP430 系列单片机的各系列都集成了较丰富的片内外设。它们分别是看门狗（WDT）、模拟比较器 A、定时器 A0（Timer_A0）、定时器 A1（Timer_A1）、定时器 B0（Timer_B0）、UART、SPI、I^2C、硬件乘法器、液晶驱动器、10 位/12 位硬件 A/D 转换器、16 位 $\Sigma-\Delta$ A/D 转换器、DMA、I/O 端口、基本定时器（Basic Timer）、实时时钟（RTC）和 USB

控制器等若干外围模块的不同组合。其中，看门狗可以使程序失控时迅速复位；模拟比较器进行模拟电压的比较，配合定时器，可设计出 A/D 转换器；16 位定时器（Timer_A 和 Timer_B）具有捕获/比较功能，大量的捕获/比较寄存器，可用于事件计数、时序发生、PWM 等；有的器件更具有可实现异步、同步及多址访问，串行通信接口可方便地实现多机通信等应用；具有较多的 I/O 端口，P0、P1、P2 端口能够接收外部上升沿或下降沿的中断输入；10 位/12 位硬件 A/D 转换器有较高的转换速率，最高可达 200 kbit/s，能够满足大多数数据采集应用；能直接驱动液晶多达 160 段；实现两路的 12 位 D/A 转换；硬件 I²C 串行总线接口实现存储器串行扩展；以及为了增加数据传输速率，而采用的 DMA 模块。MSP430 系列单片机的这些片内外设为系统的单片解决方案提供了极大的方便。另外，MSP430 系列单片机的中断源较多，并且可以任意嵌套，使用时灵活方便。当系统处于省电的低功耗状态时，中断唤醒只需要 6 μs。

在物联网应用中，单片机作为硬件设计的核心处理器之一，不可避免地被广泛使用。根据物联网的应用场景，可选择单片机的型号，相应涉及应用对系统提出的主要的参考指标包括速度、功率、体积、外设种类、易用性等。作为用户，可以在满足功能及性能需求的前提下，结合自身的喜好进行科学选配。

2.1.2　软件环境介绍

对于单片机的开发环境，软件方面涉及对编程语言、编辑编译和调试环境的选择问题。根据应用对象的特点选择合适的开发编程语言和开发工具，是解决问题首先要考虑的。下面结合常用的单片机类型，简单地介绍有代表性的软件开发环境。

1. 编程语言的选择

早期的单片机开发均使用汇编语言。把汇编语言程序变为单片机可执行的机器码（一般为.bin 和.hex 等文件格式）有两种办法；一种是手工汇编，另一种是机器汇编。手工汇编，即采用键盘输入的编写方式。首先把程序用助记符指令写出，然后通过查指令的机器代码表，逐个把助记符指令“翻译”成机器代码，再进行调试和运行。通常将这种人工查表“翻译”指令的方法称为“手工汇编”。机器汇编（Assembler）将源程序变为机器码，例如用于 MCS-51 单片机的 A51 汇编软件。机器汇编极大地减少了人工参与的过程，效率明显提高。

随着单片机开发技术的不断发展，高级语言，特别是嵌入式 C 语言，成为单片机开发的主要编程语言。与汇编语言相比，C 语言在功能、结构、可读性和可维护性上有明显的优势，尤其对于那些使用过汇编语言后，再使用 C 语言开发的程序员来说，会觉得 C 语言非常易学易用。当然，采用 C 语言编程存在着生成代码效率问题，这取决于编译器和程序员的编程风格。由于 C 编译器已经对单片机部分硬件资源进行封装，如堆栈、子程序的跳转、中断处理时的现场保护等。C 语言程序中的函数、控制语句在编译时都会被编译器编译成相应的汇编指令，这些语句生成的代码量对各种不同的 C 编译器不尽相同。一般来说，同样功能的总代码生成量比使用汇编语言略高 20%。可以这样说，任何一款编译器都不会比一个经验丰富的汇编语言程序员编写的汇编程序效率高。

无论是采用 C 语言，还是采用汇编语言，都各有其利弊。虽然对汇编语言的娴熟使用需要一定的时间，并且调试起来困难很大，但其程序执行效率是不争的事实。C 语言虽然易学易用，但对于一些底层和重复性操作，采用 C 语言实现起来效率偏低。所以在开发过程中，推荐采用 C 语言和汇编语言相结合的编程方法，以充分发挥两者的优势。例如，通常用汇编语言来编写底层的对硬件的操作，把与硬件无关或相关性的部分用 C 语言代码来实现。当然，要充分发挥两者的优势，需要程序员对 C 编译器有一定了解，并注重平时的积累。

2. 开发平台的选择

单片机开发平台的基本功能是实现对源代码的编译、连接并生成代码，提供目标代码下载的功能或接口，并支持仿真。现在已经有一些较为通用的单片机集成开发环境，如 ICC（Imagecraft C Compiler），IAR Embedded Workbench，CodeVision AVR（又称 CVAVR），Keil μVision，GCC 等。这些集成开发环境包括集成环境 IDE、处理库专家、可视化参数工具、项目工程管理器、C 编译器、宏汇编、连接/定位器、目标文件生成、库管理及功能强大的仿真调试器等，是一种集成化的文件管理编译环境，具有良好的用户接口，并且都普遍支持汇编语言和 C 语言的混合编程。

ICC 的集成开发环境包括代码生成器（Application Builder），可通过设置 MCU 所具有的中断、内存、定时器、I/O 端口、UART、SPI 等外围设备，从而自动生成初始化外围器件代码，这为简化初始化配置提供了便利。ICC 集成开发环境还有一个终端程序可以发送和接收 ASCII 码，这为设备的调用提供了方便。此外，它还提供了常用的器件库、运算库代码，以方便用户的编程调用，可以提高开发效率。

IAR Embedded Workbench 可支持 AVR，MSP430，MCS-51，ST8 等多种单片机。经过反复实验证明，IAR Systems 的 C 编译器可以生成高效可靠的可以执行代码，并且应用程序规模越大，效果越明显，生成的代码尺寸远远小于其他同类编译器生成的代码尺寸。此外，IAR Embedded Workbench 还提供了 Visual State 和 IAR MakeApp 两套图形开发工具帮助开发者完成应用程序的开发，它可以根据设计需求自动生成程序代码，使开发者摆脱这些耗时的任务并且也保证了代码的质量。

CVAVR 是一个针对 AVR 系列单片机的集成开发环境。它有一个 Code Wizard 的代码生成器，可以生成外围器件的相应初始代码，支持位变量操作，并且与 Keil C51 的代码风格最为相似，集成较多常用外围器件的操作函数以及一个集成代码生成向导，并且集成了串口/并口 AVR ISP 等下载烧写功能，开发起来也非常方便。

Keil C51 是美国 Keil Software 公司出品的 51 系列兼容单片机 C 语言软件开发系统。与汇编相比，C 语言在功能上、结构性、可读性、可维护性上有明显的优势，因而易学易用。Keil 提供了包括 C 编译器、宏汇编、连接器、库管理和一个功能强大的仿真调试器等在内的完整开发方案，通过一个集成开发环境（μVision）将这些部分组合在一起。运行 Keil 软件需要 Windows 98、Windows NT、Windows 2000、Windows XP 等操作系统。如果你使用 C 语言编程，那么 Keil 几乎就是你的不二之选，即使不使用 C 语言而仅用汇编语言编程，其方便易用的集成环境、强大的软件仿真调试工具也会令你事半功倍。

C51 工具包的整体结构：μVision 与 Ishell 分别是 C51 for Windows 和 for DOS 的集成开发环境（IDE），可以完成编辑、编译、连接、调试、仿真等整个开发流程。开发者可用 IDE 本身或其他编译器编辑 C 或汇编源文件。然后分别由 C51 及 C51 编译器编译生成目标文件（.OBJ）。目标文件可由 LIB51 创建生成库文件，也可以与库文件一起经 L51 连接定位生成绝对目标文件（.ABS）。ABS 文件由 OH51 转换成标准的 hex 文件，以供调试器 dScope51 或 tScope51 使用，进行源代码级调试，也可由仿真器使用，直接对目标板进行调试，也可以直接写入程序存储器如 EPROM 中。使用独立的 Keil 仿真器时，注意：

（1）仿真器标配 11.059 2 MHz 的晶振，但用户可以在仿真器上的晶振插孔中换插其他频率的晶振。

（2）仿真器上的复位按钮只复位仿真芯片，不复位目标系统。

（3）仿真芯片的 31 引脚（/EA）已接至高电平，所以仿真时只能使用片内 ROM，不能使用片外 ROM；但仿真器外引插针中的 31 引脚并不与仿真芯片的 31 引脚相连，故该仿真器仍可插入到扩展有外部 ROM（其 CPU 的/EA 引脚接至低电平）的目标系统中使用。

GCC（GNU Compiler Collection，GNU 编译器集合）是一套由 GNU 工程开发的、支持多种编程语言的编译器。GCC 是大多数类 UNIX 操作系统（如 Linux、BSD、Mac OS X 等）的标准编译器，GCC 同样适用于微软的 Windows。GCC 支持多种计算机体系芯片，如 x86、ARM，并已移植到其他多种硬件平台。GCC 原名为 GNU C 编译器（GNU C Compiler），因为它原本只能处理 C 语言。GCC 很快地扩展，并支持处理 C++。后来又扩展能够支持更多的编程语言，如 Fortran、Pascal、Objective-C、Java、Ada、Go 等。GCC 最大的特点是开源、发展快，并且免费使用。

可以说，单片机的开发环境虽然品种繁多，但对于普通用户的使用来说，并不一定能体会到其底层的细微差别。主要区别在于用户的交互接口上，因此用户可以根据使用习惯和应用需求，综合进行开发平台的选择。

2.1.3　操作系统简介

单片机系统在系统实时性、高效性，硬件的相关依赖性，软件固态化以及应用的专业性等方面具有较为突出的特点，并且随着硬件功能与软件规模的不断发展，在逻辑上直接使用 C 语言或汇编语言开发越来越困难，因此单片机的操作系统应运而生。操作系统可以将应用与硬件隔离开来。让用户可以更多地关注应用的开发。

由于单片机需要管理的资源比较有限，其操作系统的代码量也比较小，相对 Linux、WinCE 等嵌入式操作系统而言，单片机上运行的操作系统更强调实时性而非用户界面，因此将其称为实时操作系统。

最早的 RTOS 是 VPTX。VRTX 是一个真正意义上的 RTOS。20 世纪 80 年代，它还只能支持一些 16 位的微处理器，如 68000，8086 等，到 20 世纪 90 年代时，VRTX 已经支持 68000、x86、960、Sparc 等 16 位、32 位的单片机和嵌入式微处理器。

进入 20 世纪 90 年代，各个公司都力求摆脱第三方工具的制约，而通过自己收购、授权或使用免费工具链等商业方式，组成一套完整的开发环境。但这些操作系统均属于商品化产品，价格昂贵且由于源代码不公开导致了诸如对设备的支持、应用软件的移植等一系列问题。从而，开放源代码的 RTOS 凭借其在成本和技术上特有的优势异军突起，在 RTOS 领域占有越来越重要的位置。可以说，开源系统已经成为了目前单片机的主流。这里介绍 μC /OS-II，eCos，RTX51 源代码的实时操作系统，希望给读者在选择时以参考。

1. μC/OS-II

μC/OS-II 是一个完整的、可移植、可固化、可裁减的占先式实时多任务内核。μC/OS-II

绝大部分的代码是用 ANSI 的 C 语言编写的，包含一小部分汇编代码，使之可供不同架构的微处理器使用。至今，从 8 位到 64 位，μC/OS-II 已在超过 40 种不同架构上的微处理器上运行。μC/OS-II 已经在世界范围内得到广泛应用，除此以外，μC/OS-II 的鲜明特点就是源码公开，便于移植和维护。

从技术角度上说，μC/OS-II 具有执行效率高、占用空间小、实时性能优良和可扩展性好等特点，最小内核可编译至 2 Kbit。μC/OS-II 是一种基于优先级的抢占式多任务实时操作系统，包含了实时内核、任务管理、时间管理、任务间通信同步（信号量、邮箱、消息队列）和内存管理等功能。它可以使各个任务独立工作、互不干涉，很容易实现准时而且无误执行，使实时应用程序的设计和扩展变得容易，使应用程序的设计过程大为简化。

2. eCos

eCos（Embedded Configurable Operating System），即嵌入式可配置操作系统。最初起源于 Cygnus 公司。初期目的是为开源软件提供高质量的开发和支持。经过几年的艰苦努力，最后推出了今天被人们广泛使用的 GNUPro 开发工具包，包括 GCC（ANSI-C 编译器）、G++（C++编译器）、GDB（源码级和汇编级调试工具）、GAS（GNU 汇编器）、LD（GNU 链接器）、Cygwin（Windows 下的 UNIX 环境）、Insight（GDB 图形界面 GUI）等。

eCos 是一种嵌入式可配置实时操作系统，适合于深度嵌入式应用。eCos 具有很强的可配置能力，而且它的代码量很小，通常为几十到几百千字节。它的最小配置形式是它的硬件抽象层 HAL 所提供的引导程序 Redboot，可以支持很大范围内许多不同的处理器和平台。它的最大配置形式是一个完整的实时操作系统，所提供的服务和支持能与其他大多数商用实时操作系统相媲美。eCos 为开发者提供了一个能涵盖大范围内各种嵌入式产品的公共软件基础结构，使得嵌入式软件开发者可以集中精力去开发更好的嵌入式产品，而不是停留在对实时操作系统的开发、维护和配置上。

3. RTX51

RTX51 是美国 Keil 公司开发的一种小型的应用于 MCS-51 系列单片机的实时多任务系统。它可以工作在所有 8051 单片机以及派生家族中。RTX51 有两个不同的模式可以利用。RTX51 Full 使用 4 个任务优先权完成同时存在时间片轮转调度和抢先的任务切换。RTX51 工作在与中断功能相似的状态下，信号和信息可以通过邮箱系统在任务之间互相传递。用户可以从一存储池中分配和释放内存，可以强迫一个任务等待中断，超时或者是从另一个任务或中断发出的信号或信息。

RTX51 的优点在于软件开发周期短、效率高。由于 RTX51 在运行时需要占用 CPU 的部分硬件资源，如通常占用定时器/计数器 T0，且对堆栈深度要求较高，因此，在使用时应注意 RTX51 对硬件配置的要求。

2.1.4　实验 1——单片机实训基础实验

1. 实验目的和要求

本实验基于 STC-51 单片机开发板，实现感知层的信息的采集、识别和控制数据的实验。通过实验对单片机有深刻的了解，感知层从设备功能上又可分为感知设备子层和通信设备子层。实验感知设备通过传感器模块实现温湿度等信息的感知和获取。

基本部分要求：

（1）采用单片机进行温湿度的采集。

（2）通过液晶显示采集数字。

（3）当温度超过设定值时，进行声光报警（采用发光二极管闪烁和声音报警）。

发挥部分要求：

（1）将采集到的数据通过串口传给 PC，PC 端进行显示。

（2）通过按键可以切换华氏温度和摄氏温度显示。

2．实验设备

硬件：STC-51 单片机开发板、温湿度复合传感器 DHT11 各 1 套，USB ISP 下载线 1 条，LCD1602 字符型液晶屏 1 个，计算机（含串口）1 台，导线若干。

软件：Proteus 软件，Keil μVision 4 软件，STC_ISP 下载软件。

3．实验内容

本实验基于单片机的温湿度检测与控制系统，采用模块化、层次化设计。实验设计是在 STC-51 单片机开发板上实现温湿度检测和控制，主要以新型的智能温湿度传感器 DHT11 作为温湿度的检测，将温湿度信号通过传感器进行信号的采集并转换成数字信号，再运用 STC-51 单片机进行数据的分析和处理，为显示和报警电路提供信号，实现对温湿度的控制报警。报警系统根据设定报警的上下限值实现报警功能，显示部分采用 LCD1602 字符型液晶屏显示所测温湿度值。通过硬件电路和软件程序的设计，实现系统的基本功能。

图 2-1 是 STC-51 单片机开发板的实物图。

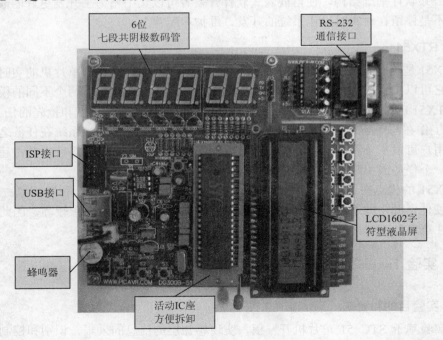

图 2-1　STC-51 单片机开发板的实物图

4．实验原理

本系统设计的最关键部分是对温湿度的采集以及检测、显示。STC-51 单片机开发板的优点很多，例如执行指令的速度很快，对工作环境的要求比较低；温湿度传感器模块选择了 DHT11 数字温湿度传感器，DHT11 数字温湿度传感器能同时检测温湿度的变化，比以前单纯分别使用 DS12B20 检测温度，使用湿度传感器检测湿度更加方便简单。根据电路原理连接好外围电路。通过 DHT11 数字温湿度传感器准确地检测出当前场所下的温湿度，并且将所测数据信号传递给 STC-51 单片机进行分析和处理。STC-51 单片机再将所得数据发送给 LCD1602 字符型液晶屏，LCD1602 成功完成显示。报警模块采用二极管闪烁报警方式。

系统设计软件编辑中分别预先设置好所需温湿度的限值（一个上限、一个下限）。通过温湿度的上下限值控制二极管闪烁的报警。若温湿度逾越限值，则二极管闪烁，蜂鸣器发出声音，提醒工作人员此时温湿度数据已经出现异常，需要及时调整来实现场所温湿度变化，从而实现了对温湿度简单控制。整体上来说，本系统设计主要涉及了温湿度的测量以及实现对温湿度的简单控制。硬件方面有 4 个模块，即 DHT11 传感器模块、STC-51 单片机开发板（主控模块）、LCD1602 液晶显示模块以及二极管闪烁报警模块。在硬件方面，制作也相对简便。STC-51 单片机信息采集实验设计框架如图 2-2 所示。

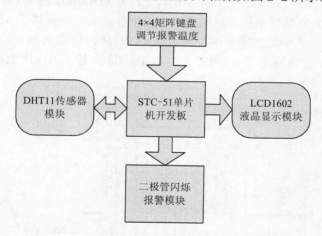

图 2-2　STC-51 单片机信息采集实验设计框架

1）主控模块系统设计

STC-51 单片机是一款 8 位微控制器有 8 KB 存储空间，同时也是学生大学期间接触比较多的单片机。STC-51 单片机的内部结构、引脚、指令与 MCS-51 系列单片机基本相同。STC-51 单片机主程序模块主要任务是通过对 DHT11 数字温湿度传感器采集到信号的读取，单片机将得到的数据信号进行分析和处理。然后，再将处理后的信号发送给 LCD1602 字符型液晶屏，同时单片机连接二极管和蜂鸣器，控制着报警系统。

2）DHT11 传感器模块系统设计

DHT11 数字温湿度传感器是一款 4 针单排引脚封装的传感器模块。DHT11 数字温湿度传感器主要应用于场所温湿度的检测，性能稳定可靠。DHT11 数字温湿度传感器主要由一个电阻式感湿元件和一个 NTC 测温元件组成，DHT11 数字温湿度传感器引脚可以直接与 STC-51 单片机直接相连接。DHT11 数字温湿度传感器和 STC-51 单片机连接十分简单，只需要加上 5 kΩ 的上拉电阻即可。利用 STC-51 单片机的 P2.0 口与 DHT11 数字温湿度传感器数据口 P2 相连用来发送和接收串行数据。同时传感器的电源端口 P1 和 P4 分别接单片机的 VDD 和 GND 端。传感器的第 3 引脚悬浮放置。DHT11 数字温湿度传感器电路原理图如图 2-3 所示。

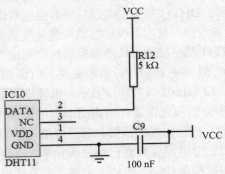

图 2-3　DHT11 数字温湿度传感器电路原理图

3）LCD1602 液晶显示模块系统设计

LCD1602 能够同时显示 32 个字符（16 列 2 行）。LCD1602 的 RAM 地址映射以及标准字库表 LCD1602 液晶显示模块里面的字符发生存储器已经存储了 160 个不同的字符图，但是没有汉字。人们通过指令编程来实现 LCD1602 的读/写操作，屏幕和光标的操作等（1 为高电平，0 为低电平）。图 2-4 为 LCD1602 液晶显示模块电路原理图。

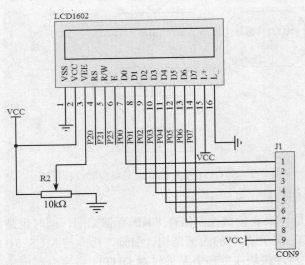

图 2-4　LCD1602 液晶显示模块电路原理图

声光报警输出电路灯灭表示一切正常。当发生温湿度超过设定值时，绿灯亮，蜂鸣器发出声音报警。电路连接分别通过上拉电阻和发光二极管、蜂鸣器相接。

4×4 矩阵键盘用来做发挥部分的实验，主要用来切换华氏温度和摄氏温度显示。

5．实验步骤

（1）首先用 Proteus 软件进行仿真模拟，给出实验的硬件电路，主要包括的模块有：单片机、DHT11 数字温湿度传感器、七段数码管显示模块、声光报警（声音由扬声器模拟）。仿真电路图如图 2-5 所示。

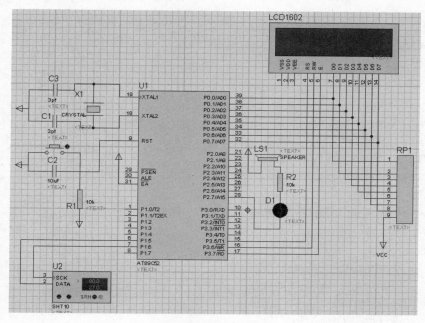

图 2-5　仿真电路图

（2）硬件制作及组装调试部分。检查元器件，布局，综合考虑各个元器件的引脚及接电源和节点的情况，对接线路径进行规划，尽量避免线路的重叠，要求美观、实用；连接各条线路，不要错漏，也不要重复；接线完毕进行检查，再装上芯片；下载程序；接通电源、测试。若测试失败，则用万用表对电路连线进行检查。

（3）程序设计。首先单片机加电复位，并进行初始化，包括寄存器和数码管。当检测到数据时，单片机在数码管上显示相应的信息；当发生报警事件时，单片机驱动声光报警装置显示报警信息；退出中断时，单片机检测报警解除按钮，当报警解除按钮被按下时单片机关闭声光报警并清除数码管上的报警信息。相关代码如下：

```c
#include<reg52.h>
#include<math.h>
#include<intrins.h>
#include<stdio.h>
#include "1602.h"
#include "Basic.h"
#include "Keyboard.h"
#include "DHT11.h"
#include "Com.h"

#define uchar unsigned char      //宏定义无符号字符型
#define uint unsigned int        //宏定义无符号整型

int FLAG=0;
float TempMax=20.0;
sbit LED = P2^5;
```

```c
sbit SOUND=P2^6;
int  WarningFlag=0 ;

//修改函数
void Alter()
{
    uint i=0;
    int  temporary_t;
    int  point=0;
    float  temporary_sum=0;
    float  temporary_j=1.0;
    LCD_Clear();
    LCD_Write_String(0,0,"Max Temperature:");
    while(i<16)
    {
GO2:    temporary_t=20;
        temporary_t=KeyNum();
        DelayMs(20);
        switch (temporary_t)
        {
                case 0: LCD_Write_Char(i,1,'0'); break; //对键值赋值
                case 1: LCD_Write_Char(i,1,'1'); break;
                case 2: LCD_Write_Char(i,1,'2'); break;
                case 3: LCD_Write_Char(i,1,'3'); break;
                case 4: LCD_Write_Char(i,1,'4'); break;
                case 5: LCD_Write_Char(i,1,'5'); break;
                case 6: LCD_Write_Char(i,1,'6'); break;
                case 7: LCD_Write_Char(i,1,'7'); break;
                case 8: LCD_Write_Char(i,1,'8'); break;
                case 9: LCD_Write_Char(i,1,'9'); break;
                case -1:LCD_Write_Char(i,1,'.');point=1; break;
                case -2:
                case -3: break;
                default  :goto GO2;
        }
        if(temporary_t!=-2&&temporary_t!=-3&&temporary_t!=-1)
        {
           if(point==0)
            {
                temporary_sum=temporary_sum*10+temporary_t;
            }
            else
            {   temporary_j=temporary_j*0.1;
```

```
                temporary_sum=temporary_sum+temporary_t*temporary_j;
            }

        }
        else
        {
            if(temporary_t==-2)
        {
                TempMax=temporary_sum;
             break;
            }
            if(temporary_t==-3)
        {
            break;
            }
        }
    i++;
    }
    LCD_Clear();
}


//报警函数
void Warning()
{    int times=10;
     while(WarningFlag==1&&times!=0)
     {  LED=0;
        SOUND=0;
        DelayMs(5);
        LED=1;
        SOUND=1;
        LED=0;
        SOUND=0;
        DelayMs(5);
        LED=1;
        SOUND=1;
        LED=0;
        SOUND=0;
        DelayMs(5);
        LED=1;
        SOUND=1;
        times--;
     }
}
```

```
void main()
{  char temp[16] ;
   char humid[16];
   char tempM[16];

   float  temperatureC = 0;
   float  temperatureF = 0;
   float  humidity=0;

   LCD_Init();                 //初始化液晶屏
   DelayMs(5);                 //延时有助于稳定
   LCD_Clear();                //清屏
   Init_Com();                 //初始化串口
   DelayMs(100);

   while(1)
   {
       char key =20;
       key=Key();
       if(key==12)
           //切换显示单位
           FLAG=!FLAG;
       if(key==3)
       {
           //显示最大值
           LCD_Clear();
           LCD_Write_String(0,0,"Max Temperature:");
           sprintf(tempM,"    %5.4f`C",TempMax);
           LCD_Write_String(0,1,tempM);
           while(1)
          {
           if(Key()==11) break;
            }
           LCD_Clear();
       }
       if(key==7)
       {
           //修改最大值
           Alter();
        }

       //获取温湿度值
```

```
    getDHT11(&temperatureC,&humidity);

    //判断是否报警
    if(temperatureC>=TempMax)
{
        WarningFlag=1;
}
    else
{
        WarningFlag=0;
}

    //输出湿度到液晶屏
    sprintf(humid,"Humid:%5.2f%%RH",humidity);
    LCD_Write_String(0,0,humid);
    //输出温度到液晶屏
    if(FLAG==0)
    {
        sprintf(temp,"Temp:%5.4f`C ",temperatureC);
        LCD_Write_String(0,1,temp);

    }
    else
{
        temperatureF=temperatureC*1.8+32;
        sprintf(temp,"Temp:%5.4f`F",temperatureF);
        LCD_Write_String(0,1,temp);

    }

    //输出到 PC 端
    Puts_to_SerialPort(humid);
    Puts_to_SerialPort("\n");

    Puts_to_SerialPort(temp);
    Puts_to_SerialPort("\n\n");

    //响应报警
    if(WarningFlag==1)
    {
        Warning();
}
```

```
        DelayMs(245);
    }
}
```

2.2　嵌入式实验平台/智能型物联网实验平台

在感知层中，单片机虽然作为主要的核心处理器，但它的处理能力和存储容量均十分有限，在很多应用中不能胜任，还需要功能更强的嵌入式系统来完成。嵌入式系统包括了功能较强的 CPU、FPGA、DSP 及其他专用芯片。它们在性能上的优势可以弥补在功耗、成本等方面的不足，特别适用于对能量不十分敏感，对性能及可靠性要求较高的场合，但又不适合使用体积更大的通用计算机或服务器。它是单片机系统的有力补充。大多数嵌入式实验平台和智能型物联网实验平台就架构在嵌入式系统上面。

2.2.1　硬件环境介绍

与个人计算机系统不同，嵌入式系统是一种"完全嵌入到受控器件内部，为特定应用而设计的专用计算机系统"。嵌入式系统是相对桌面系统来讲的，凡是带有微处理器的专用软硬件系统都可以称为嵌入式系统。作为系统核心的微处理器又包括 3 类：微控制器（MCU）、数字信号处理器（DSP）、嵌入式微处理器（MPU）。嵌入式系统比较准确的一个定义如下：系统以应用为中心，以计算机技术为基础，软硬件可裁剪，适应应用系统对功能、可靠性、成本、体积、功耗严格要求的专用计算机系统。

嵌入式微控制器也是单片机，实际应用中界限并不明显。微控制器强调控制功能而弱化计算功能，因此其控制类指令要比计算类指令的功能强得多。由于计算功能有限，它只能适合于比较简单的控制场合。由于控制算法、控制对象和用户接口的日益复杂，嵌入式微控制器已不能满足要求，而通用 CPU 又不能满足嵌入式系统对处理器的功耗、封装以及资源的要求，因此嵌入式处理器应运而生。

嵌入式处理器毫无疑问是嵌入式系统的核心部分，嵌入式处理器直接关系到整个嵌入式系统的性能。通常情况下嵌入式处理器被认为是对嵌入式系统中运算和控制核心器件总的称谓。嵌入式处理器的寻址空间可以从 64 KB 到 16 MB，处理速度最快可以达到 2 000 MIPS，封装从 8 个引脚到 144 个引脚不等。嵌入式处理器一般具有如下特点：

（1）对实时多任务有很强的支持能力，能完成多任务并且有较短的中断响应时间，从而使内部的代码和实时内核心的执行时间减少到最低限度。

（2）具有功能很强的存储区保护功能。这是由于嵌入式系统的软件结构已模块化，而为了避免在软件模块之间出现错误的交叉作用，需要设计强大的存储区保护功能，同时也有利于软件诊断。

（3）可扩展的处理器结构，能最迅速地开展出满足应用的最高性能的嵌入式处理器。

（4）嵌入式处理器必须功耗很低，尤其是用于便携式的、无线及移动的计算和通信设备中。靠电池供电的嵌入式系统更是如此，如需要功耗只有毫瓦级甚至微瓦级。

1．ARM 系列

ARM 处理器是 Acorn 计算机有限公司面向低预算市场设计的第一款 RISC 微处理器。更早称为 Acorn RISC Machine。ARM 处理器本身是 32 位设计，但也配备 16 位指令集。一般来讲，比等价 32 位系统节省达 35%的购置费用，却能保留 32 位系统的所有优势。ARM 处理器的三大特点是：耗电少功能强、16 位/32 位双指令集和合作伙伴众多。目前，采用 ARM 技术 IP 核的微处理器，即通常所说的 ARM 微处理器，已遍及工业控制、无线通信、网络应用、消费类电子产品、成像和安全产品等领域，基于 ARM 技术的微处理器应用约占据了 32 位 RISC 微处理器 75%以上的市场份额。

作为采用 RISC 架构的处理器，ARM 处理器具有一般 RISC 处理器的特点，如采用固定长度的指令格式，指令归整、简单，基本寻址方式有 2～3 种。使用单周期指令，便于流水线操作执行。大量使用寄存器，数据处理指令只对寄存器进行操作，只有加载/存储指令可以访问存储器，以提高指令的执行效率。除此以外，ARM 体系结构还采用了一些特别的技术，在保证高性能的前提下尽量缩小芯片的面积，并降低功耗。所有的指令都可根据前面的执行结果决定是否被执行，从而提高指令的执行效率。可用加载/存储指令、批量传输数据，以提高数据的传输效率。可在一条数据处理指令中同时完成逻辑处理和移位处理。在循环处理中使用地址的自动增减来提高运行效率。

ARM 处理器目前包括以下几个系列：ARM7 系列、ARM9 系列、ARM9E 系列、ARM10E 系列、SecurCore 系列、Intel 的 StrongARM ARM11 系列、Intel 的 Xscale，其中 ARM7、ARM9、ARM9E 和 ARM10 为 4 个通用处理器系列，每一个系列提供一套相对独特的性能来满足不同应用领域的需求。SecurCore 系列专门为安全要求较高的应用而设计。

2. PowerPC

PowerPC 是一种 RISC 架构的 CPU，其基本的设计源自 IBM 的 POWER（Performance Optimized with Enhanced RISC）架构。PowerPC 处理器有广泛的实现范围，包括从诸如 Power4 那样的高端服务器 CPU 到嵌入式 CPU 市场。PowerPC 处理器有非常强的嵌入式表现，因为它具有优异的性能、较低的能量损耗以及较低的散热量。除了像串行和以太网控制器那样的集成 I/O，该嵌入式处理器与台式计算机 CPU 存在非常显著的区别。例如，4xx 系列 PowerPC 处理器缺乏浮点运算，并且还使用一个受软件控制的 TLB 进行内存管理，而不是像台式计算机芯片中那样采用反转页表。

PowerPC 处理器有 32 个（32 位或 64 位）GPR（通用寄存器）以及诸如 PC（程序计数器，又称 IAR/指令地址寄存器或 NIP/下一指令指针）、LR（链接寄存器）、CR（条件寄存器）等各种其他寄存器。有些 PowerPC 处理器还有 32 个 64 位 FPR（浮点寄存器）。

PowerPC 体系结构是 RISC 体系结构的一个示例。因此，所有 PowerPC（包括 64 位实现）都使用定长的 32 位指令。PowerPC 处理器要从内存检索数据，在寄存器中对它进行操作，然后将它存储回内存。几乎没有指令（除了装入和存储）是直接操作内存的。

目前，主流的 PowerPC 处理器的生产厂家有 IBM 公司，Freescale 公司，AMCC 公司，LSI 公司等。IBM 公司目前共有 3 个主要的 PowerPC 处理器系列：Power、PowerPC 和 CELL 另外还有一个 Star 系列。Freescale 公司提供了数量众多的集成化外设的 PowerPC 处理器。在网络市场取得了成功。

3. MIPS

MIPS 是世界上很流行的一种 RISC 处理器。无内部互锁流水级的微处理器（Microprocessor Without Interlocked Piped Stages，MIPS），其机制是尽量利用软件办法避免流水线中的数据相关问题。它最早是在20世纪80年代初期由美国斯坦福大学Hennessy教授领导的研究小组研制出来的。1984年，MIPS计算机公司成立。1986年推出R2000处理器，1988年推出R3000处理器，1991年推出第一款64位商用微处器R4000。之后又陆续推出R8000处理器（1994年）、R10000处理器（1996年）和R12000处理器（1997年）等。

随后，MIPS公司的战略发生了变化，把重点放在嵌入式系统上。1999年，MIPS公司发布MIPS32和MIPS64架构标准，为未来MIPS处理器的开发奠定了基础。新的架构集成了所有原来MIPS指令集，并且增加了许多更强大的功能。MIPS公司陆续开发了高性能、低功耗的32位处理器内核（Core）MIPS 32 4Kc与高性能64位处理器内核MIPS 64 5Kc。2000年，MIPS公司发布了针对MIPS 32 4Kc的版本以及64位MIPS 64 20Kc处理器内核。

4．嵌入式DSP

数字信号处理器（Digital Signal Processor，DSP）是一种独特的微处理器，有自己完整的指令系统，运算功能异常强大。一个数字信号处理器在一块不大的芯片内包括控制单元、运算单元、各种寄存器以及一定数量的存储单元等，在其外围还可以连接若干寄存器，并可以与一定数量的外围设备相互通信，功能全面。

嵌入式DSP采用的是哈佛结构，不同于传统的冯·诺依曼（Von Neuman）结构的并行体系结构，其主要特点是将程序和数据存储在不同的存储空间中，即程序存储器和数据存储器是两个相互独立的存储器，每个存储器独立编址、独立访问。与两个存储器相对应的是系统中设置了程序总线和数据总线两条总线，从而使数据的吞吐率提高了一倍。嵌入式DSP一般有以下特点：

（1）在一个指令周期内可完成一次乘法和一次加法。

（2）程序空间和数据空间分开，可以同时访问指令和数据。

（3）片内具有快速RAM，通常可通过独立的数据总线在两块中同时访问。

（4）具有低开销或无开销循环及跳转的硬件支持。

（5）快速的中断处理和硬件I/O支持。

（6）具有在单周期内操作的多个硬件地址产生器。

（7）可以并行执行多个操作。

（8）支持流水线操作，使取指令、译码和执行指令等操作可以重叠执行。与通用微处理器相比，DSP的其他通用功能相对较弱一些。

比较有代表的嵌入式DSP产品是Texas Instruments公司的TMS320系列和Motorola公司的DSP56000系列。TMS320系列处理器包括用于控制的C2000系列，移动通信的C5000系列，以及性能更高的C6000系列和C8000系列。DSP56000系列目前已经发展成为DSP56000、DSP561000、DSP562000和DSP563000等几个不同系列。

5．SoC

嵌入式片上系统（System on Chip，SoC），最早出现在20世纪90年代中期，1994年Motorola公司发布的Flex CoreTM系统，用来制作基于68000TM和Power PCTM的定制微处理器。1995年，LSILogic公司为SONY公司设计的SoC，可能是最早基于IP（Intellectual Property）核进行SoC的设计。由于SoC可以利用已有的设计，显著地提高设计效率，因此发展非常迅速。

作为嵌入式片上系统的主要载体，FPGA（Field Programmable Gate Array），即现场可编程门阵列，是在 PAL、GAL、CPLD 等可编程器件的基础上进一步发展的产物。它是作为专用集成电路（ASIC）领域中的一种半定制电路而出现的，既解决了定制电路的不足，又克服了原有可编程器件门电路数有限的缺点。在硬件设计阶段，工程师可以通过传统的原理图输入法，或是硬件描述语言自由设计一个数字系统。通过软件仿真，可以事先验证设计的正确性。在印制电路板（PCB）完成后，还可以利用 FPGA 的在线修改功能，实时修改设计而不必改动硬件电路。可以说，FPGA 芯片是小批量系统提高系统集成度和可靠性的最佳选择之一。

SoC 可以分为通用和专用两类。通用 SoC 包括 Infineon 公司的 TriCorc，Motorola 公司的 MCore，还有某些 ARM 系列器件，如 Echelon 公司和 Motorola 公司联合研制的 Neuron 芯片等；专用 SoC 一般专用于某个或某类系统中，不为一般用户所知。例如 Philips 公司的 SmartXA，形成一个可加载 Java 或 C 语言的专用的 SoC，可用于公共互联网的安全方面。

2.2.2　软件环境介绍

对于基于嵌入式 DSP 和 SoC 的系统开发来说，软件开发环境往往与选用的处理器/FPGA 型号有关，一般由厂商提供，并不具有通用性。相对来说，基于嵌入式微处理器的系统开发流程有一定的通用性。下面以 Linux 应用为例进行说明。

（1）建立开发环境。操作系统一般使用 Redhat Linux，选择定制安装或全部安装，通过网络下载相应的 GCC 交叉编译器进行安装（比如，arm-1inux-gcc，arm-uclibc-gcc），或者安装产品厂家提供的相关交叉编译器。

（2）配置开发主机。配置 MINICOM，一般的参数为波特率 115 200 Bd，数据位 8 位，停止位为 1 位，无奇偶检验，软硬件流控设为无。在 Windows 下的超级终端的配置也是如此。MINICOM 软件的作用是作为调试嵌入式开发板的信息输出的监视器和键盘输入的工具。配置网络主要是配置 NFS 网络文件系统，需要关闭防火墙，简化嵌入式网络调试环境设置过程。

（3）建立引导装载程序 BOOTLOADER。从网络上下载一些公开源代码的 BOOT LOADER，如 U-BOOT、BLOB、VIVI、LILO、ARM-BOOT、RED-BOOT 等，根据具体芯片进行移植修改。有些芯片没有内置引导装载程序，比如，三星的 ARV17、ARM9 系列芯片，这样就需要编写开发板上 Flash 的烧写程序，可以在网上下载相应的烧写程序，Linux 下的公开源代码的 J-Flash 程序。如果不能烧写自己的开发板，就需要根据自己的具体电路进行源代码修改。这是让系统可以正常运行的第一步。如果用户购买了厂家的仿真器比较容易烧写 Flash，虽然无法了解其中的核心技术，但对于需要迅速开发自己的应用的人来说可以极大提高开发速度。

（4）下载已经移植好的 Linux 操作系统。如 MCLiunx、ARM-Linux、PPC-Linux 等，如果有专门针对所使用的 CPU 移植好的 Linux 操作系统就更好了，下载后再添加特定硬件的驱动程序，然后进行调试修改，对于带 MMU 的 CPU 可以使用模块方式调试驱动，而对于 MCLinux 这样的系统只能编译内核进行调试。

（5）建立根文件系统。可以从网络上下载使用 BUSYBOX 软件进行功能裁减，产生一个最基本的根文件系统，再根据自己的应用需要添加其他程序。由于默认的启动脚本一般都不会符合应用的需要，所以就要修改根文件系统中的启动脚本，它的存放位置位于/etc 目录下，包括：/etc/init.d/rc.S、/etc/profile、/etc/.profile 等，自动挂装文件系统的配置文件/etc/fstab，具体情况会随系统不同而不同。根文件系统在嵌入式系统中一般设为只读，需要使用 mkcramfs、genromfs 等工具产生烧写映像文件。

（6）建立应用程序的 Flash 磁盘分区。一般使用 JFFS2 或 YAFFS 文件系统，这需要在内核中提供这些文件系统的驱动，有的系统使用一个线性 Flash（NOR 型）512 KB～32 MB，有的系统使用非线性 Flash（NAND 型）8 MB～512 MB，有的两个同时使用，需要根据应用规划 Flash 的分区方案。

（7）开发应用程序，可以放入根文件系统中，也可以放入 YAFFS、JFFS2 文件系统中，有的应用不使用根文件系统，而是直接将应用程序和内核设计在一起，这有点类似于 μC/OS-II 的方式。

（8）烧写内核、根文件系统和应用程序，发布产品。

引导加载程序是系统加电后运行的第一段软件代码。PC 中的引导加载程序由 BIOS（其本质就是一段固件程序）和位于硬盘 MBR 中的 OS BootLoader（比如，LILO 和 GRUB 等）一起组成。BIOS 在完成硬件检测和资源分配后，将硬盘 MBR 中的 BootLoader 读到系统的 RAM 中，然后将控制权交给 OS BootLoader。BootLoader 的主要运行任务就是将内核映像从硬盘上读到 RAM 中，然后跳转到内核的入口点去运行，即开始启动操作系统。

通常，BootLoader 是严重地依赖于硬件而实现的，特别是在嵌入式系统中。因此，在嵌入式系统中建立一个通用的 BootLoader 几乎是不可能的。尽管如此，仍然可以在一些成熟的 BootLoader 源代码的基础上进行修改或添加，达到事半功倍的效果。

2.2.3　操作系统简介

嵌入式系统是以应用为中心，以计算机技术为基础，并且软硬件功能是可裁减的，适用于对功能、可靠性、成本、体积、功耗等有严格要求的专用计算机系统。嵌入式系统最典型的特点是与人们的日常生活紧密相关，任何一个普通人都可能拥有各类形形色色运用了嵌入式技术的电子产品，小到 MP3、PDA 等微型数字化设备，大到信息家电、智能电器、车载 GIS，各种新型嵌入式设备在数量上已经远远超过了通用计算机。

嵌入式操作系统是一种支持嵌入式系统应用的操作系统软件，它是嵌入式系统极为重要的组成部分，通常包括与硬件相关的底层驱动软件、系统内核、设备驱动接口、通信协议、图形界面、标准化浏览器等。嵌入式操作系统负责嵌入式系统的全部软硬件资源的分配、任务调度，控制、协调并发活动。它必须体现其所在系统的特征，能够通过装卸某些模块来达到系统所要求的功能。一般情况下，嵌入式操作系统可以分为两类：一类是面向控制、通信等领域的实时操作系统，如 WindRiver 公司的 VxWorks，ISI 的 pSOS，QNX 系统软件公司的 QNX 和老牌的 VRTX（Microtec 公司）等；另一类是面向消费电子产品的非实时操作系统，这类产品包括个人数字助理（PDA）、移动电话、机顶盒、电子书、WebPhone 等。随着 Internet 及芯片技术的快速发展，消费电子产品的需求日益扩大，原来只关注实时操作系统市场的厂家纷纷进军消费电子产品市场，推出了各自的解决方案，使嵌入式操作系统市场呈现出相互融合的趋势。纵观嵌入式操作系统的发展历程，大致经历了以下 4 个阶段：

第 1 阶段：无操作系统阶段。嵌入式系统最初的应用是基于单片机的，大多以可编程控制器的形式出现，具有监测、伺服、设备指示等功能，一般没有操作系统的支持，只能通过汇编语言对系统进行直接控制，运行结束后再清除内存。这些装置虽然已经初步具备了嵌入式的应用特点，但仅仅只是使用 8 位的 CPU 芯片来执行一些单线程的程序，因此严格地说还谈不上"系统"的概念。此阶段嵌入式系统的主要特点是：系统结构和功能相对单一、处理效率较低、存储容量较小、几乎没有用户接口。

第 2 阶段：简单操作系统阶段。20 世纪 80 年代，随着微电子工艺水平的提高，IC 制造商开始把嵌入式应用中所需要的微处理器、I/O 接口、串行接口以及 RAM、ROM 等部件统统集成到一片 VLSI 中，制造出面向 I/O 设计的微控制器，并一举成为嵌入式系统领域中异军突起的新秀。与此同时，嵌入式系统的程序员也开始基于一些简单的"操作系统"开发嵌入式应用软件，大大缩短了开发周期、提高了开发效率。此阶段嵌入式系统的主要特点是：出现了大量高可靠、低功耗的嵌入式 CPU（如 PowerPC 等），各种简单的嵌入式操作系统得到应用并迅速发展起来。这时的嵌入式操作系统虽然比较简单，但已经初步具备了一定的兼容性和扩展性，内核精巧且效率高，主要用来控制系统负载以及监控应用程序的运行。

第 3 阶段：实时操作系统阶段。20 世纪 90 年代，在分布控制、柔性制造、数字化通信和信息家电等巨大需求的牵引下，嵌入式系统进一步飞速发展，而面向实时信号处理算法的 DSP 产品则向着高速度、高精度、低功耗的方向发展。随着硬件实时性要求的提高，嵌入式操作系统的软件规模也不断扩大，逐渐形成了实时多任务操作系统（RTOS），并开始成为嵌入式操作系统的主流。此阶段嵌入式操作系统的主要特点是：操作系统的实时性得到了改善，已经能够运行在各种不同类型的微处理器上，具有高度的模块化和扩展性。此时的嵌入式操作系统已经具备了文件和目录管理、设备管理、多任务、网络、图形用户界面（GUI）等功能，并提供了大量的应用程序接口（API），使得应用软件的开发变得更加简单。

第 4 阶段：面向 Internet 阶段。21 世纪是一个网络的时代，将嵌入式操作系统应用到各种网络环境中是势在必行的。随着 Internet 的进一步发展，以及 Internet 技术与信息家电、工业控制技术等的结合日益紧密。目前，嵌入式技术与 Internet 技术的结合正在推动着嵌入式技术的飞速发展，嵌入式操作系统的研究和应用产生了如下新的显著变化：新的微处理器层出不穷，嵌入式操作系统自身结构的设计更加便于移植，能够在短时间内支持更多的微处理器。各类嵌入式操作系统迅速发展，由于具有源代码开放、系统内核小、执行效率高、网络结构完整等特点，很适合信息家电等嵌入式系统的需要，目前已经形成了能与 Windows CE、Palm OS 等嵌入式操作系统进行有力竞争的局面。

下面介绍几种有代表性的嵌入式操作系统：

1）VxWorks

VxWorks 是美国 Wind River System 公司（即 WRS 公司）推出的一个实时操作系统。

Tornado 是 WRS 公司推出的一套实时操作系统开发环境,类似 Microsoft Visual C,但是提供了更丰富的调试、仿真环境和工具。是嵌入式开发环境的关键组成部分。良好的持续发展能力、高性能的内核以及友好的用户开发环境,在嵌入式实时操作系统领域占据一席之地。它以其良好的可靠性和卓越的实时性被广泛地应用在通信、军事、航空、航天等高精尖技术及实时性要求极高的领域中,如卫星通信、军事演习、弹道制导、飞机导航等。

然而,VxWorks 价格昂贵。由于操作系统本身以及开发环境都是专有的,价格一般都比较高。不提供源代码,只提供二进制码。由于它们都是专用操作系统,需要专门的技术人员掌握开发技术和维护,所以软件的开发维护成本非常高,支持的硬件数量有限。

2)Windows CE

Windows CE 操作系统是 Windows 家族中的成员,为专门设计给掌上 PC(HPCs)以及嵌入式设备所使用的系统环境。这样的操作系统可使完整的可移动技术与现有的 Windows 桌面技术整合工作。Windows CE 被设计成针对小型设备(它是典型的拥有有限内存的无磁盘系统)的通用操作系统,Windows CE 可以通过设计一层位于内核和硬件之间代码用来设定硬件平台,这即是众所周知的硬件抽象层(HAL)〔在以前解释时,这称为 OEMC(原始设备制造)适应层,即 OAL;内核压缩层,即 KAL。以免与微软的 Windows NT 操作系统的 HAL 混淆〕。

然而,从技术角度上讲,Windows CE 作为嵌入式操作系统有很多缺陷,没有开放源代码,使开发者很难实现产品的定制,在效率、功耗方面表现并不出色,而且和 Windows 一样占用过多的系统内存,运行程序庞大以及版权许可费等都是需要考虑的因素。

3)嵌入式 Linux

嵌入式 Linux 是将日益流行的 Linux 操作系统进行裁减修改,使之能在嵌入式计算机系统上运行的一种操作系统。嵌入式 Linux 既继承了 Internet 上无限的开放源代码资源,又具有嵌入式操作系统的特性。嵌入式 Linux 的特点是版权费免费;其购买费用仅为媒介成本。嵌入式 Linux 技术上由全世界的自由软件开发者提供支持。它网络特性免费,而且性能优异,软件移植容易,代码开放,有许多应用软件支持,应用产品开发周期短,新产品上市迅速,因为有许多公开的代码可以参考和移植,在实时性能方面,RT_Linux、Hardhat Linux 等嵌入式 Linux 支持,实时性能稳定性好、安全性好。嵌入式 Linux 的应用领域非常广泛,主要的应用领域有信息家电、PDA、机顶盒、数字电话、数据网络、远程通信、医疗电子、交通运输计算机外设、工业控制、航空航天领域等。

Linux 的大小适合嵌入式操作系统——Linux 固有的模块性、适应性和可配置性,使得这很容易做到。另外,Linux 源代码的实用性和成千上万的程序员热切期望它用于无数的嵌入式应用软件中,导致很多嵌入式 Linux 的出现,包括:Embedix、ETLinux、LEM、Linux Router Project、LOAF、μCLinux、muLinux、ThinLinux、FirePlug、Linux 和 PizzaBox 等。嵌入式 Linux 也并非完美。在嵌入式系统上运行 Linux 的一个缺点是 Linux 体系提供实时性能时需要添加实时软件模块,而这些模块运行的内核空间正是操作系统实现调度策略,硬件中断异常和执行程序的部分。因此,代码错误可能破坏操作系统,从而影响系统靠性。这对于实时应用是一个非常严重的缺点。

4）μC/OS-II

μC/OS-II 是著名的、源码公开的实时内核，是专为嵌入式应用设计的，可用于各类 8 位、16 位和 32 位单片机或 DSP。从 μC/OS 算起，该内核已有 10 余年应用史，在诸多领域得到了广泛应用，有许多成功的应用实例。它有如下特点：

（1）源代码开放。嵌入式实时操作系统 μC/OS-II 公开全部的程序清单。绝大部分 μC/OS-II 的源代码是用移植性很强的 ANSI C 编写的，和微处理器硬件相关的部分是用汇编语言编写的。汇编语言编写的部分已经压缩到最低限度，使得 μC/OS-II 便于移植到其他微处理器上。由于代码的开放性，使用者可以清楚地了解该操作系统各个方面的设计细节，通过自己修改源代码，来构造符合应用需求的操作系统环境。

（2）可移植性。μC/OS-II 可以移植到许多微处理器上，条件是只要该微处理器有堆栈指针，有 CPU 内部寄存器入栈、出栈指令。另外，使用 C 编译器必须支持内嵌汇编（Inline Assembly）或者该 C 语言可扩展、连接模块，使得关中断、开中断能在 C 语言程序中实现。μC/OS-II 可以在绝大多数 8 位、16 位、32 位以至 64 位微处理器、微控制器、DSP 上运行。

（3）可固化性。μC/OS-II 是为嵌入式应用而设计的，这就意味着，只要有固化手段（C 编译、连接、下载和固化），μC/OS-II 就可以嵌入到产品中成为当中的一部分。

（4）可裁减性。在实际应用中，可以只使用 μC/OS-II 应用程序需要的系统服务。也就是说某产品可以只使用几个 μC/OS-II 功能调用，而另一个产品则使用了几乎所有 μC/OS-II 的功能。这样可以减少产品中的 μC/OS-II 所需的存储空间（RAM 和 ROM）。这种可裁减性是靠条件编译实现的。只要在用户的应用程序中（用#define constants 语句）定义 μC/OS-II 中的功能是应用程序需要的就可以了。

（5）抢先式。μC/OS-II 是抢先式的实时内核。这就意味着 μC/OS-II 总是运行就绪条件下优先级最高的任务。大多数商业内核都是抢先式的，μC/OS-II 在性能上和它们类似。

（6）多任务。μC/OS-II 可以管理 64 个任务，然而，目前这一版本保留 8 个给系统，应用程序最多可以有 56 个任务。

（7）可确定性。全部 μC/OS-II 的函数调用与服务的执行时间具有可确定性。也就是说，全部 μC/OS-II 的函数调用与服务执行时间是可知的。进而言之，μC/OS-II 服务的执行时间不依赖于应用程序任务的多少。

（8）任务栈。每个任务有自己独立的栈，μC/OS-II 允许每个任务有不同的栈空间。以便压低应用程序对 RAM 的需求。使用 μC/OS-II 的栈空间检验函数，可以确定每个任务到底需要多少栈空间。

（9）系统服务。μC/OS-II 提供很多系统服务，例如邮箱、消息队列、信号量、块大小固定的内存的申请与释放以及时间相关函数等。

（10）中断管理。在 μC/OS-II 中执行中断时可以使正在执行的任务暂时挂起，如果优先级更高的任务被该中断唤醒，则高优先级的任务在中断嵌套全部退出后立即执行，中断嵌套层数可达 255 层。

（11）稳定性与可靠性。μC/OS-II 是基于 μC/OS 的，μC/OS-II 与 μC/OS 的内核是一样的，只不过提供了更多的功能。自 1992 年以来 μC/OS 已经有好几百个商业应用。

2.2.4　实验 2——嵌入式实训基础实验

1．实验目的和要求

（1）在 UP-CUP S2410 经典平台上熟悉 Linux 开发环境，学会基于 S3C2410 的 Linux 开发环境的配置和使用。

（2）使用 Linux 的 armv4l-unknown-linux-gcc 编译，使用基于 NFS 方式的下载调试，了解嵌入式开发的基本过程。

2．实验设备

硬件：UP-CUP S2410 经典平台 1 套；PC Pentium 500 以上，硬盘 10 GB 以上，含串口；EasyJTAG-H 编程器 1 个。

软件：PC 操作系统；Redhat Linux 9.0；MINICOM＋ARM-Linux 开发环境。

3．实验内容

本实验使用 Redhat Linux 9.0 操作系统环境，安装 ARM-Linux 的开发库及编译器。创建一个新目录，并在其中编写 hello.c 和 Makefile 文件。学习在 Linux 下的编程和编译过程，以及 ARM 开发板的使用和开发环境的设置。下载已经编译好的文件到目标开发板上运行。

4．实验原理

本实验的演示程序使用了 S2410 经典平台的基本部件，其主要外围接口丰富，可以满足物联网的相关实验的全部功能，平台的实物图如图 2-6 所示。

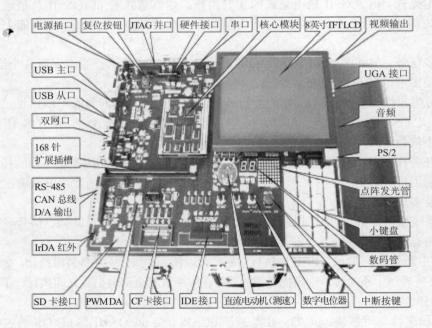

图 2-6　UP-CUP S2410 经典平台实物图

嵌入式 Linux 开发，根据应用需求的不同有不同的配置开发方法，但是一般都要经过以下过程：

（1）建立开发环境。操作系统一般使用 Redhat Linux，选择定制安装或全部安装，通过网络下载相应的 GCC 交叉编译器进行安装（比如 arm-linux-gcc、arm-uclibc-gcc），或者安装产品厂家提供的交叉编译器。

（2）配置开发主机。配置 MINICOM，一般参数为波特率 115 200 Bd，数据位 8 位，停止位 1 位，无奇偶检验，软硬件控制流设为无。MINICOM 软件的作用是作为调试嵌入式开发板信息输出的监视器和键盘输入的工具；配置网络，主要是配置 NFS 网络文件系统，需要关闭防火墙，简化嵌入式网络调试环境设置过程。

（3）建立引导装载程序 BOOTLOADER。从网络上下载一些公开源代码的 BOOTLO-ADER，如 U-BOOT、BLOB、VIVI、LILO、ARM-BOOT、RED-BOOT 等，根据具体芯片进行移植修改。

（4）下载已经移植好的 Linux 操作系统，如 UCLinux、ARM-Linux、PPC-Linux 等，下载后再添加特定硬件的驱动程序，进行调试修改，对于带 MMU 的 CPU 可以使用模块方式调试驱动。

（5）建立根文件系统。可以从网络上下载使用 BUSYBOX 软件进行功能裁减，产生一个最基本的根文件系统，再根据自己的应用需要添加其他程序。默认的启动脚本一般都不会符合应用的需要，所以就要修改根文件系统中的启动脚本，它的存放位置位于/etc 目录下，包括：/etc/init.d/rc.S、/etc/profile、/etc/.profile 等，自动挂装文件系统的配置文件/etc/fstab，具体情况会随系统不同而不同。根文件系统在嵌入式系统中一般设为只读，需要使用 mkcramfs、genromfs 等工具产生烧写映像文件。

（6）建立应用程序的 Flash 磁盘分区。一般使用 JFFS2 或 YAFFS 文件系统，这需要在内核中提供这些文件系统的驱动，系统需要根据应用，规划 Flash 的分区方案。

（7）开发应用程序，可以放入根文件系统中，也可以放入 YAFFS、JFFS2 文件系统中，有的应用程序不使用根文件系统，而是直接将应用程序和内核设计在一起，这有点类似于μCOS-II 的方式。

（8）烧写内核、根文件系统和应用程序。

5. 实验步骤

（1）建立工作目录：

```
[root@zxt smile]#  mkdir  hello
[root@zxt smile]#  cd  hello
```

（2）编写程序源代码。在 Linux 下的文本编辑器有许多，常用的是 vim 和 Xwindow 界面下的 gedit 等，在开发过程中推荐使用 vim，用户需要学习 vim 的操作方法（请参考相关书籍中的关于 vim 的操作指南）。Kdevelope、anjuta 软件的界面与 vc6.0 类似，使用它们对于熟悉 Windows 环境下开发的用户更容易上手。

实际的 hello.c 源代码较简单，具体语句如下：

```
#include <stdio.h>
main()
{
    printf("hello world \n");
}
```

可以使用下面的命令来编写 hello.c 的源代码，进入 hello 目录使用 vi 命令来编辑代码：

```
[root@zxt hello]# vi hello.c
```

按"i"或者"a"进入编辑模式，将上面的代码录入进去，完成后按【Esc】键进入命令状态，再用命令"：wq"保存并退出。这样便在当前目录下建立了一个名为 hello.c 的文件。

（3）编写 Makefile。要使上面的 hello.c 程序能够运行，必须要编写一个 Makefile 文件，Makefile 文件定义了一系列的规则，它指明了哪些文件需要编译，哪些文件需要先编译，哪些文件需要重新编译等更为复杂的命令。使用它带来的好处就是自动编译，用户只需要输入一个"make"命令，整个工程就可以实现自动编译，当然本次实验只有一个文件，它还不能体现出使用 Makefile 的优越性，但当工程比较大、文件比较多时，不使用 Makefile 几乎是不可能的。下面，介绍本次实验用到的 Makefile 文件。

```
CC= armv4l-unknown-linux-gcc
EXEC = hello
OBJS = hello.o
CFLAGS +=
LDFLAGS+= -static


all: $(EXEC)
$(EXEC): $(OBJS)
    $(CC) $(LDFLAGS) -o $@ $(OBJS)


clean:
    -rm -f $(EXEC) *.elf *.gdb *.o
```

下面简单介绍 Makefile 文件的主要部分：

① CC：指明编译器。

② EXEC：表示编译后生成的执行文件名称。

③ OBJS：目标文件列表。

④ CFLAGS：编译参数。

⑤ LDFLAGS：连接参数。

⑥ all：编译主入口。

⑦ clean：清除编译结果。

注意："$(CC) $(LDFLAGS) -o $@ $(OBJS)"和"-rm -f $(EXEC) *.elf *.gdb *.o"前空白由一个 Tab 制表符生成，不能单纯由空格来代替。

与上面编写 hello.c 的过程类似，用 vi 命令来创建一个 Makefile 文件并将代码录入其中。

```
[root@zxt hello]# vi Makefile
```

（4）编译应用程序。在上面的步骤完成后，就可以在 hello 目录下运行"make"命令来编译程序了。如果进行了修改，则重新编译后再运行。

```
[root@zxt hello]# make clean
[root@zxt hello]# make
```

注意：编译、修改程序都是在宿主机（本地 PC）上进行，不能在 MINICOM 下进行。

（5）下载调试。在宿主机上启动 NFS 服务，并设置好共享的目录。在建立好 NFS 共享目录以后，就可以进入 MINICOM 中建立开发板与宿主机之间的通信了。

```
[root@zxt hello]#  minicom
[/mnt/yaffs]  mount -t nfs -o nolock 192.168.0.56:/arm2410cl  /host
```

注意：IP 地址需要根据宿主机的实际情况修改。

成功挂接宿主机的 arm2410cl 目录后，在开发板上进入/host 目录便相应进入宿主机的/arm2410cl 目录，我们已经给出了编辑好的 hello.c 和 Makefile 文件，它们在/arm2410cl/exp/basic/01_hello 目录下。用户可以直接在宿主机上编译生成可执行文件，并通过上面的命令挂载到开发板上，运行程序查看结果。

如果不想使用本书中提供的源代码，可以再建立一个 NFS 共享文件夹。如/root/share，把自己编译生成的可执行文件复制到该文件夹下，并通过 MINICOM 挂载到开发板上。

```
[root@zxt hello]#  cp hello  /root/share
[root@zxt hello]#  minicom
[/mnt/yaffs]  mount -t nfs -o nolock 192.168.0.56:/root/share  /host
```

再进入/host 目录运行刚刚编译好的 hello 程序，查看运行结果。

```
[/mnt/yaffs]  cd  /host
[/host]  ./hello
hello world
```

注意：开发板挂接宿主机目录只需要挂接一次便可，只要开发板没有重启，就可以一直保持连接。这样可以反复修改、编译、调试，不需要下载到开发板。

2.2.5　实验 3——物联网实训基础实验

1. 实验目的和要求

（1）学会使用 IAR Embedded Workbench 集成开发环境，学会使用 TI SmartRF Flash Programmer 烧写软件。

（2）掌握将 hex 文件烧写到下载板上的方法并熟悉 IAR 集成开发环境。

2. 实验设备

硬件：DS210A 型 CC2430/1 结点板 1 块，USB 接口仿真器，PC Pentium100 以上。

软件：PC 操作系统 Windows XP，IAR 集成开发环境，TI 公司的烧写软件。

3. 实验内容

首先在 IAR 集成开发环境中编译好程序，生成 hex 文件，然后将 hex 文件下载到 DS210A 型 CC2430/1 结点板上，即可得到预期的实验结果。安装完 IAR 和 SmartRF Flash Programmer 之后，按照图 2-7 所示方式连接各种硬件，将仿真器的 20 芯 JTAG 口连接到 DS210A 型 CC2430/1 结点板上，USB 连接到 PC 上，RS-232 串口线一端连接 DS210A 型 CC2430/1 结点板，另一端连接 PC 串口。

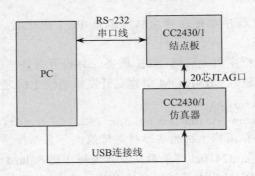

图 2-7　硬件连接示意图

4．实验原理

TI 公司的 CC2431 芯片包括定位检测硬件模块，能用在称为盲结点（即不知道位置的结点）的结点之上，用以接收从已知参考结点发送的信号。根据该信号，本地引擎就能计算出盲结点的大概位置。CC2431 使得建立一个 ZigBee 结点所需的材料清单（BOM）非常低。CC2431 把 CC2420 RF 收发器的一流性能和工业标准的 8051 MCU，128 KB 闪存，8KB RAM 和许多功能强大的特性组合在一起，符合 IEEE 802.15.4 的 2.4 GHz 收发器。CC2431 是最具竞争力的 ZigBee 解决方案，特别适合于要求超低功耗的系统，这通过不同的操作模式保证，操作模式之间的短转换时间进一步保证了低功耗。图 2-8 是 DS210A 型 CC2431 结点板的实物图，该图有 7 个主要的区域，其中 1、2 为 20 芯底板插座，3 为无源晶振，4 为 CC2431 芯片，5 为结点复位键，6 为电源开关，7 为 RF 天线，8 为 32 MHz 高频晶振。

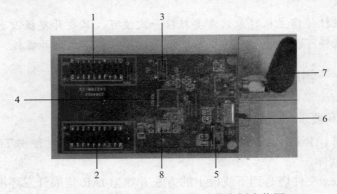

图 2-8　DS210A 型 CC2431 结点板实物图

为了读者能更好地掌握无线传感器网络实验，这里对无线传感器的网络拓扑结构进行简单的介绍：

无线传感器网络拓扑结构可分为平面网络结构、分级网络结构（又称层次网络结构）、混合网络结构和 Mesh 网络结构 4 种类型。

1）平面网络结构

平面网络结构是无线传感器网络中最简单的一种拓扑结构，如图 2-9 所示，所有结点为对等结构，具有完全一致的功能特性，也就是说每个结点均包含相同的 MAC、路由、管理和安全等协议。这种网络拓扑结构简单、易维护、具有较好的健壮性，事实上就是一种 Ad-Hoc 网络结构形式。由于没有中心管理结点，故采用自组织协同算法形成网络，其组网算法比较复杂。

○ 传感器结点

图 2-9　平面网络结构拓扑图

2）分级网络结构（又称层次网络结构）

分级网络结构是无线传感器网络中平面网络结构的一种扩展拓扑结构，如图 2-10 所示。网络分为上层和下层两个部分：上层为中心骨干结点；下层为一般传感器结点。通常网络可能存在一个或多个骨干结点，骨干结点与骨干结点之间、一般传感器结点与一般传感器结点之间采用的是平面网络结构。而具有汇聚功能的骨干结点与一般传感器结点之间采用的是分级网络结构。所有骨干结点为对等结构，骨干结点和一般传感器结点有不同的功能特性，也就是说每个骨干结点均包含相同的 MAC、路由、管理和安全等功能协议，而一般传感器结点可能没有路由、管理及汇聚处理等功能。

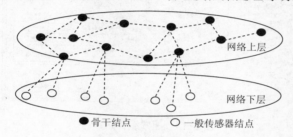

● 骨干结点　　○ 一般传感器结点

图 2-10　分级网络拓扑结构

3）混合网络结构

混合网络结构是无线传感器网络中平面网络结构和分级网络结构的一种混合拓扑结构，如图 2-11 所示。网络骨干结点之间及一般传感器结点之间都采用平面网络结构，而网络骨干结点和一般传感器结点之间采用分级网络结构。这种结构同分级网络结构相比较，支持的功能更加强大，但所需硬件成本更高。

4）Mesh 网络结构

Mesh 网络结构是一种新型的无线传感器网络结构，较前面的传统无线网络拓扑结构具有一些结构和技术上的不同，如图 2-12 所示。从结构来看，Mesh 网络是规则分布的网络。网络内部的结点一般都是相同的，因此 Mesh 网络又称对等网。

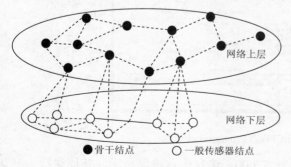

● 骨干结点　　○ 一般传感器结点

图 2-11　混合网络拓扑结构

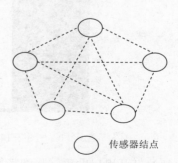

○ 传感器结点

图 2-12　Mesh 网络拓扑结构

5．实验步骤

（1）生成 hex 文件。首先打开"程序烧录实验"文件夹下的工程 Example，右击，在弹出的快捷菜单中选择 Project 中的 Option 命令，弹出对话框，在对话框中选择 Linker，按图 2-13 所示进行配置，选中 Override default 复选框，并在复选框下面输入编译生成的 hex 文件的名称，这里将 hex 文件命名为 demo_hello_world.hex。Format 选择 other，其他各配置选项保持为默认值。

单击 OK 按钮，然后选择 Project\Rebuild All，编译生成 demo_hello_world.hex 文件。

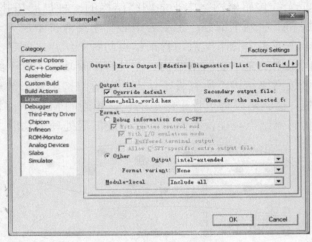

图 2-13　配置编译选项

（2）烧写 hex 程序。打开 TI 公司的烧写软件 SmartRF Flash Programmer，按图 2-14 所示进行配置，Flash image 为 hex 文件烧写路径，选择刚生成的 hex 文件，单击 Perform actions 按钮执行烧写，就能将 hex 程序烧写进 DS210A 型 CC2430/1 结点板。

图 2-14　Smartrf Flash Programmer 界面

（3）打开串口助手，将波特率配置为 57600，选择十六进制显示，其他保持为默认值，确认串口线与 PC 连接正常，如图 2-15 所示。

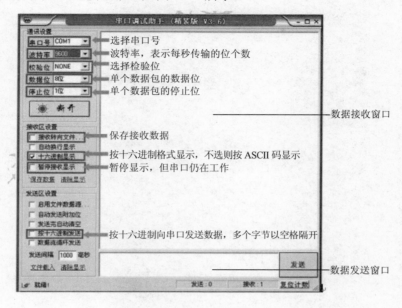

图 2-15　串口助手界面

 习题

1. 简述 STC-51 单片机 STC_ISP 下载程序的过程。
2. 如何编写一个 Makefile 文件？
3. 无线传感器网络拓扑结构可分为哪几类？
4. 简述如何使用 IAR 编译程序，怎样生成 hex 文件？

第3章 条形码与RFID应用实验

　　条形码和RFID技术是目前使用较为广泛的两种标识技术。条形码由于使用方便、价格低廉、可靠性强，已经得到了大范围使用。RFID可以实现较远距离、非接触式的自动识别，能识别高速运动物体并可同时识别多个电子标签，操作快捷方便、可靠性更高，并已经在很多场合使用。本章介绍条形码和RFID标识的原理及相关实验。这两种技术仅在读写装置的前端有所差异，其后端处理有很大的相似之处。本书仅以高频及超高频无源RFID实验进行介绍，有源RFID部分的实验原理类似于单跳的通信，本章不进行阐述。

3.1　物流条形码技术概述

条形码和 RFID 技术是物联网感知层中非常重要的数据标识技术，可以用来快速准确地识别目标对象并获得相关数据，迄今为止，在各个行业得到广泛的应用，下面分别进行阐述。

1．条形码技术

条形码是由一组宽度不同、反射率不同的条和空按规定的编码规则组合起来的，用以表示一组数据和符号。具体来说条形码是一种可印制的机器语言，它采用二进制数的概念。条形码技术现今已能标出物品的各种信息，例如，生产日期，商品名称，生产国家，制造厂家，图书分类号，邮件起止地点、类别、日期等，因此在图书管理、商品流通、邮政管理等许多领域都得到了广泛的应用。条形码技术与人们的生活有着密切的联系，例如，目前我国几乎所有的超市都使用条形码技术进行货品的管理。

条形码按照维度来划分，可分为一维码、二维码。一维码自问世以来，以简便易用的特点使它很快得到了普及并广泛应用。但是由于一维码的信息有限且简单，如商品上的条形码仅能容纳 13 位的阿拉伯数字，更多描述商品的信息只能依赖数据库的支持，离开了预先建立的数据库，这种条形码就变成了无源之水、无本之木，因而一维码主要用于对物体进行标识，而不是对物体进行描述，条码的应用范围受到了一定的限制。相对于一维码，二维码除具有普通条形码的优点，还具有信息容量大、可靠性高、保密防伪性强、易于制作、成本低等优点。它也有很多码制，主要可分为堆叠式/行排式二维码和矩阵式二维码两种类型。

1）堆叠式/行排式二维码

堆叠式/行排式二维码（又称堆积式二维码或层排式二维码），其编码原理是建立在一维码基础之上，按需要堆积成两行或多行。它在编码设计、检验原理、识读方式等方面继承了一维码的一些特点，识读设备、印刷与一维码技术兼容。但由于行数的增加，需要对行进行判定，其译码算法与软件也不完全相同于一维码。有代表性的堆叠式二维码有 PDF417、Code 16K、Code 49、MicroPDF417 等。图 3-1 是堆叠式二维码。

图 3-1　堆叠式二维码

2）矩阵式二维码

矩阵式二维码（又称棋盘式二维码），它是在一个矩形空间通过黑、白像素在矩阵中的不同分布进行编码。在矩阵相应元素位置上，用点（方点、圆点或其他形状）的出现表示二进制"1"，点的不出现表示二进制的"0"，点的排列组合确定了矩阵式二维码所代表的意义。矩阵式二维码是建立在计算机图像处理技术、组合编码原理等基础上的一种新型图形符号自动识读处理码制。具有代表性的矩阵式二维码有 Code One、MaxiCode、QR Code、Data Matrix、Han Xin Code、Grid Matrix 等。图 3-2 是矩阵式二维码。

图 3-2　矩阵式二维码

　　二维码的信息容量大，可用于对物体进行描述，不用连接数据库就能用扫描仪直接读取内容，这在物流行业中非常有用。由于可以加密，二维码还具有保密性高的特点。当安全级别设定很高时，条形码在污损很严重的情况下，仍可读取完整信息。因此，二维码具有如下特点：

　　（1）高密度编码、信息容量大：可容纳多达 1 850 个大写字母或 2 710 个数字或 1 108 字节，或 500 多个汉字，比普通条形码信息容量约高几十倍。

　　（2）编码范围广：该条形码可以把图片、声音、文字、签字、指纹等可以数字化的信息进行编码并用条形码表示出来；可以表示多种语言文字；可表示图像数据。

　　（3）容错能力强，具有纠错功能：这使得二维码因穿孔、污损等引起局部损坏时，照样可以正确得到识读，损毁面积达 50%仍可恢复信息。

　　（4）译码可靠性高：它比普通条形码译码错误率 2%要低得多，误码率不超过千万分之一。

　　（5）可引入加密措施：保密性、防伪性好。

　　（6）成本低、易制作、持久耐用。

　　（7）条码符号形状、尺寸大小比例可变。

　　（8）二维码可以使用激光或 CCD 阅读器识读。

　　条形码技术应用最为广泛，人们最熟悉的领域莫过于通用商品销售领域的应用。运用条形码技术可提高竞争能力、提高顾客的满意度、降低库存、提高仓储的效率和准确率。条形码技术的应用可大大提高 ERP 基础数据采集准确性，提高企业成本控制管理的能力，是实现 EDI、电子商务、供应链管理等的技术基础，是提高企业管理水平和竞争能力的重要技术手段。但随着 RFID 技术的出现就使得条形码相形见绌，RFID 标识系统能同时识别大量带标签的物品，识别范围能达到几米甚至几十米，而条形码只能标识某一类的物品并只能近距离扫描。另外，条形码的内容无法随意修改，而 RFID 标签可以反复重新改写内容。因此，RFID 技术的发展空间比条形码更广阔。

2．RFID 技术

　　RFID 技术是一种利用射频信号自动识别目标对象并获取相关信息的无线通信技术，常称为感应式电子晶片或近接卡、感应卡、非接触卡、电子标签（Tag）、电子条码等。随着社会的发展，目前已在一些领域中开始取代传统的条形码技术。电子标签信息可以在多个对象与读写器（Reader）间同时传输，在一定范围内不受物理障碍和距离的影响。

　　RFID 技术实际上是自动识别技术在无线电技术方面的具体应用与发展。该项技术的基本思想是通过采用一些先进的技术手段，实现人们对各类物体或设备的自动识别和治理。这个技术最早的应用可追溯到第二次世界大战中飞机的敌我目标识别，但是由于技术和成本原因，一直没有得到广泛应用。近年来，随着大规模集成电路、网络通信、信息安全等技术的发展，RFID 技术进入商业化应用阶段。由于具有高速移动物体识别、多目标识别和非接触识别等特点，RFID 技术显示出巨大的发展潜力与应用空间，被认为是21 世纪的最有发展前途的信息技术之一。

RFID 技术包含无线通信、芯片设计制造、系统集成、信息安全等高新技术领域。

RFID 技术的发展和在各行业中的应用，随着各国和大型公司的重视，日益明显。希望未来 RFID 技术能够更好地改善人们的生活质量、提高企业经济效益、加强公共安全以及提高社会信息化水平。

RFID 技术具有很多突出的优点，具体如下：

（1）非接触操作，远距离读取，完成识别工作时无须人工干预，应用便利。

（2）快速扫描。读写器可同时读取数个 RFID 电子标签，可以识别高速运动的物体。

（3）形状和大小多样化。RFID 不受尺寸大小与形状限制，电子标签更加小型化，以应用于不同产品。

（4）抗污染能力和耐久性强。RFID 对水、油和化学药品等物质具有很强抵抗性，RFID 卷标是将数据存在芯片中，可以免受污损。

（5）可重复使用。RFID 电子标签可以重复地新增、修改、删除 RFID 卷标内存储的数据，方便信息的更新。

（6）穿透性和无屏障阅读。在被覆盖的情况下，RFID 能够穿透纸张、木材和塑料等非金属或非透明的材质，并能够进行穿透性通信。

（7）数据的记忆容量大。RFID 最大的容量有数兆字节。随着记忆载体的发展，数据容量也有不断扩大的趋势，未来物品所需携带的资料量会越来越大，对 RFID 卷标所能扩充容量的需求也相应增加。

（8）安全性。RFID 承载的是电子式信息，其数据内容可经由密码保护，使其内容不易被伪造及变造。

在物联网的架构中，RFID 在感知层和网络层中扮演着重要的角色。

3.2　RFID 整体系统架构

RFID 是一种自动识别技术，要想完成识别物体、读写相关数据信息以及将信息上报信息中心进行数据共享，可以通过 RFID 系统来实现。RFID 主要核心部件是读写器和电子标签，通过相距几厘米到几米距离的读写器发射的无线电波来读取电子标签内存储的信息，识别电子标签代表的物品、人和器具的身份。一个典型的 RFID 系统一般由电子标签、读写器和中央信息系统 3 部分组成，图 3-3 是典型的 RFID 系统组成示意图。

RFID 电子标签中存储有识别目标的信息，通常被放置在被识别的物品表面。由耦合元件及芯片组成，有的标签内置有天线，用于和 RFID 射频天线进行通信。RFID 电子标签包括射频模块和控制模块两部分，射频模块通过内置的天线来完成与 RFID 读写器之间的射频通信，控制模块内有一个存储器，它存储着 RFID 电子标签内的所有信息，并且部分信息可以通过与 RFID 读写器间的数据交换来进行实时修改。

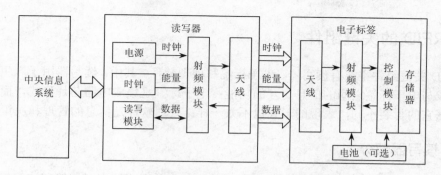

图 3-3　典型的 RFID 系统组成示意图

　　RFID 读写器是读取（或写入）RFID 电子标签信息的设备，可以分为手持类和固定类两种，读写器对标签的操作大致可以分为 3 种：识别读取的 UID 信息、读取用户数据和写入用户数据。绝大多数的 RFID 系统还要有数据传输和处理系统，用于对 RFID 读写器发出命令以及对读写器读取的信息进行处理，以实现对整个 RFID 系统的控制管理。RFID 读写器还有其他的硬件设备，包括电源、时钟等。电源用来给 RFID 读写器供电，并且通过电磁感应可以给 RFID 无源电子标签进行供电；时钟在进行射频通信时用于确定同步信息。

　　中央信息系统是对识别到的信息进行管理、分析及传输的计算机平台。它一般包含一个数据库，存储着所有 RFID 电子标签的数据信息，用户可以通过中央信息系统查询相关的 RFID 电子标签信息。中央信息系统与 RFID 读写器相连，通过读写器对电子标签中数据信息的读取或改写，数据库内的数据信息也进行实时更新。中央信息系统一般和互联网或专网相连接，RFID 电子标签中的数据信息可以得到大范围的共享，用户也可以实现远程操作功能。

3.3　RFID 的基本工作原理

　　RFID 基本工作原理并不复杂，具体如下：

　　（1）RFID 读写器将无线电载波信号经过发射天线向外发射。

　　（2）当 RFID 电子标签进入发射天线的工作范围时，电子标签凭借感应电流所获得的能量发送出存储在芯片中的产品信息（Passive Tag，无源电子标签或被动电子标签），或者主动发送某一频率的信号（Active Tag，有源电子标签或主动电子标签），将携带信息的代码经天线发射出去。

　　（3）系统的接收天线接收 RFID 电子标签发出的载波信号传输给 RFID 读写器。RFID 读写器对接收到的信号进行解调解码，再把包含信息的信号送入上位机的控制系统。

　　（4）中央信息系统接收到 RFID 电子标签中的信息后，根据系统设定做出相应的处理。

　　RFID 读写器和电子标签之间一般采用半双工通信方式进行信息交换，同时 RFID 读写器通过耦合给无源电子标签提供能量和时序。在实际应用中，可进一步通过 Ethernet 或 WLAN 等实现对物体识别信息的采集、处理及远程传送等管理功能。

3.4　RFID 的关键组件

RFID 关键组件主要有读写器、电子标签和处理软件。其中，读写器用于产生射频载波，完成与电子标签之间的信息交互的功能；电子标签是集成电路芯片形式，而集成芯片又根据它的封装不同，表现的形式也不太一样；处理软件是信息的管理和决策系统。

3.4.1　读写器部分

读写器是 RFID 系统中非常重要的组成部分，它负责连接电子标签和计算机通信网络，与电子标签进行双向数据通信，读取电子标签中的数据，或者按照计算机的指令对电子标签中的数据进行改写。读写器的工作频率决定了整个 RFID 系统的工作频率，读写器的功率大小决定了整个 RFID 系统的工作距离。

1．读写器的基本组成

各种 RFID 读写器虽然在耦合方式、通信流程、数据传输方法，特别是在频率范围等方面有着根本的差别，但是在功能原理上，以及由此决定的构造设计上，各种读写器是十分类似的，典型的读写器终端一般由天线、射频接口模块和逻辑控制模块 3 部分构成，其结构图如图 3-4 所示。

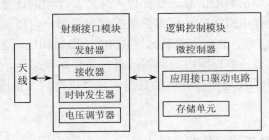

图 3-4　读写器结构图

1）天线

读写器的天线是发射和接收射频载波信号的设备。它主要负责将读写器中的电流信号转换成射频载波信号并发送给电子标签，或者接收电子标签发送过来的射频载波信号并将其转化为电流信号；读写器的天线可以外置也可以内置；天线的设计对读写器的工作性能来说非常重要，对于无源电子标签来说，它的工作能量全部由读写器的天线提供。

2）射频接口模块

读写器的射频接口模块主要包括发射器、接收器、时钟发生器和电压调节器等。该模块是读写器的射频前端，同时也是影响读写器成本的关键部位，主要负责射频信号的发射及接收。其中的调制电路负责将需要发送给电子标签的信号加以调制，然后再发送；解调电路负责解调标签送过来的信号并进行放大；时钟发生器负责产生系统的正常工作时钟。

3）逻辑控制模块

读写器的逻辑控制模块是整个读写器工作的控制中心、智能单元，是读写器的"大脑"，读写器在工作时由逻辑控制模块发出指令，射频接口模块按照不同的指令做出不同的操作。它主要包括微控制器、存储单元和应用接口驱动电路等。微控制器可以完成信号的编解码、数据的加解密以及执行防碰撞算法；存储单元负责存储一些程序和数据；应用接口负责与上位机进行输入或输出的通信。

　　下面以 UHF 频段读写器为例，详细介绍读写器的射频模块是如何工作的。射频模块又可分为发射和接收两部分。读写器的发射电路部分主要包括混频器（Mixer）、数-模转换器（DAC）、衰减器（Attenuator）、可变增益放大器（VGA）、功率分配器（Power Splitter）、射频滤波器（Filter）以及射频功率放大器（PA）。

　　发射部分的工作过程如下：

　　（1）读写器控制压控振荡器，产生频率为 860～960 MHz 的载波信号，然后把这个信号传送给功率分配器。

　　（2）功率分配器把要发射的信号分成两部分，一部分发送到接收电路，作为接收信号进行混频时的信号源；另外一路则先经过衰减器再送到 Mixer。

　　（3）通过混频，使读写器的基带信号控制传送过来的载波信号的幅度、相位变化，然后经过可变增益放大器和射频滤波器以后，传至功率放大器。

　　（4）读写器根据实际情况，自动调节发射信号的增益，然后经过射频功率放大器进行放大，最后再经过环行器传送到阅读器天线准备发射。环行器的作用就是将读写器天线接收到的信号与发送的信号隔离，避免出现同频干扰。

　　读写器的接收电路部分主要包括功率分配器、混频器、模-数转换器（ADC）以及射频滤波器。

　　接收部分的工作过程如下：

　　（1）由标签通过反向散射传递过来的信号通常功率比较小，它会首先进入环行器，以便与读写器发射的载波信号分离，避免出现同频干扰。在通过射频滤波器后，进入到功率分配器，从这里出来的信号又分成了两路。

　　（2）从发射线路过来的未调制载波作为接收线路的本振信号，产生两路参考信号，两路参考信号的相位相差 90°。

　　（3）两路参考信号与从第一步功率分配器分离出来的两路信号进行混频，生成两路基带信号，然后分别经过各自的运算放大器和低通滤波器以后，返回到读写器的信号处理单元进行相关处理。

2．读写器的 I/O 接口形式

一般读写器的 I/O 接口形式主要有：

1）RS-232 串行接口

RS-232 串行接口是计算机普遍适用的标准串行接口，能够进行双向的数据信息传递。它的优点在于通用、标准；缺点是传输距离不会达到很远，传输速率也不会很快。

2）RS-485 串行接口

RS-485 串行接口是也是一类标准串行接口，数据传递运用差分模式，抵抗干扰能力较强，传输距离比 RS-232 传输距离较远，数据传输速率与 RS-232 相似。

3）以太网接口

读写器可以通过该接口直接进入网络。

4）USB 接口

USB 接口也是一类标准串行接口，传输距离较短，数据传输速率较高。

3．读写器的功能

读写器之所以非常重要，这是由它的功能所决定的，它的主要功能有以下几点：

1）实现与电子标签的通信

最常见的就是对电子标签进行读数，这项功能需要有一个可靠的软件算法确保安全性、可靠性等。除了进行读数以外，有时还需要对电子标签进行写入，这样就可以对电子标签批量生产，由用户按照自己需要对电子标签进行写入。

2）给电子标签供能

在电子标签是被动式或者半被动式的情况下，需要读写器提供能量来激活射频场周围的电子标签；读写器射频场所能达到的范围主要是由天线的大小以及阅读器的输出功率决定的。天线的大小主要是根据应用要求来考虑的，而输出功率在不同国家和地区，都有不同的规定。

3）实现与计算机网络的通信

这一功能也很重要，读写器能够利用一些接口实现与上位机的通信，并能够给上位机提供一些必要的信息。

4）实现多电子标签识别

读写器能够正确的识别其工作范围内的多个电子标签。

5）实现移动目标识别

读写器不但可以识别静止不动的物体，也可以识别移动的物体。

6）实现错误信息提示

对于在识别过程中产生的一些错误，读写器可以发出一些提示。

7）读出电子标签的电池信息

对于有源电子标签，读写器能够读出有源电子标签的电池信息，如电池的总电量、剩余电量等。

4．读写器的工作方式和种类

读写器主要有两种工作方式：一种是读写器先发言方式（Reader Talks First，RTF），另一种是电子标签先发言方式（Tag Talks First，TTF）。

在一般情况下，电子标签处于等待或休眠状态，当电子标签进入读写器的作用范围被激活以后，便从休眠状态转为接收状态，接收读写器发出的命令，进行相应的处理，并将结果返回给读写器。

根据使用用途不同，各种读写器在结构上及制造形式上也是千差万别的。大致可以将读写器划分为以下几类：固定式读写器、OEM 读写器、工业读写器、便携式读写器以及大量特殊结构的读写器。

随着 RFID 技术的不断发展，人们对读写器使用、结构，功能是否先进、方便提出了更高的要求，越来越多的应用和各种不同的应用环境对 RFID 系统的读写器提出更高的标准，这就要求不断采用新的技术来完善读写器的设计，未来的读写器将朝着多功能、多制式兼容、多频段兼容、小型化、多数据接口、便携式、多智能天线端口、嵌入式和模块化的方向发展，而且成本也将越来越低。

3.4.2　电子标签部分

电子标签（又称射频识别卡）是指由 IC 芯片和无线通信天线组成的超微型小标签。

标签中保存有约定格式的电子数据，在实际应用中，无线电子标签附着在待识别物品表面。存储在芯片中的数据，由读写器以无线电波的形式非接触地读取，并通过读写器的处理器，进行信息解读并进行相关的管理。因此，电子标签是一种非接触式的自动识别技术，是目前使用的条形码的无线版本。电子标签的应用给零售、物流等产业带来了革命性的变化。而且电子标签十分方便于大规模生产，并能够做到日常免维护。

1. 电子标签的组成

电子标签主要由天线、射频接口模块和芯片 3 部分组成，其内部框图如图 3-5 所示。

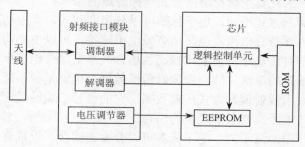

图 3-5　电子标签内部框图

1）天线

天线主要的功能是接收读写器传送过来的电磁信号或者将读写器所需的数据传回给读写器，也就是负责发射和接收电磁波。它是电子标签与读写器之间联系的重要一环；天线可以将导行波转换为自由空间波，也可以把自由空间波转换为导行波。在 RFID 系统中，电子标签的天线必须满足体积小、全向性、正常地与读写器通信、价格低等性能要求。

2）芯片

电子标签芯片是电子标签的一个重要组成部分，它主要负责存储标签内部信息，还负责对标签接收到的信号以及发送出去的信号做一些必要的处理。标签芯片可以分为逻辑控制模块和存储模块两部分。

（1）逻辑控制模块：负责对读写器传送来的信号进行译码，并且按照读写器的要求回传数据给读写器。

（2）EEPROM 和 ROM：主要用于存储系统运行时产生的数据或者识别数据等。

3）射频接口模块

（1）调制器和解调器：由控制单元传出的数据需要经过调制器的调制以后，才能加载到天线上，成为天线可以传送的射频信号，再回传给读写器；解调器负责将经过调制的信号加以解调，将载波去除，以获得最初的调制信号。

（2）电压调节器：主要用来把从读写器接收过来的射频信号转化为直流电源（DC），并且经由其内部的储能装置（大电容器）将能量储存起来，再通过稳压电路，以确保稳定的电源供应。

2. 电子标签的分类

电子标签与读写器之间通过电磁波进行通信，与其他通信系统一样，电子标签可以看作一个特殊的收发信机。RFID 系统可以应用于不同的领域和场合，不同的应用场合对 RFID 系统中电子标签的要求也不尽相同。为了满足这些多种多样的要求，电子标签的种类也多种多样。

（1）根据电子标签工作所需能量的供给方式的不同，电子标签可以分为有源电子标签、无源电子标签和半无源电子标签（Semi-passive Tag）。有源电子标签内装有电池，可以适合更远的读写距离，但成本要更高一些，适用于远距离读写距离；无源电子标签没有内装电池，半无源电子标签部分依靠电池工作。

（2）根据频率的不同可分为低频（LF）、高频（HF）、超高频（UHF）和微波（MW）等不同种类。目前国际上广泛采用的频率分布于 4 种波段：低频（125 kHz）、高频（13.54 MHz）、超高频（850～910 MHz）和微波（2.45 GHz）。每一种频率都有它的特点，被用在不同的领域，因此要正确使用就要先选择合适的频率。

（3）按照数据调制方式不同，电子标签可以分为主动式、半主动式和被动式 3 种。主动式电子标签的内部带有电源，也就是有源电子标签，可以主动向阅读器发送数据，应用场合主要是那些对传输距离要求比较高的场合；半主动式电子标签的内部也带有电源，但必须经过阅读器的激活才能向阅读器传送数据，也就是说不能主动传输数据；被动式电子标签主要采用散射调制方式传输数据，它的信号必须经过调制以后才能进行传输，一般应用于对传输距离要求不太高的场合。

（4）按照标签作用距离不同，电子标签可以分为密耦合、近耦合、疏耦合和远耦合 4 类。其作用距离分别为：小于 1 cm、10 cm 左右、1 m 左右和 5～10 m 或 10 m 以上。

（5）按照读写方法不同，电子标签可以分为有接触型和非接触型两种。

① 有接触型。卡的表面可以看到一个方形镀金接口，共有 8 个或 6 个镀金触点，用于与读写器接触，通过电流信号完成读写。持卡人刷卡时，须将 IC 卡插入读写器，读写完毕，读写器可自动弹出，或由持卡人抽出卡片。此类 IC 卡刷卡慢，但可靠性高，多用于存储信息量大，读写操作复杂的场合。

② 非接触型。卡上设有射频信号接收器或红外线收发器，在一定距离内即可收发读写器的信号，实现非接触读写。卡上记录信息简单，读写要求不高，卡型变化也较大，可以制成任意喜欢的形式。

3．电子标签的工作原理

读写器向电子标签发一组固定频率的电磁波，卡片内有一个 LC 串联谐振电路，其频率与读写器发射的频率相同，在电磁波的激励下，LC 谐振电路产生共振，从而使电容器内有了电荷，在这个电容器的另一端，接有一个单向导通的电子泵，将电容器内的电荷送到另一个电容器内存储，当所积累的电荷达到 2 V 时，此电容器可作为电源，为其他电路提供工作电压，将卡内数据发射出去或接收读写器的数据。

本章单片机实训平台 RFID 读/写实验和嵌入式实训平台 RFID 读/写实验中，均采用无源高频的 Mifare 卡、S50 芯片的非接触 IC 卡（实验中简称 M1 卡）。非接触式卡 M1 卡的主要指标有：

（1）容量为 8Kb EEPROM。

（2）分为 16 个扇区，每个扇区为 4 块，每块 16 字节，以块为存取单位。

（3）每个扇区有独立的一组密码及访问控制。

（4）每张卡有唯一序列号，为 32 位。

（5）具有防冲突机制，支持多卡操作。

（6）无电源，自带天线，内含加密控制逻辑和通信逻辑电路。

（7）数据保存期为 10 年，可改写 10 万次，读无限次。

（8）工作温度：−20~50℃。

（9）工作频率：13.56 MHz。

（10）通信速率：10^6 kbit/s。

（11）读写距离：10 mm 以内（与读写器有关）。

非接触式卡 M1 存储结构。M1 卡分为 16 个扇区，每个扇区由 4 块（块 0、块 1、块 2、块 3）组成，将 16 个扇区的 64 个块按绝对地址编号为 0~63。其存储结构如图 3-6 所示。

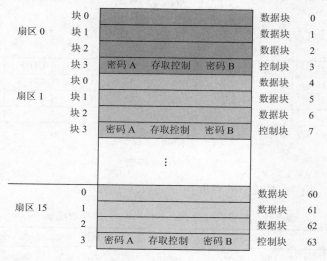

图 3-6 M1 卡存储结构

扇区 0 的块 0（即绝对地址 0 块），它用于存放厂商代码，已经固化，不可更改。每个扇区的块 0、块 1、块 2 为数据块，可用于存储数据。数据块可作两种应用：一是用作一般的数据保存，可以进行读、写操作；二是用作数据值，可以进行初始化值、加值、减值、读值操作。

每个扇区的块 3 为控制块，包括了密码 A、存取控制、密码 B。具体结构如下：

A0 A1 A2 A3 A4 A5	FF 07 80 69	B0 B1 B2 B3 B4 B5
密码 A（6 字节）	存取控制（4 字节）	密码 B（6 字节）

每个扇区的密码和存取控制都是独立的，可以根据实际需要设定各自的密码及存取控制。存取控制为 4 字节，共 32 位，扇区中的每个块（包括数据块和控制块）的存取条件是由密码和存取控制共同决定的，在存取控制中每个块都有相应的 3 个控制位，定义如下：

块 0：　　C10　　C20　　C30

块 1：　　C11　　C21　　C31

块 2：　　C12　　C22　　C32

块 3：　　C13　　C23　　C33

3 个控制位以正和反两种形式存在于存取控制字节中，决定了该块的访问权限（如进行减值操作必须验证 KEY A，进行加值操作必须验证 KEY B 等）。3 个控制位在存取控制字节中的位置，以块 0 为例：

对块 0 的控制，如图 3-7 所示。

Bit	7	6	5	4	3	2	1	0
字节 6				C20_b				C10_b
字节 7				C10				C30_b
字节 8				C30				C20
字节 9								

（注：C10_b 表示 C10 取反。）

图 3-7　对块 0 的控制

存取控制（4 字节，其中字节 9 为备用字节），如图 3-8 所示。

bit	7	6	5	4	3	2	1	0
字节 6	C23_b	C22_b	C21_b	C20_b	C13_b	C12_b	C11_b	C10_b
字节 7	C13	C12	C11	C10	C33_b	C32_b	C31_b	C30_b
字节 8	C33	C32	C31	C30	C23	C22	C21	C20
字节 9								

（注：_b 表示取反。）

图 3-8　存取控制

数据块（块 0、块 1、块 2）的存取控制如表 3-1 所示。

表 3-1　数据块（块 0、块 1、块 2）的存取控制

控制位（X=0、1、2）			访问条件（对数据块 0、1、2）			
C1X	C2X	C3X	Read	Write	Increment	Decrement, transfer, Restore
0	0	0	KeyA|B	KeyA|B	KeyA|B	KeyA|B
0	1	0	KeyA|B	Never	Never	Never
1	0	0	KeyA|B	KeyB	Never	Never
1	1	0	KeyA|B	KeyB	KeyB	KeyA|B
0	0	1	KeyA|B	Never	Never	KeyA|B
0	1	1	KeyB	KeyB	Never	Never
1	0	1	KeyB	Never	Never	Never
1	1	1	Never	Never	Never	Never

（KeyA|B 表示密码 A 或密码 B，Never 表示任何条件下不能实现。）

例如，当块 0 的存取控制位 C10 C20 C30＝1 0 0 时，验证密码 A 或密码 B 正确后可读，验证密码 B 正确后可写，不能进行加值、减值操作。

块 3 的存取控制与数据块（块 0、块 1、块 2）不同，它的存取控制如表 3-2 所示。

表 3-2　块 3 的存取控制

控制位			密码 A		存取控制		密码 B	
C13	C23	C33	Read	Write	Read	Write	Read	Write
0	0	0	Never	KeyA|B	KeyA|B	Never	KeyA|B	KeyA|B
0	1	0	Never	Never	KeyA|B	Never	KeyA|B	Never
1	0	0	Never	KeyB	KeyA|B	Never	Never	KeyB
1	1	0	Never	Never	KeyA|B	Never	Never	Never
0	0	1	Never	KeyA|B	KeyA|B	KeyA|B	KeyA|B	KeyA|B

控制位			密码 A		存取控制		密码 B	
0	1	1	Never	KeyB	KeyA|B	KeyB	Never	KeyB
1	0	1	Never	Never	KeyA|B	KeyB	Never	Never
1	1	1	Never	Never	KeyA|B	Never	Never	Never

例如，当块 3 的存取控制位 C13 C23 C33＝0 0 1 时，表示：

密码 A：不可读，验证 KEYA 或 KEYB 正确后，可写（更改）。

存取控制：验证 KEYA 或 KEYB 正确后，可读、可写。

密码 B：验证 KEYA 或 KEYB 正确后，可读、可写。

在嵌入式实训平台中，所用的卡片中的控制字为"FF 07 80 69"，其定义中说明密码 A 可用，密码 B 不可用，卡中所有密码 A 都为 6 字节的"FF"。

3.5　基于 RFID 的射频识别实验

单片机实训平台 RFID 读/写实验和嵌入式实训平台 RFID 读/写实验，可通过无线电信号识别特定目标并读写相关数据，而无须识别系统与特定目标之间建立机械或光学接触。实验 4 和实验 5 都是基于高频 13.56 MHz 的 RFID 读/写实验。实验是结合了读写器硬件、命令解析的特点，进行整合实施、联系教学的模块化结构的整体解决方案。帮助读者熟悉和掌握高频 RFID 技术的特点，为今后开发基于高频 RFID 的设计性实验和综合应用实验等多种实验打下基础。

3.5.1　实验 4——单片机实验平台 RFID 读/写实验

1．实验目的和要求

本实验在 STC-51 单片机的基础上，基于 MF RC500 的 RFID 射频读写器的系统，学习 RFID 的工作原理、特性及体系结构等。系统分为软件部分和硬件部分。硬件部分主要包括 MCU 控制模块、射频基站模块、串行通信模块、天线。软件设计主要包括射频模块的程序设计、RS-232 通信协议的设计、驱动的设计。

2．实验设备

硬件：STC-51 单片机开发板 1 套，RFID 读写器 1 个，Mifare 卡 3 张，电源线 1 根，串口线 1 根。

软件：Keil uv3 软件，STC ISP 下载编程烧录软件，Proteus 软件，Keil C51。

3．实验内容

了解 RFID 相关基础知识、工作原理和 RFID 卡片的构造，以及存储和访问的方式。

掌握高频 RFID 读写器读卡和电子标签（卡片）程序的操作，并能够使用 RFID 读写器对 13.56 MHz 卡片进行操作。

4．实验原理

RFID 系统为无源系统，即射频卡内不含电池，电子标签的能量是由读写器发出的射频脉冲提供。RFID 系统实现原理如下：读写器在一个区域内发射能量形成电磁场。电子标签进入这个区域时，接收到读写器的射频脉冲，经过桥式整流后给电容器充电，电容器内的电荷送到另一个电容器内存储，当电容器两端电压为 2 V 时，此电容器可作为电源为其他电路提供工作电压，将卡内数据发射出去或读取读写器的数据。数据解调部分从接收到的射频脉冲中解调出命令和数据并送到控制逻辑，控制逻辑接收指令完成存储、发送数据或其他操作。如需要发送数据，则将数据调制后从收发模块发送出去。读写器接收到返回的数据后，解码并进行错误检验来决定数据的有效性，然后进行处理，通过RS-232 接口将数据传送到计算机上。读写器发送的射频信号除提供能量外，通常还供时钟信号，使数据保持同步。

读写器包括：MCU 控制模块、射频基站模块、串行通信模块、显示模块及天线。图 3-9 是读写器结构图。

MCU 控制模块中，控制核心采用 STC-51 单片机，其中，P0 口控制 MF RC500 的数据；晶振选用 22.118 4 MHz；Rl 与 C6 为单片机构成加电复位。P2 口接 LCD 为液晶显示的 RS、RW、E。

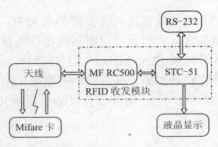

图 3-9 读写器示意图

MF RC500 是射频卡读写器的关键部件，通过该模块与射频卡进行数据通信。射频基站模块的主要部件就是射频基站芯片，选用 Philips 公司的 MF RC500 射频基站芯片。MF RC500 是应用于 13.560 MHz 非接触式通信中高集成读卡 IC 系列中的一员。读卡IC 系列利用先进的调制和解调概念，完全整合了在 13.560 MHz 下任何类型的被动非接触式通信方式和协议。MF RC500 和 STC-51 单片机都是采用标准 TTL 电平，不需要电平转换。

系统硬件设计中的关键接口部分连接如下：MF RC500 的 AD0～AD7 为带施密特触发器的双向数据和地址复用总线，接 STC-51 单片机的 AD0～AD7。MF RC500 的NWPdRNW 为带施密特触发器的写禁止/只读信号，接单片机 STC-51 的写信号 WR。MF RC500 的 NRD/NDS 为带施密特触发器的读禁止，数据选通禁止信号，接单片机STC-51 的读信号 RD。MF RC500 的 NCS 为带施密特触发器的片选禁止信号，接单片机的 I/O 口线 P2.7。MF RC500 的 ALE 为带施密特触发器的地址锁存使能信号，接单片机的地址锁存信号。MF RC500 的 IRQ 为带施密特触发器的中断请求信号，接单片机的中断口。

根据系统要求，软件部分设计包括三大部分，即射频读/写卡程序设计、射频卡与读写器间的通信程序设计、上位机通信程序设计。

程序设计采用 Keil C51 编程程序。采用 C 语言编写。程序的每一部分按模块化设计成一个文件，单独调试通过后，再在 Keil C51 环境下加入到工程文件中汇编生成 hex 文件，用仿真器进行仿真通过后，写入 STC-51 单片机中，然后脱离仿真器运行。

系统开始运行时，首先进行初始化，其过程为：对 MF RC500 配置初始化，对通信协议的初始化，而后启动各种寻卡命令，进行寻卡，若有卡，则显示卡的内容；若无卡，继续寻卡。

1）射频读/写卡程序设计

读/写卡过程是一个很复杂的程序执行过程，要执行一系列的操作指令，调用多个 C51 函数，包括启动、寻卡、防冲突、选择等。这一系列的操作必须按固定的顺序进行。当有 M1 卡进入到射频天线的有效范围，读卡程序验证卡及密码成功后，将卡号通过 RS-232 传到上位机（计算机），并在 LCD 显示屏上显示卡内信息。

（1）写（设置）M1 卡。第一部分功能为上位机对读写器的操作，读写器对卡进行数据的读写，密码的管理和功能的测试，通过上位机发送的命令，可以进行寻卡、防冲突、选择和终止等。对 16 个扇区密码的下载及 AB 组密码的选择。对 16 个扇，每个扇区 3 个块的数据读写。块值操作，包括初始化、读值、加值和减值码的修改。

射频卡处理部分，void cmd_execution（void）详细地写出了怎样进行各种设置，包括 14 种功能设置：启动寻卡、防冲突、选择、终止、参数设置、密码下载、数据读、数据写、块值操作（初始化）、块值操作（读出）、块值操作（读出）、块值操作（减值）、修改密码等。整个处理部分按照定义好的数据格式进行操作。

具体格式如下：

<- 　02 0B 0F（02 为长度，0B 为命令字，测试蜂鸣器，蜂鸣器响的时间）

-> 　01 00（01 为长度，00 为测试成功）

射频卡处理流程图如图 3-10 所示。

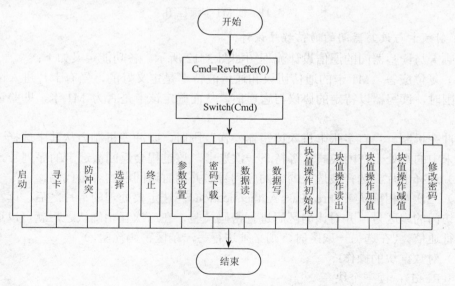

图 3-10　射频卡处理流程图

（2）读 M1 卡。第二部分功能为对 M1 卡的实时监控并将数据以 RS-232 的方式发给上位机。程序开始时，延时、寻卡；接下来就是对 M1 卡的实时监控。首先寻卡，进入 M1 卡处理程序，紧接着要防冲突，成功之后，读取 M1 卡的卡内信息。完成之后等待卡的拿开，确保每次只读一次数据。同时将数据发给上位机。读 M1 卡流程图如图 3-11 所示。

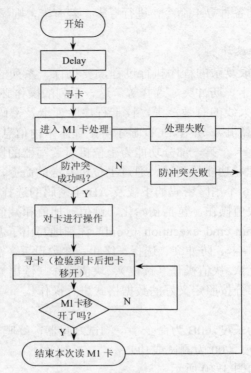

图 3-11 读 M1 卡流程图

2）射频卡与读写器间的通信程序设计

射频卡与读写器间的通信设计流程图如图 3-12 所示。各功能定义如下：

（1）复位应答。M1 卡的通信协议和通信波特率是定义好的，当有卡片进入读写器操作范围时，读写器以特定的协议与它通信，从而确定该卡是否为 M1 卡，即验证卡片的卡型。

防冲突机制。当有多张卡进入读写器操作范围时，防冲突机制会从其中选择一张进操作，未中的则处于空闲模式，等待下一次选卡，该过程会返回被选卡的序列号。

（2）选择卡片。选择被选中的卡的序列号，并同时返回卡的容量代码。

（3）三次互相确认（Three Pass Authentication）。选定要处理的卡片之后，读写器就确定要访问的扇区号，并对该扇区码进行密码检验，在三次互相确认之后就可以通过加密流进行通信。（在选另一扇区时，则必须进行另一扇区密码检验。）

（4）对数据块的操作：

读（Read）：读一个块。

写（Write）：写一个块。

加（Increment）：对数值块进行加值。

减（Decrement）：对数值块进行减值。

存储（Restore）：将块中的内容存到数据寄存器中。

传输（Transfer）：将数据寄存器中的内容写入块中。

中止（Halt）：将卡置于暂停工作状态。

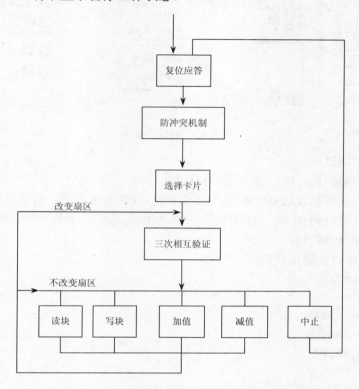

图 3-12　射频卡与读写器间的通信设计流程图

3）上位机通信程序设计

读写器能对卡进行实时监控并将数据以无线的方式发给上位机（计算机），程序开始时，延时，然后对 LCD 进行初始化。接下来就是对卡的实时监控。先寻卡，进入 M1 卡处理程序，紧接着要防冲突，成功之后，加载密码，便可对 M1 卡进行数据的读取和操作。完成之后等待卡的拿开，确保每次只读次数据。同时将数据发给上位机。

5. 实验步骤

（1）电源接口与主机相连。

（2）通信接口：2 个 RS-232 口（DB9 插孔：RXD 收、TXD 发、GND）。一个与嵌入式平台串口直接连接，另一个与读写器相连。

（3）UP-Link 接口与主机相连。

（4）USB 接口为读写器供电。

（5）LED 指示：电源指示，亮表示接通电源；反之则表示未接通电源。

（6）蜂鸣器：内置蜂鸣器，每次读写器读到 M1 卡，则发出响声。

（7）硬件电路的测试：

测试仪器：TDS1002 双踪示波器、万用表、PC。

测试结果如图 3-13 所示。

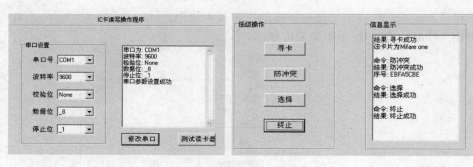

图 3-13　测试结果

（8）对接的测试：

测试仪器：虚拟机、PC、读写器、M1 卡。

测试结果：虚拟机发送 02 0B 0F（02 为长度；0B 为命令字，测试蜂鸣器；0F 为蜂鸣器响的时间）接收到 01 00（01 为长度，00 为测试成功），并蜂鸣器鸣响一下。

（9）程序部分源代码：

① 单片机串口初始化代码：

```
RC500 RST=0
ET2 = 0;
T2CON = 0x04;
PCON = 0x80;
SCON = 0x70;
TMOD = 0x21;
TH1 = BAUD_9600;
TL1 = TH1;
TR1 = TRUE;                 // 波特率发生器
TH0 = 0x60;
TL0 = 0x60;
TR0 = 0;

ET0=0;
ET1=0;
EA=1;
EX0=1;
IT0 = 1;
TR2=0;
ES = TRUE;
```

② 单片机接收与发送数据代码：

```
unsigned char len, i;
  unsigned int j=0;

    if(RI)
{
    len=SBUF;
```

```
        RI=0;
        for(i=0;i<len;i++)
        {
          while(!RI)
            {
              j++;
                if(j>1000)
                {
                    break;
                }
            }
            if(j<1000)
            {
              RevBuffer[i]=SBUF;
                RI=0;
                j=0;
            }
            else
            {
              break;
            }
        }
    if(i==len)
    {
        REN=0;
        CmdValid=1;
    }
    }
    else if(!RI && TI)
        {

      GRN =1;
      TI=0;
    len=RevBuffer[0];
      for(i=0;i<len+1;i++)
        {
            SBUF=RevBuffer[i];
          while(!TI);
      TI=0;
                        }
        GRN =0;
    REN=1;

    }
```

3.5.2　实验 5——嵌入式实验平台 RFID 读/写实验

1．实验目的和要求

（1）了解在 UP-NETARM2410-S 平台上实现非接触式 IC 卡驱动程序的基本原理。

（2）了解 Linux 驱动开发的基本过程。

2．实验设备

硬件：UP-CUP 2410-S 嵌入式实验平台 1 套；PC，Pentium500 以上，硬盘 40 GB 以上，内存大于 128M；WM-15T 射频读写模块，非接触式 M1 卡 1 套；电源线、串口线、网线。

软件：PC 操作系统 Redhat Linux 9.0；MINICOM ARM-Linux 开发环境。

3．实验内容

在掌握了 Linux 集成开发环境中编写和调试程序的基本过程和了解 Linux 内核中关于设备控制的基本原理的情况下，学习非接触式 IC 卡的原理结构，以及驱动程序的编写。

4．实验原理

1）WM-15T 射频读写模块概述

WM-15T 射频读写模块是采用最新 Mifare 技术的微型嵌入式非接触式 IC 卡读写模块。内嵌 ISO14443 Type A 协议解释器，并具有射频驱动及接收功能，可以简单实现对 M1 等卡片的读写操作，读写距离最大可达 100 mm（与卡片及天线设计有关）。该模块提供标准异步串行通信接口，输出 TTL 电平。读者可不必了解非接触 IC 卡读写模块的协议标准及底层驱动，只需要通过串行通信发送相关指令，即可实现对卡片的所有操作。图 3-14 是 WM-15T 射频读写模块的外形。

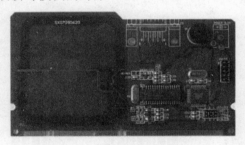

图 3-14　WM-15T 射频读写模块的外形

该模块适用于标准读写器（只需要进行电平转换即可直接连接到 PC）、手持机、收费机、门禁器、考勤机及其他各种收费系统及一卡通应用系统。

（1）主要指标：

工作电压：DC 5 V。

工作电流：< 100 mA。

通信接口：RS-232 接口，TTL 电平。

57600 Bd N,8,1（无检验，8 位数据位，1 位停止位）。

适用卡型：M1。

数据通信：10^6 kbit/s。

射频频率：13.56 MHz。

操作距离：< 100 mm。

工作温度：-20～+65 ℃。

存储温度：-40～+85 ℃。

（2）引脚定义：该模块尺寸为标准 DIP32 封装，（41 mm×18 mm），天线有 3 种，如图 3-15 所示。

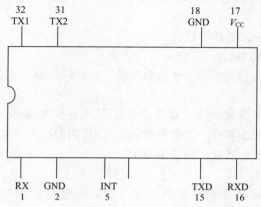

图 3-15　引脚图

V_{CC}：+5 V，RX：天线接收，GND：地，TX1：天线发送 1，TXD：模块发送，TX2：天线发送 2，RXD：模块接收，GND：天线地，INT：有卡中断（有卡进入感应区）。

天线板的接线示意说明（天线板的说明与模块相对），如图 3-16 所示。

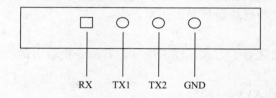

图 3-16　天线板的接线示意说明

（3）读卡模块的工作过程。可以给读卡模块事先设定了一个块（默认是块 2），当卡片靠近时，读卡模块主动验证这个区及读出这个块的数据，并发出中断信号，等待获取，当信号被取走时，读卡模块并不关闭这张卡，这时可以对模块发命令直接读写此卡的其他块，直到模块收到关卡的命令，读卡模块又回到开始时的寻卡读指定块的状态，读卡模块设定的块和寻卡方式可以设定，但断电不保存。

寻卡模式位（00 或 01），如果以 00 模式寻卡，在执行了关闭指令后，卡片必须离开感应区再进入感应区才能寻卡成功；如果以 01 模式寻卡，在执行了关闭指令后，即使卡片未离开感应区也能寻卡成功。

（4）单片机程序的工作过程。单片机向模块连接的 RS-232 口发送命令来控制模块的读写操作，当模块读到卡时，可以通过读卡模块对卡进行读写操作，操作完成后，一定要关闭卡片。

对卡片控制区的读写与数据读写相同，只是控制方式不同，同时要注意一定不要写错或记住所写内容，否则有可能会无法再对该区进行操作。在刚开始编程时，为了不写错卡片造成不能读写的坏区，在对卡片密码区进行读写之前请将要写入密码区的 16 字节先写入一个数据块，再读出，如果写入正确，说明写入操作正确，就可以对密码区进行写操作了。模块取到卡号与密码无关，也就是不用验证密码就可以通过读数据记录得到卡号。（注意：在每一个命令执行后，执行下一个命令前应有不少于 10 ms 的延时。）

2）RS-232 通信指令协议

接口规格：使用单片机对读写模块进行控制，单片机为主控制机（主机），读写模块为从机（分机）。

（1）通信方法：RS-232 异步通信。

（2）波特率：57 600 Bd。

（3）控制字方式：1 位开始位，8 位数据位，1 位停止位，无奇偶检验。

（4）通信协议格式：

|开始标志|模块地址|信息长度｜命令和参数/从机返回|检验|。

① 开始标志：长度 2 字节，主机给模块：AAH FFH；模块给主机：BBH FFH。

② 模块地址：长度 1 字节，固定值 01H。

③ 广播地址：FFH。

④ 信息长度：表示命令和参数的总字节数，不包括开始标志、模块地址和检验长度。

⑤ 检验：长度 1 字节，是开始标志、模块地址、信息长度、命令和参数中所有字节的异或值。

（5）完成的操作：

① 通信测试。返回模块号及寻卡方式，默认的块号。

功能：测试单片机与模块通信是否正常。

命令：A1H。

参数：无。模块送回寻卡方式，读卡块号。若命令检验出错，送回 33H。

例如：

主机：AA FF 01 01 A1 F4（检验）

模块：BB FF 01　　02　　00　　02　　44

　　　　机号　长度　方式　块号　检验

② 设置寻卡方式，清读写器状态到加电时的状态。

功能：设置模块寻卡方式，读卡块号，数据区密码到加电时的状态，数据区密码在加电时为 FF FF FF FF FF FF。

命令：A3H。

参数：无。模块返回 01、成功标志 55H；若命令检验出错，送回 33H。

例如：

主机：AA FF 01 01 A3 F6（检验）。

模块：BB FF 01 01 55 11。

③ 设置寻卡方式、读写数据块号数据区密码。

命令：A4H。

参数：寻卡方式 0 或 1。

读写数据块号：0-63(S50)/0-255(S70)；

数据区密码：6 字节。

模块返回 01，成功标志 55H；若命令检验出错，送回 33H。

例如：

主机：AA FF 01 09 A4 00 01 FF FF FF FF FE FE F8（检验）。

模块：BB FF 01 01 55 11（检验）。或者 BB FF 01 01 33 7F。

④ 读数据记录。

功能：在读写器已经读好默认块号的数据后，上位机从读写器读该数据记录，并决定是否需要关卡。

命令：A7H。

参数：是否需要关卡标志 0（不需要关卡）；1（需要关卡）。读写器送回：是否已经下载过标志（该字节若为 00，表示还没下载，若为 1；表示已经下载），默认的块号，以及从读写器里读取的一条记录，共 4 字节（卡号）+16 字节数据，如果读写器此时没有刷卡记录可以送给主机，发送寻到的卡号（4 字节）和 77h 给主机，如果寻卡失败，那么 4 字节的卡号为 0000。

例如：

主机：AA FF 01 02（长度）A7 00 F8（检验）不需要关卡。

寻到卡，但读到数据：

BB　FF　01　16　00　02（块号）82　98　A2　9D（卡号）00　00　00　00　00　00 00　00　00　00　00　00　00（十六字节数据）74。

寻到卡密码验证没通过或已读数据未关卡：

BB　FF　01　07　00　02　82　98　A2　9D（卡号）77　12（有 4 字节卡号）。

未寻到卡：

BB　FF　01　07　00　02　00　00　00　00　77　37（卡号位置全为 00）。

⑤ 读指定数据块。

功能：从卡上读取指定块的数据。

命令：A8H。

参数：所要读块号为 0-63(S50)/0-255(S70)。访问的密码：需要 6 字节。验证密码：0—密码 A；1—密码 B。是否需要关卡的标志：0（不需要关卡）或者 1（需要关卡）。读卡器送回：4 字节（卡号）+16 字节数据，如果读卡器此时读卡失败，发送 33h 给主机。

例如：

主机：AA FF 01 0A（长度）A8　01 M1..M6 00 01（需要关卡）F7（检验）需要关卡。

模块：BB FF 01 14 00 22 34 55（卡号）x1 x2 x3 x4…x16 检验。

或者 BB FF 01 01（长度）33 77（检验）。

⑥ 写数据。

功能：往卡上默认指定块写数据。

命令：A9H。

参数：所要写入的卡号为 4 字节。所要写入的数据：16 字节。是否需要关卡的标志：0（不需要关卡）；1（需要关卡）。读卡器送回：返回 01，成功标志 55H、当前寻卡方式，如果读卡器此时写卡失败，发送 33h 给主机。

例如：

主机：AA FF 01 16（长度）A9 C1 C2 C3 C4（卡号）x1…x16 01（表示需要关卡）检验。

模块：BB FF 01 02 01（寻卡方式）55　13（检验）。

或者 BB FF 01 01（长度）33 77（检验）。

⑦ 写指定数据块。

功能：往卡上指定块的写数据。

命令：AAH。

参数：所要写卡的卡号为 4 字节。所要写入的块号：0-63(S50)/0-255(S70)。访问该块需要的密码：6 字节。验证密码：0—密码 A；1—密码 B。所要写入的数据：16 字节。是否需要关卡的标志：0（不需要关卡）；1（需要关卡）。读卡器送回：返回 01，成功标志 55H，当前寻卡方式，如果读卡器此时写卡失败，发送 33h 给主机。

例如：

主机：AA FF 01 1E（长度）AA C1 C2 C3 C4（卡号）03（块号）M1…M6　00 X1…X16 01（需要关卡）检验。

AA FF 01 1E AA 04 BF 4E 58 08 FF FF FF FF FF FF 00 11 22 11 22 34 34　11　EE 11 EE 34 34 55 55 66 66 01 47。

模块：BB FF 01 02 01（寻卡方式）55　13（检验）。

或者 BB FF 01 01（长度）33 77（检验）。

⑧ 关卡。

功能：关掉的 M1 卡片，这个命令不仅仅是关卡，还让读卡电路恢复到主动寻卡状态。

命令：ABH。

参数：无。读卡器送回：返回 01，成功标志 55H，当前寻卡方式，如果接收命令失败，发送 33h 给主机。

例如：

主机：AA FF 01 01（长度）AB FE（检验）。

模块：BB FF 01 02 55 00（寻卡方式）13（检验）。

或者 BB FF 01 01（长度）33 77（检验）。

⑨ 查询模块状态。

功能：查询模块是否已经下载过块号和密码，以及寻卡方式。

命令：ACH。

参数：无。读卡器送回：返回 01，是否已经下载过标志（该字节若为 00，表示还没下载；若为 1，表示已经下载），已下载密码块号状态，当前寻卡方式，如果接收命令失败，发送 33h 给主机。

例如：

主机：AA FF 01 01（长度）AC F9（检验）

模块：BB FF 01 03 01（已下载）03（块号）00（寻卡方式）44（检验）

或者 BB FF 01 01（长度）33 77（检验）

注：以上所有数据都为十六进制表示，其中 BCC 为命令字符串本字节之前的所有字节的异或检验和；块号统一编址范围是 0～63，对应到每个区要计算一下，如第 5 区的第 3 个块应是(5-1)X4+3-1=18；

在本实验中首先初始化 COM3，然后主函数调用 SHELL，通过串口命令实现 IC 卡的读写等操作。

程序分析：

（1）Keyshell 启动后会在串口或者 LCD（输出设备可选择）提示如下信息：

```
<ICcardReader control shell>
        [1]  test the communicate with the ICcardModule"
        [2]  set defaule ICcardReader:searchmode
        [3]  set default block for read,and the key needed
        [4]  Test it as the Iccard used in the bus ticket system!
        [5]  contorl with the buzzer
        [6]  read defalt data
        [7]  read  data in the block which you choose
        [8]  write defalt data
        [9]  write data in the block which you choose
        [/]  turn off the card
        [-]  request the card states
        [0]  exit
        [**] help menu
```

（2）当接收到键盘操作后开始调用 M1 卡读写操作的相应接口函数，这些函数就是读写模块的串口操作命令，函数声明请见 IC_card.c。

```
/****************************************************
master:AA FF 01 01 A1(order) F4（检验）
****************************************************/
void Commu_test()
{      uchar i;
 uchar txbuff[6];
 uchar rxbuff[8];
 CardStatus=0;
 txbuff[0]=0xaa;
 txbuff[1]=0xFF;
 txbuff[2]=0x01;
 txbuff[3]=0x01;
 txbuff[4]=0xA1;

 for(i=0;i<5;i++){
      txbuff[5]^=txbuff[i];
 }
 printf("\nwe are writing ");
 i = tty_write(txbuff,6);
```

```
    printf("\nget it write ");
    fflush(stdout);
//-----------------------------------------------------
//return: BB FF 01 (机号) 02 (长度) 00 (方式) 02 (块号) 44 (检验)
//-----------------------------------------------------
        printf("\n reading");
    fflush(stdout);
    tty_read(rxbuff,7);
    printf("\nget it read");
    fflush(stdout);
    rxbuff[7]=0;
    for(i=0;i<6;i++)
        rxbuff[7]^=rxbuff[i];
    if(rxbuff[7]==rxbuff[6])
        if(rxbuff[3]==0x02)
        {
            CardStatus=0x01;
            printf("/nsuccess!");
        }
}
```

5．实验步骤

（1）首先按照要求连接好实验设备。

（2）可以先运行测试程序，将条码扫描文件夹下的 **rf_iccard.tar.bz2** 文件以 FTP 方式复制到开发板上的/var 下之后进入/var 文件夹。

（3）运行./cardII 可出现射频实验的控制台程序。

（4）测试 IC 卡与射频模块间的通信。读取 IC 卡的内容。写默认数据到 IC 卡。

先读 IC 卡预存数据，之后写入默认数据，之后再读 IC 卡内的数据（用计算机上的键盘）来测试 IC 卡 ，正确的结果如图 3-17 所示，会读出相应内容（实际内容可能会有差别）。

```
keyshell> 6

we get it!!!!!!!!!!!!!
The ICcard NO.: f1 40 54 d7
The Datas: 6c c2 7 40 4 0 0 0 1c 55 1 40 50 55 1 40
we do success!
waiting for your next command!
keyshell> 8

we get it!!!!!!!!!!!!!
we do success!
waiting for your next command!
keyshell> 6

we get it!!!!!!!!!!!!!
The ICcard NO.: f1 40 54 d7
The Datas: ff ff ff ff ff ff ff ff ff ff ff ff ff ff ff ff
we do success!
waiting for your next command!
keyshell>
```

图 3-17　正确的结果

习题

1. RFID 系统基本组成部分有哪些?
2. 简述 RFID 系统的基本工作原理。
3. RFID 系统有哪些工作频段?
4. RFID 与其他标识方式的区别是什么?
5. RFID 电子标签分为哪几种? 简述每种电子标签的工作原理。
6. 读写器应具有哪些功能?

第4章 传感器技术及相关实验

物联网的神经末梢是无线网络，它是人们感知物理世界的网络，是支持物联网覆盖范围泛在化的技术。而传感器是无线网络组成的基本元件，它的性能决定着无线网络的性能，进一步决定着物联网的性能。本章将简要介绍传感器的概念、类型、分类、基本特性，着重介绍几种常用的传感器：温度传感器、湿度传感器、光照传感器、超声波传感器、加速度传感器、霍尔传感器、红外传感器、GPS定位系统及传感器的接口技术。本章最后利用物联网实验平台给出了相关的传感器实验。

4.1　传感器简介

传感器一般处于研究对象或检测控制系统的最前端，是感知、获取与检测各种信息的窗口。传感器所获得和转换的信息正确与否，直接关系到整个测控系统的性能，所以它是检测与控制系统的重要环节。

因此，传感器技术是物联网的基础技术之一，处于物联网构架的感知层。随着物联网的发展给传统的传感器发展带来了前所未有的挑战。作为构成物联网的基础单元，传感器在物联网信息采集层面，能否完成它的使命，成为物联网成败的关键。传感技术与现代化生产和科学技术的紧密相关，使传感技术成为一门十分活跃的技术学科，几乎渗透到人类活动的各种领域，发挥着越来越重要的作用。

传感技术与信息科学息息相关，在信息科学领域里，传感器被认为是生物体"五官"的工程模拟物，是自动检测和自动转换技术的总称。它是以研究自动检测系统中的信息获取、信息转换和信息处理的理论和技术为主要内容的一门综合性技术学科，并与计算机、通信和自动化控制技术构成一条从信息的采集、处理、传输到应用的完整信息链。

目前，传感器技术的含义还在不断扩充和发展，已成为一个综合性的交叉学科，涉及国防、工业、农业、民用等各个领域。传感器、计算机、通信被形象地比作人的感官、大脑、神经，它们共同构成电子信息技术的三大支柱。由于计算机和通信技术的发展较为成熟。因此传感器在物联网产业发展中具有举足轻重的作用，称为物联网的关键技术。

4.1.1　传感器的概念

1. 传感器的组成

传感器由两个基本元件组成：敏感元件与转换元件。

在非电学量到电学量的变换过程中，并非所有的非电学量参数都能一次性直接变为电学量，往往是先变换成一种易于变换成电学量的非电学量（如位移、应变等），然后再通过适当的方法变换成电学量。所以把能够完成预变换的单元称为敏感元件。在传感器中，建立在力学结构分析上的各种类型的弹性元件（如梁、板等）统称为弹性敏感元件。而转换元件是能将感觉到的被测非电量转换为电学物理量，如应变计、压电晶体、热电偶等。转换元件是传感器的核心部分，是利用各种物理、化学、生物效应等原理制成的。新发现的物理、化学、生物效应也常被用到新型传感器上，使其品种与功能日益增多，应用领域更加广泛。

应该指出的是并不是所有的传感器都包括敏感元件与转换元件，有一部分传感器不需要起预变换作用的敏感元件，如热敏电阻器、光敏器件等。

2. 传感器的定义

1）国家标准传感器定义

在国家标准 GB/T 7665—2005《传感器通用术语》中，传感器被定义为："能感受被测量并按照一定的规律转换成可用输出信号的器件或装置，通常由敏感元件和转换元件组成。敏感元件，指传感器中能直接感受或响应被测量的部分；转换元件，指传感器中能将敏感元件感受或响应的被测量转换成适于传输或测量的电信号部分；当输出为规定的标准信号时，转换元件则称为变送器。"

2）美国仪表协会传感器定义

美国仪表协会的定义是："传感器是把被测量变换为有用信号的一种装置。它包括敏感元件、变换电路以及把这些元件和电路组合在一起的机构。"

4.1.2　传感器的分类

传感器的分类方法多种多样，可输入量（被测量）、输出量、基本效应、工作原理、能量变换关系、加工工艺、应用领域等不同分类。传感器的种类繁多，同一种被测量，可以用不同原理的传感器来测量；而基于同一种传感器原理或同一种技术，又可以制作多种被测量传感器。

1．按输入量（被测量）分类

传感器按输入量即被测量不同，可分为物理量传感器、化学量传感器和生物量传感器三大类，通常按具体被测量可分为位移、压力、力、速度、温度、流量、气体成分、离子浓度等传感器。这种分类方法给使用者提供了方便，容易根据被测量来选择所需要的传感器。

2．按输出量分类

传感器按输出量不同，可分为模拟式传感器和数字式传感器两类。模拟式传感器是指传感器的输出信号为模拟量，数字式传感器是指传感器的输出信号为数字量。

3．按基本效应分类

根据传感技术所应用的基本原理，可以将传感器分为物理型、化学型、生物型。

物理型是指依靠传感器的敏感元件材料本身的物理特性来实现信号的变换。例如，水银温度计是利用水银的热胀冷缩，把温度变化转变为水银柱的变化，从而实现温度测量。

化学型是指依靠传感器的敏感元件材料本身的电化学反应来实现信号的变换，如气敏传感器、湿度传感器。

生物型是利用生物活性物质选择性的识别特性来实现测量的，即依靠传感器的敏感元件材料本身的生物效应，来实现信号的变换。待测物质经扩散作用，进入固定化生物敏感膜层，经分子识别，发生生物学反应产生信息，这些信息被相应的化学或物理换能器转变成可定量和可处理的电信号，如本酶传感器、免疫传感器。

4．按工作原理分类

传感器按其工作原理可分为应变式传感器、电容式传感器、电感式传感器、压电式传感器、热电式传感器等。这种分类方法通常在讨论传感器的工作原理时使用。

5．按能量变换关系分类

按能量变换关系，传感器可分为能量变换型传感器和能量控制型传感器。

能量变换型传感器又称发电型或有源型传感器，其输出端的能量是从被测对象取出的能量转换而来的。它无须外加电源就能将被测的非电学量转换成电能量输出。它无能量放大作用，且要求从被测对象获取的能量越小越好。这类传感器包括热电偶、光电池、压电式传感器、磁电感应式传感器、固体电解质气敏传感器等。

能量控制型传感器又称参量型或无源型传感器。这类传感器本身不能换能，其输出的电能量必须由外加电源供给，而不是由被测对象提供。但被测对象的信号控制着由电源提供给传感器输出端的能量，并将电压（或电流）作为与被测量相对应的输出信号。由于能量控制型传感器的输出能量是由外加电源供给的，因此传感器输出端的电能量可能大于输入端的非电能量。所以，这种传感器具有一定的能量放大作用。属于这种类型的传感器包括电阻式、电感式、电容式、霍尔式、谐振式和某些光电传感器等。

6. 按加工工艺分类

按加工工艺，传感器可分为厚薄膜传感器、MEMS 传感器、纳米传感器等。

7. 按应用领域分类

按应用领域，传感器可分为汽车传感器、机器人传感器、家电传感器、环境传感器、气象传感器、海洋传感器等。

4.1.3　传感器的基本特性

传感器是通过表达其输出量与输入量之间关系的方程，即特性方程来检测被测信号的，特性方程通过传感器的校准来获得。传感器的特性主要通过静态特性和动态特性来表达，静态特性反映传感器输出随稳态输入量的变化规律，动态特性反映传感器输出随动态输入量的变化规律。

1. 静态特性

传感器的静态特性是指被测量的值处于稳定状态时输出和输入的关系。只考虑传感器的静态特性时，输入量与输出量之间的关系式中不含时间变量。衡量静态特性的重要指标是灵敏度、线性度、精度、迟滞和重复性等。

1）灵敏度

灵敏度表示传感器的响应变化量Δy与相应的激励变化量Δx之比。灵敏度 k 表示为

$$k = \frac{\Delta y}{\Delta x} \tag{4-1}$$

对于线性传感器，它的灵敏度就是其特性曲线的斜率，是一个常数。一般希望传感器的灵敏度高，且在全量程范围内是恒定的，这样就可保证在传感器输入量相同的情况下，输出信号尽可能大，从而有利于对被测量的转换和处理。但是传感器的灵敏度也不是越高越好，因为灵敏度高会使传感器容易受噪声的影响。

2）线性度

传感器的线性度是指其输出量与输入量之间的关系曲线偏离理想直线的程度，又称非线性误差。通常总是希望输出/输入特性曲线为线性，但实际的输出/输入特性只能接近线性。实际曲线与理想直线之间存在的偏差就是传感器的非线性误差。

3）精度

精度表示传感器测量结果与被测量的真值之间的偏离程度，它反映了测量结构中系统误差与随机误差的综合，测量误差越小，传感器的精度越高。

传感器的精度用其量程范围内的最大基本误差与满量程输出之比的百分比表示，其基本误差是传感器在规定的正常工作条件所具有的测量误差，由系统误差和随机误差两部分组成，如用 S 表示传感器的精度，则

$$S = \frac{\Delta}{y_{FS}} \tag{4-2}$$

式中：Δ 为测量范围内允许的最大基本误差；y_{FS} 为满量程输出。

工程技术中为简化传感器精度的表示方法，引用了准确度等级的概念。准确度等级以一系列标准百分比数值分档表示，代表传感器测量的最大允许误差。例如，0.1 等级的传感器表示其精度为 0.1%。

4）迟滞

对于某一输入量，传感器在正行程时的输出量明显地、有规律地不同于其在反行程时，在同一输入量作用下的输出量，这一现象称为迟滞。迟滞大小一般由实验方法测得。迟滞误差以正、反向输出量的最大偏差与满量程输出之比的百分数表示，即

$$\gamma_H = \pm \frac{\Delta H_{max}}{y_{FS}} \tag{4-3}$$

式中：ΔH_{max} 为正、反行程间输出的最大误差。

产生迟滞现象的主要原因是传感器的机械部分不可避免地存在着间隙摩擦及松动等。

5）重复性

重复性是衡量传感器在同一工作条件下，输入量按同一个方向做满量程连续工作多次变化时，所得特性曲线间一致程度的指标。各条特性曲线越靠近，重复性就越好。重复性的好坏与许多随机因素有关，表现为随机误差，要按统计规律来确定，通常用校准曲线间最大偏差 $(\Delta R)_{max}$ 相对满量程输出的百分比表示，即

$$\sigma_R = \pm \frac{(\Delta R)_{max}}{y_{FS}} \times 100\% \tag{4-4}$$

6）稳定性

稳定性是指在规定条件下，传感器保持其特性恒定不变的能力，通常是对时间而言的。理想的情况下，传感器的特性参数是不随时间变化的。但实际上，随着时间的推移，大多数传感器的特性会发生缓慢的改变。稳定性一般用室温条件下经过一规定时间间隔或传感器的输出与起始标定时的输出之间的差异来表示，称为稳定性误差。稳定性误差可用相对误差表示，也可用绝对误差表示。

7）漂移

漂移是指在一定时间间隔内，传感器的输出存在着与被测输入量无关的、不需要的变化。漂移常包括零点漂移和灵敏度漂移。零点漂移或灵敏度漂移又可分为时间漂移和温度漂移，即时漂和温漂。时漂是指在规定的条件下，零点或灵敏度随时间有缓慢的变化；温漂是指由周围温度变化所引起的零点或灵敏度的变化。

2. 动态特性

传感器的动态特性是指其输出对随时间变化的输入量的响应特性。当被测量随时间

变化，既是时间的函数下传感器的输出量，也是时间的函数。它们之间的关系要用动态特性来表示。一个动态特性好的传感器，其输出将再现输入量的变化规律，即具有相同的时间函数。实际上，除了具有理想的比例特性外，输出信号将不会与输入信号具有相同的时间函数。这种输出与输入间的差异，就是所谓的动态误差。

4.2　常用传感器介绍

4.2.1　温度传感器

1．基本概念

温度是表征物体冷热程度的物理量。在人类社会的生产、科研和日常生活中，温度的测量都占有重要的地位。温度传感器可用于家电产品中的空调、干燥器、电冰箱、微波炉等；还可用在汽车发动机的控制中，如测定水温、吸气温度等；也广泛用于检测化工厂的溶液和气体的温度。但是温度不能直接测量，只能通过物体随温度变化的某些特性来间接测量。

用来度量物体温度数值的标尺称为温标。它规定了温度的读数起点（零点）和测量温度的基本单位。目前，国际上用得较多的温标有华氏温标、摄氏温标、热力学温标和国际实用温标。

温度传感器分为模拟集成温度传感器、数字温度传感器。

1）模拟集成温度传感器

模拟集成温度传感器是在20世纪80年代问世的，它是将温度传感器集成在一个芯片上，可完成温度测量及模拟信号输出功能。模拟集成温度传感器的主要特点是测温误差小、价格低、响应速度快、传输距离远、体积小、微功耗、外围电路简单，适合远距离测温、控温，不需要进行非线性校准，它是应用非常普遍的一种集成传感器。

2）数字温度传感器

数字温度传感器又称智能温度传感器，是在20世纪90年代中期问世的，它是电子技术、计算机技术和自动测试技术的发展结晶。目前，国际上已开发出多种智能温度传感器系列产品。智能温度传感器内部都包含温度传感器、A/D转换器、信号处理器、存储器（或寄存器）和接口电路。有的产品还带多路选择器、中央控制器（CPU）、随机存取存储器（RAM）和只读存储器（ROM）。智能温度传感器的特点是能输出温度数据和相关的温度控制量，适配各种微控制器（MCU）。它是在硬件的基础上通过软件来实现测试功能的，其智能化程度取决于软件的开发水平。

2．常用温度传感器的介绍

1）模拟集成温度传感器 LMX35

LMX35是美国国家半导体公司推出的精密温度传感器，它的工作原理与齐纳二极管相似，其反向击穿电压随温度按+10 mV/K的规律变化，可应用于精密的温度测量设备。LMX35包括LMX135、LMX235和LMX335，它们具有不同的温度范围。LMX35测温精度高、范围宽、动态阻抗低、价格低、易校准。

2）模拟集成温度传感器 AD590

AD590 是美国模拟器件公司生产的单片集成温度传感器。它流过器件的电流等于器件所处环境的热力学温度。AD590 是美国模拟器件公司生产的电流输出型温度传感器，其供电电压范围为 3～30 V，输出电流为 223 μA（−50℃）～423 μA（+150℃），灵敏度为 1 μA/℃。当在电路中串联采样电阻器时，电阻器两端的电压可作为输出电压。注意，电阻器的电阻值不能取得太大，以保证 AD590 两端电压不低于 3 V。AD590 输出电流信号传输距离可达到 1 km，甚至更高。作为一种高阻电流源最高可达 20 MΩ，所以它不必考虑选择开关或 CMOS 多路转换器所引入的附加电阻造成的误差。它适用于多点温度测量和远距离温度测量的控制。

3）基于 1-Wire 总线的 DS18B20 数字温度传感器

图 4-1　DS18B20 的外形

美国 DALLAS 公司生产的 DS18B20 是一种改进型的智能温度传感器，广泛应用与工业、民用、军事等领域的温度测量及控制仪器、测控系统和大型设备中。DS18B20 的外形如图 4-1 所示。DS18B20 的测量温度范围为−55～+125 ℃，在−10～+85 ℃范围内，精度为 ± 0.5 ℃。

DS18B20 的数字温度计提供 9～12 位（可编程设备）温度读数。信息通过 1 线接口被发送到 DS18B20，所以中央微处理器与 DS18B20 只需要有一条口线连接。温度读写和转换可以从数据线本身获得能量而不需要外接电源。因为每一个 DS18B20 包含一个独特的序号，多个 DS18B20 可以同时存在于一条总线上。这使得这种温度传感器能放置在许多不同的地方。它的用途很多，包括空调环境控制、感测建筑物内温设备或机器并进行过程监测和控制。

4）基于 SPI 总线的 LM74 型数字温度传感器

LM74 内含温度传感器和 13 位Σ−Δ式 A/D 转换器，测温范围是−55～+125 ℃，在−10～+65 ℃范围内的测温范围为 ± 2.25℃（最大值），分辨率可达 0.062 5 ℃，温度数据的转换时间为 280 ms。它带 SPI 总线接口，有连续转换模式和待机模式，外围电路简单、价格低廉。电源电压范围是 3.0～5.5 V，正常工作电流约为 310 μA，待机电流仅为 7 μA。

5）基于 I^2C 总线接口的数字温度传感器 MAX6626

MAX6626 是美国 MAXIM 公司生产的一种智能温度传感器，它是将温度传感器、12 位 A/D 转换器、可编程温度越限报警器和 I^2C 总线串口集成在同一芯片中，适用于温度控制系统、温度报警装置及散热风扇控制器。

4.2.2　湿度传感器

湿度传感器是因水吸附在湿敏材料上引起电学性质的改变的原理制成的，由湿敏元件盒转换电路组成，它是把环境湿度转变为电信号的装置。

1．基本概念

1）绝对湿度和相对湿度

大气的干湿程度通常用绝对湿度和相对湿度来表示。

绝对湿度指的是大气中水汽的密度，即单位大气中所含水汽的质量。由于直接测量水汽的密度比较复杂，而在一般情况下，水汽的密度与大气中水汽的压强数值十分接近。

所以，通常大气的绝对湿度用大气的压强来表示，符号为 D，单位为 mmHg。

相对湿度指空气中水汽压与饱和水汽压的百分比。湿空气的绝对湿度与相同温度下可能达到的最大绝对湿度之比，也可表示为湿空气中水蒸气分压力与相同温度下的饱和压力之比。

2）露点

降低温度可使未饱和水汽变成饱和水汽，露点就是指使大气中原来所含有的未饱和水汽变成饱和水汽所必须降低的温度值。因此只要能测出露点，就可以通过一些数据表查得当时大气的绝对湿度。

当大气中的未饱和水汽接触到温度较低的物体时，就会使大气中的未饱和水汽达到或接近饱和状态，在这些物体上凝结成水滴，这种现象称为结露。结露对电子设备和产品有害。

2．湿度传感器的分类

湿度传感器种类很多，因为水分子具有较大的电偶极矩，在氢原子附近有极大的正电场，因而它具有很大的电子亲和力，使得水分子易于吸附在固体表面并渗透到固体内部。利用水分子这一特性制成的湿度传感器称为水分子亲和力型传感器。而把与水分子亲和力无关的湿度传感器，称为非水分子亲和力型传感器。在现代工业测量中使用的湿度传感器大多是水分子亲和力型传感器。而按元件输出的电学量分类，湿度传感器可分为电阻式、电容式、频率式等；按其探测功能分类，温度传感器可分为相对湿度、绝对湿度、结露等；按其所用材料分类，温度传感器可分为陶瓷材料、有机高分子材料、半导体、电解质等。它们将湿度的变化转换成阻抗或电容值的变化后输出。图 4-2 所示是湿度传感器的分类。

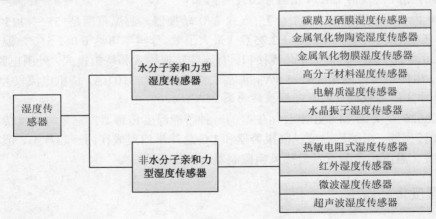

图 4-2　湿度传感器的分类

3．电导式湿度传感器

湿敏元件是指对环境湿度具有响应或转换成相应可测信号（如电阻、电容和频率输出等）的元件。国内外市场上应用最广、比较成熟的湿敏元件主要有两种：高分子电阻式湿敏元件和高分子电容式湿敏元件。高分子电阻式湿敏元件测温范围精度一般，但工艺简单、价格廉价，适用于民用；高分子电容式湿敏元件是一种高可靠的湿敏元件，其特点是测温范围宽、线性输出湿滞回差小、温度系数优异、响应时间快、可靠性高、但制作比较复杂、成本比前者高。因此，高分子电容式湿敏元件主要用于精度要求比较高的领域，如国防科研、军用设施、气象研究和卫生等部门。由于湿度传感器种类繁多。

1）高分子电阻式湿度传感器

高分子电阻式湿度传感器的敏感元件为湿敏电阻器，其主要材料一般为电介质、半导体、多孔陶瓷、有机物及高分子聚合物。这些材料对水的吸附较强，其吸附水分的多少随湿度而变化。而材料的电阻率（或电导率）也随吸附水分的多少而变化。这样，湿度的变化可导致湿敏电阻器电阻值的变化，电阻值的变化就可转化为需要的电信号。高分子电阻式湿度传感器结构如图 4-3 所示。

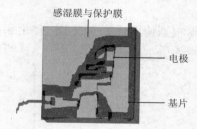

图 4-3　高分子电阻式湿度传感器结构

水吸附在有极性基的高分子膜上，开始主要吸附在极性基上。虽然水与它结合得很强，但是随着湿度的增大和吸附量的增加，基团化自由度增大，水呈液体状态。在低湿环境下测定高分子湿度传感器的电阻时，因吸附量小，不能产生电离子，所以电阻值很高；然而当相对湿度增加时，吸附量也增加，基团化的吸附水就成为导电通道，高分子电解质的正负离子对主要起载流子作用。此外，由吸附水自身离解出的质子（H+）及水合氢离子（H_3O+）也起电荷载流子作用，这就使高和氢离子（分子）湿度传感器的电阻值急剧下降。利用这种原理制成的湿度传感器称为高分子电阻式湿度传感器。

高分子电阻式湿度传感器的响应特性、感湿特性如图 4-4 所示。在 0～100%RH 湿度范围，电阻值的变化为 $10^7～10^2\Omega$。全湿电阻变化可达 5 个数量级，并且吸湿过程与脱湿过程湿滞误差很小，在 2%RH 以下。

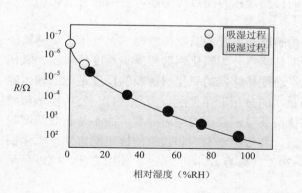

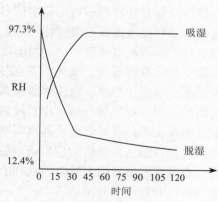

图 4-4　高分子电阻式湿度传感器的响应特性、感湿特性

2）高分子电容式湿度传感器

高分子电容式湿度传感器的敏感元件为湿敏电容器，主要材料一般为高分子聚合物、

金属氧化物。这些材料对水分子有较强的吸附能力，吸附水分的多少随环境湿度而变化。由于水分子有较大的电偶极矩，吸水后材料的电容率发生变化。电容器的电容值也就发生变化。同样，把电容值的变化转变为电信号，就可以对湿度进行监测。

　　高分子电容式湿度传感器是在绝缘衬底上制作条形或梳状对金属电极（Au 电极），在其上面涂敷一层均匀的高分子感湿薄膜，作为电介质，然后在感湿薄膜上制作多孔浮置电极（20～50 nm 的 Au 蒸发膜），而将两个电容器串联起来，焊上引线制成传感器。这种湿度传感器是利用其高分子材料的介电常数随环境的相对湿度变化的原理制成的。当传感器处于某个环境中，水分子透过网状金属电极被下面的高分子感湿薄膜吸附，薄膜中多余水分子通过加电极释放出来，使感湿薄膜吸水量与环境的相对湿度迅速达到平衡。

　　高分子电容式湿度传感器根据使用环境分成常温使用和高温使用两种不同的类型，高温型湿度传感器结构如图 4-5 所示，高温型湿度传感器的感湿特性如图 4-6 所示。

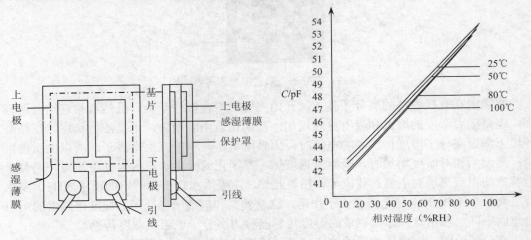

图 4-5　高温型湿度传感器结构　　　　　　　图 4-6　高温型湿度传感器的感湿特性

3）露点式湿度传感器

　　能感受露点并转换成可用输出信号的传感器称为露点传感器，常用的有氧化铝露点湿度传感器和冷镜式露点湿度传感器。

　　氧化铝露点湿度传感器由绝对湿度传感器和内置的温度传感器、大气压力传感器经过数据处理而得到露点。氧化铝露点湿度传感器分为氧化铝薄膜露点湿度传感器、氧化铝厚膜露点湿度传感器。氧化铝薄膜露点湿度传感器的氧化层薄膜的厚度是该原理传感器性能的关键，在气体与液体中直接测量水的分压非常便利、有效。GE 公司传感与测量制造的探头所具有的氧化层薄膜厚度使得其显示真正的绝对湿度，而不是相对湿度响应，同时使得温度与滞后的影响降至最低，具备快速响应和超常的标定稳定性。氧化铝厚膜露点湿度传感器的测试范围从−80～20℃（露点），响应迅速，使用方便，可以满足众多气体行业对露点的测试需求。

　　冷镜式露点湿度传感器或称冷镜湿度计，可认为是一种测量露点或霜点的绝对湿度传感器。由于直接测量露点或霜点的温度和环境温度，因此可以直接得到气体中的绝对湿度。这种传感器原理简单，准确度高，重复性和长期稳定性好，广泛应用与校准实验室、高精度工业过程控制、洁净室、环境试验箱、燃料电池、热处理、半导体生产、仓储等绝对湿度的测控领域。

4.2.3　光照传感器

可见光的光谱范围是 380～760 nm。小于 380 nm 的进入近紫外光区，大于 760 nm 的进入近红外光区。红外线和紫外线是人眼看不见的。可见光的发光强度用照度计来测定，照度的测量单位是 lx（勒克斯）。利用照度传感器可以制作照度计，从而很好地测量可见光的发光强度。

光照传感器是一种用双硅光电二极管和其他器件组成的集成光电传感器。它是由稳压电路、两个光电二极管 VD1 和 VD2、运算放大器和线性校正电路组成的二端器件。传感器的顶部有滤除紫外线和衰减红外线的光学滤波器，使进入传感器的光主要是可见光。

光照传感器的特点是：内置两个光电二极管；滤除紫外线、衰减红外线；光谱响应接近人眼函数曲线；暗电流小；灵敏度高；输出的电流和照度呈线性变化；内部有高精度电压源、运算放大器和线性校正电路，使工作电压范围宽、输出电流大，并且温度稳定性好。可广泛用于、温室、实验室、养殖、建筑、高档楼宇、工业厂房等环境的光线强度测量。光照传感器外形如图 4-7 所示。

图 4-7　光照传感器外形

4.2.4　超声波传感器

超声波传感器是将声音信号转换成电信号的传感器。它是利用超声波产生、传播及接收的物理特性而工作的。它的测量原理是基于不同介质的不同声学特性对超声波传播的影响不同。目前，超声波传感技术已被广泛地应用于超声波探伤、测距以及医疗等多个领域。

1. 超声波及其特性

声波是一种机械波，是机械振动在介质中的传播过程。频率在 20 Hz～20 kHz 之间能为人耳所听的，称为可听声波；低于 20 Hz 的称为次声波；高于 2×10^{4}Hz 的称为超声波。超声波振动频率高于可听声波。可换能晶片在电压的激励下，发生振动能产生超声波。它具有频率高、波长短、绕射现象小的特点，特别是方向性好、能够成为射线而定向传播等。超声波对液体、固体的穿透能力很强，在不透明的固体中它可穿透几十米的深度。超声波碰到杂质或分界面，会发生显著反射，形成反射成回波碰到活动物体能产生多普勒效应。因此，超声波检测广泛应用在工业、国防、生物医学等方面。

超声波可以在气体、液体及固体中传播，并有各自的传播速度。例如，在常温下空气中的声速约为 334 m/s，在水中的声速约为 1 440 m/s，而在钢铁中的声速约为 5 000 m/s。声速不仅与介质有关，而且还与介质所处的状态有关。例如，理想气体中的声速与热力学温度 T 的二次方成正比，对于空气来说，影响声速的主要原因是温度，声速与温度之间的近似关系为

$$v = 20.067\sqrt{T}$$

（4-5）

1）反射与折射

当声波从一种介质传播到另一种介质时，在两介质的分界面上，一部分被反射回原介质的声波称为反射波；另一部分则透过分界面，在另一介质内继续传播的声波称为折射波，如图 4-8 所示。其反射与折射满足如下规律：

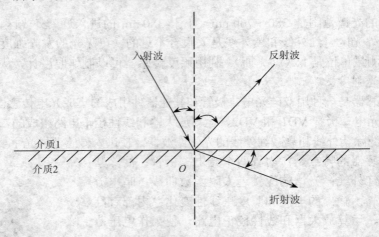

图 4-8　声波的反射与折射

（1）反射定律。入射角 α 的正弦与反射角 β 的正弦之比等于波速之比。如果入射波和反射波的波形相同，波速相等，入射角 α 等于反射角 β。

（2）折射定律。入射角 α 的正弦与折射角 β 的正弦之比等于入射波在第一介质中的波速 v_1 与折射波在第二介质中的波速 v_2 之比，即

$$\frac{\sin \alpha}{\sin \beta} = \frac{v_1}{v_2} \tag{4-6}$$

2）声波的衰减

声波在介质中传播时会因为被吸收而衰减，气体对声波吸收能力最强，使声波衰减最大，液体其次，固体吸收最小而衰减最小。因此，对于给定强度的声波，在气体中传播的距离会明显比在液体和固体中传播的距离短。另外声波在介质中传播时，衰减的程度还与声波的频率有关，频率越高，声波的衰减越大，因此，超声波比其他声波在传播时的衰减更明显。

2. 超声波传感器

超声波传感器是利用超声波的特性研制而成的传感器。超声波检测技术主要是利用它的反射、折射、衰减等物理性质。不管哪种超声波仪器，都必须把超声波发射出去，再接收回来变换成电信号，完成这项功能的装置称为超声波传感器，又称超声波换能器或超声波探头。

超声波探头主要由压电晶片组成，既可以发射超声波也可以接收超声波。超声波探头根据其工作原理分为压电式、磁滞伸缩式和电磁式等多种，在检测技术中主要采用压电式。它有许多不同的结构，可分直探头（纵波）、斜探头（横波）、表面波探头（表面波）、兰姆波探头（兰姆波）、双探头（一个探头反射、一个探头接收）等。超声波探头如图 4-9 所示。

图 4-9 超声波探头

超声波传感器的主要性能指标：

1）工作频率

工作频率就是压电晶片的共振频率。当加到它两端的交流电压的频率和晶片的共振频率相等时，输出的能量最大灵敏度也最高。

2）工作温度

由于压电材料的居里点一般比较高，特别是诊断用超声波探头功率较小，所以工作温度比较低，可以长时间地工作而不失效。医疗用的超声波探头的工作温度比较高，需要单独的制冷设备。

3）灵敏度

灵敏度高低主要取决于制造晶片本身。机电耦合系数大，灵敏度高；反之灵敏度低。

4）方向角

方向角是代表超声波方向性的一个参数，方向角越小，方向性越强。

4.2.5 加速度传感器

加速度传感器是测量加速度的传感器，应用较广的是压电加速度传感器，它采用石英、陶瓷等压电材料制作，具有频响宽、线性好等特点，广泛用于航空航天、电力、化工、武器、船舶、汽车、消费电子等领域的振动、冲击和爆炸等动态测试中。通过加速度的测量，可以了解运动物体的运动状态。

加速度传感器基于悬臂梁原理，即末端质量块（或移动结构）在惯性力作用下产生位移。加速度传感器可分为硅微压阻式加速度传感器、硅微电容式加速度传感器。

1. 硅微压阻式加速度传感器

单晶硅材料是制造各种压阻式传感器较为理想的材料。它具有成本低、工艺稳定成熟、易批量生产的特点，因此受到人们的广泛重视。当力作用在硅晶体时，硅晶体的电阻率将发生显著变化，这种材料电阻率随外界作用力大小而变化的现象称为压阻效应。这种效应在单晶硅弹性形变极限内是完全可逆的。或者说，作用力使单晶硅的电阻率发生变化，作用力去除后，材料的电阻率恢复到原来的数值。

硅微压阻式加速度传感器可以看成一个由惯性质量、弹性元件和阻尼器三者组成的一个单自由度的二阶系统。对于硅微压阻式加速度传感器而言，其弹性元件一般选为梁式结构。

硅微压阻式加速度传感器主要用于航天、航空等领域，还广泛应用于对过载、低频振动和冲击以及物体倾斜的测量。

2．硅微电容式加速度传感器

硅微电容式加速度传感器以硅为基本材料，采用硅微机械加工方法制作敏感电容器。作为惯性质量和电容器极板的动板由一个或两个悬臂梁支撑，加速度产生的惯性力使动板位移，通过测量动板与其上下两个固定电极间电容量的变化得到。这种硅微电容式加速度传感器的测量范围较宽，频率响应范围可从零到数百赫，测量精度在 0.1%～1%之间，在灵敏度、分辨率、精度、线性度、动态范围和稳定性等方面都优于硅微电阻式加速度传感器，制造成本也非常接近，因而近些年来受到人们的广泛重视。

硅微电容式加速度传感器需要复杂的信号处理电路，而硅微电容式加速度传感器的敏感电容器很难做大，若将敏感电容器与检测电路分开势必造成引线过长，由此引起的分布参数和电容将对测量结果产生较大影响，因此目前一般将检测电路制备在同一芯片上。

4.2.6　霍尔传感器

霍尔传感器是利用霍尔效应实现磁电转换的一种传感器。霍尔效应自 1879 年被美国物理学家霍尔发现，但直到 20 世纪 50 年代，由于微电子学的发展，才被人们所重视和利用，并开发了多种霍尔元件。由于霍尔传感器具有体积小、成本低、性能可靠、频率响应宽、动态范围大的特点，并可采用集成电路工艺，因此，被广泛用于电磁、速度、加速度、振动等方面的测量。

1．霍尔传感器的结构与工作原理

当有电流流过置于磁场中的金属或半导体薄片时，在垂直于电流和磁场的方向上将产生电动势，这种物理现象称为霍尔效应。该电动势称为霍尔电势，半导体薄片称为霍尔元件。霍尔效应的产生是由于电荷受到磁场中洛伦兹力作用的结果。如图 4-10 所示，在垂直于外磁场 B 的方向上放置一块长 l、宽 b、厚 d 的半导体薄片，沿着长度方向通以控制电流 I，方向如图 4-10 所示，此时，每个电子都要受到洛伦兹力的作用，其大小为

$$F_L = qvB \qquad\qquad (4-7)$$

式中：q 为电子的电荷量，$q=1.60\times10^{-19}$C；v 为半导体中电子在控制电流作用下的运动方向和速度；F_L 为电子受到的洛伦兹力，F_L 的方向符合左手定则。

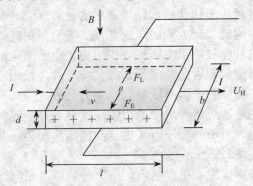

图 4-10　霍尔效应原理图

电子除了在外电场作用下做定向移动外，还在 F_L 的作用下，向上面一侧运动，致使在霍尔元件的前后两个端面上积累起等量的正、负电荷，达到动态平衡，此时形成的电位差即霍尔电压 U_H 为

$$U_H = \frac{IB}{d} R_H \qquad\qquad (4\text{-}8)$$

式中：U_H 为霍尔系数；I 为控制电流；B 为磁感应强度。

如果令 $K_H = R_H / d$，则式（4-8）可写成

$$U_H = K_H IB \qquad\qquad (4\text{-}9)$$

式中：K_H 为霍尔元件的灵敏度。

如果磁感应强度 B 与霍尔元件平面法线成一角度 θ 时，作用在元件上的有效磁感应强度为 $B\cos\theta$，这时

$$U_H = K_H IB \cos\theta \qquad\qquad (4\text{-}10)$$

可见，当控制电流换向时，霍尔元件的输出电势也随之改变。同样，当磁场方向改变时，霍尔电势的方向也发生改变。

2．霍尔传感器的主要参数

1）额定控制电流 I_H

对一定的霍尔元件，为使其温升不超过一定值，就需要对控制电流加以限制，通常定义使霍尔元件温升 10 ℃时所加的电流为额定控制电流 I_H。

2）灵敏度 K_H

灵敏度表示霍尔元件在单位磁感应强度和单位控制电流作用下得到的开路时的霍尔电势的大小。

3）不等位电势 U_0

在额定控制电流下，当磁感应强度为零时，霍尔电极间的空载霍尔电势称为不等位电势又称零位电势。产生不等位电势的主要原因是两个霍尔电极的位置不在同一等位面上。该电势越小越好，一般要求 $U_0 < 1\text{mV}$。

4）输入电阻 R_i 和输出电阻 R_o

输入电阻 R_i 是指控制电流电极之间的电阻值，输出电阻 R_o 是指输出霍尔电势电极间的电阻值。

5）霍尔电势温度系数 α

在一定磁感应强度和控制电流下，温度变化 1℃时霍尔电势的相对变化。

6）工作温度范围

由于霍尔电势与半导体材料的载流子浓度有关，而载流子浓度又受温度影响，因此，霍尔元件只能在一定的温度范围内工作。不同材料的元件，工作温度具有不同的范围。

3．霍尔传感器的应用

1）位移测量

将霍尔元件放置在一个均匀的梯度磁场中，保持霍尔元件的控制电流恒定。由于霍尔电压与磁感应强度成正比，所以在该磁场中沿着变化梯度的方向移动霍尔元件，则霍

尔元件的输出电压势必均匀变化。据此原理，可以利用霍尔元件测量位移。用霍尔元件测量位移的优点很多，主要有惯性小、频率响应高、工作可靠、使用寿命长等。因此，常将各种非电量转换成机械位移后再进行测量。

2）转速测量

在被测旋转体上嵌入磁铁或安装嵌有磁铁的转盘，将霍尔元件安装在转盘上，要保证磁铁形成的磁感线垂直穿过霍尔元件。当被测旋转体转动时，固定在转盘上的霍尔传感器便可在每一个小磁铁通过时产生一个脉冲电压，检测出单位时间内脉冲电压的个数，便可得到被测转轴的旋转速度，从而实现转速的检测。转盘上磁铁对数越多，传感器测速的分辨率就越高。

4.2.7　红外传感器

红外线在电磁波谱中介于可见光与微波之间，是一种不可见光，它的波长范围大致为 $0.76 \sim 1\,000$ μm。按照与可见光的距离，通常将红外辐射分为近红外、中红外、远红外和极远红外 4 个区域。

红外辐射的物理本质是热辐射，自然界中的任何物体，只要它的温度高于绝对零度，都会有一部分能量以电磁波形式向外辐射，物体的温度越高，辐射出来的红外线就越多，红外辐射的能量也越强。与所有电磁波一样，红外线也具有反射、折射、散射、干涉、吸收等性质。由于散射作用及介质的吸收，红外线在介质中传播时会产生衰减。因此，红外线不具有穿过遮挡物去控制被控对象的能力，红外线的辐射距离一般为几米到几十米或更远一些。

红外线具有如下特点：

（1）红外线易于产生，容易接收。

（2）红外发光二极管，结构简单、易于小型化且成本低。

（3）红外线调制简单，依靠调制信号编码可实现多路控制。

（4）红外线不能通过遮挡物，不会产生信号串扰等误动作。

（5）功率消耗小、反应速度快。

（6）对环境无污染，对人、物无损害。

（7）抗干扰能力强。

1.　红外传感器

红外传感器一般由光学系统、探测器、信号调理电路及显示单元等组成。红外探测器是红外传感器的核心。红外探测器是利用红外辐射与物质相互作用所呈现的物理效应来探测红外辐射的。红外探测器的种类很多，按探测机理的不同，可分为热探测器和光子探测器两大类。

1）热探测器

热探测器的工作机理是：利用红外辐射的热效应，探测器的敏感元件吸收辐射能后引起温度升高，进而使某些有关物理参数发生相应变化，通过测量物理参数的变化来确定探测器所吸收的红外辐射。

热探测器根据热电效应制成，从理论上讲，热探测器对入射的各种波长的红外辐射能量全部吸收，它是一种对红外光波无选择的红外传感器。然而实际上各种波长的红外辐射的功率对物体的加热效果是不相同的。

热探测器主要有 4 种类型：热释电型、热敏电阻型、热电阻型和气体型。其中，热释电型探测器在热探测器中探测率最高、频率响应最宽。

热探测器的优点：响应波段宽、响应范围可扩展到整个红外区域、可以在常温下工作、使用方便、应用相当广泛。

热探测器的缺点：探测率低、响应时间长。

2）光子探测器

利用光子效应制成的红外探测器称为光子探测器，其工作机理是：利用入射光辐射的光子流与探测器材料中的电子互相作用，从而改变电子的能量状态，引起各种电学现象，这种现象称为光子效应。光子探测器有内光电和外光电探测器两种，后者又分为光电导、光生伏特和光磁电探测器 3 种。

光子探测器的主要特点是灵敏度高、响应速度快、具有较高的响应频率，但探测波段较窄，一般需要在低温下工作。

2．红外探测器的应用

1）红外光束感烟探测器

红外光束感烟探测器是应用烟粒子吸收或散射红外光使红外光束强度发生变化的原理而工作的一种火灾探测器。它由发射机和接收机组成，成对使用，具有保护面积大、安装位置高、在相对湿度较高和强电场环境中反应速度快。

2）红外吸收式气体传感器

红外吸收式气体传感器依据的原理是 Lambert-Beer 定律，即若对两个分子以上的气体照射红外光，则分子的动能发生变化，吸收特定波长的光，这种特定的波长是由分子结构决定的，由吸收频谱可识别分子种类，而由吸收的强弱可测得气体浓度。

红外在线检测及诊断是红外测温技术的典型应用，它集红外测温技术、光电成像技术、计算机技术、图像处理技术于一身，通过接收物体发出的红外辐射，将其热像显示在荧光屏上，从而准确判断物体表面的温度分布情况，具有准确、实时、快速等优点。

4.2.8　GPS 定位系统

在物联网结构中，GPS 技术同时出现在支撑技术和感知技术中，这是因为 GPS 本身就是一个"位置传感器"，将它与地理信息系统联合使用，又可进一步提供跟踪、调度、统计、决策等智能服务。

1．GPS 的原理

GPS 即全球定位系统（Global Positioning System）是美国从本 20 纪 70 年代开始研制，历时 20 年，耗资 200 亿美元，于 1994 年全面建成。其主要目的是为海、陆、空提供实时、全天候和全球性的导航服务，并用于情报收集、核爆监测和应急通信等一些军事目的，它是进行全方位实时三维导航与定位能力的新一代卫星导航与定位系统。全球定位系统具有性能好、精度高、应用广的特点，是迄今最好的导航定位系统。随着全球定位系统的不断改进，软、硬件的不断完善，应用领域正在不断地开拓，目前已遍及国民经济各种部门，并开始逐步深入人们的日常生活。

经近 10 年我国测绘等部门的使用表明，GPS 已赢得广大测绘工作者的信赖，并成功地应用于大地测量、工程测量、航空摄影测量、运载工具导航和管制、地壳运动监测、工程变形监测、资源勘察、动力学等多种学科，从而给测绘领域带来一场深刻的技术革命。

GPS 的基本定位原理是：卫星不间断地发送自身的星历参数和时间信息，用户接收到这些信息后，经过计算求出接收机的三维位置、三维方向以及运动速度和时间信息。

2．GPS 系统的构成

GPS 全球定位系统由空间部分（GPS 卫星星座）、地面控制部分（地面监控系统）、用户设备部分（GPS 信号接收机）3 部分组成。

1）空间部分

GPS 的空间部分是由 24 颗卫星组成，其中包括 21 颗工作卫星和 3 颗备用卫星。所有 24 颗卫星位于距地表 20 200 km 的上空，均匀分布在 6 个轨道面上（每个轨道面 4 颗），轨道倾角为 55°。卫星的分布使得在全球任何地方、任何时间都可观测到 4 颗以上的卫星，并能在卫星中预存导航信息。GPS 的卫星因为大气摩擦等问题，随着时间的推移，导航精度会逐渐降低。

2）地面控制部分

地面监考系统包括 4 个监控站、1 个上行注入站和 1 个主控站。

监控站设有 GPS 用户接收机、原子钟、收集当地气象数据的传感器和进行数据初始处理的接收机。监控站的主要任务是取得卫星观测数据并将这些数据传送至主控站。

上行注入站也设在美国范登堡空军基地。它的任务主要是在每颗卫星运行至上空时把这类导航数据及主控站的指令注入卫星。

主控站设在美国范登堡空军基地。它对地面监控站实行全面控制。主控站的主要任务是利用收集到的各监控站对 GPS 卫星观测数据，计算每颗 GPS 卫星的轨道和卫星钟改正值。

3）用户设备部分

全球定位系统的用户设备部分，包括 GPS 接收机硬件、数据处理软件和微处理机及其终端设备等。

GPS 信号接收机是用户设备部分的核心，一般由主机、天线和电源 3 部分组成。其主要功能是跟踪接收 GPS 卫星发射的信号并进行变换、放大、处理，以便测量出 GPS 信号从卫星到接收机天线的传播时间；翻译导航电文，实时计算出测站的三维位置，甚至三维速度和时间。

GPS 接收机一般用蓄电池作为电源。同时采用机内机外两种直流电源。设置机内电池的目的在于更换外电池时不中断连续观测。在用机外电池的过程中，机内电池自动充电。关机后，机内电池为 RAM 存储器供电，以防止丢失数据。

3．GPS 的应用

三维导航是 GPS 的首要功能，飞机、轮船、地面车辆以及步行者都可以利用 GPS 导航器进行导航。GPS 导航系统与电子地图、无线电通信网络、计算机车辆管理信息系统相结合，可以实现车辆跟踪、提供出行路线规划和导航、信息查询、指挥中心和紧急援助等许多功能。

4.2.9　实验 6——数字式温湿度传感器实验

1．实验目的和要求
（1）理解温湿度传感器采集温湿度的工作过程。
（2）理解温湿度传感器驱动程序的编写。

2．实验设备
硬件：S210A 型 DS210A 型物联网/嵌入式实验教学平台的 CC2430/1 结点板、USB接口的仿真器，PC Pentium100 以上。
软件：PC 操作系统 Windows XP、IAR 集成开发环境、串口监控程序，TI 公司烧写软件。

3．实验内容
实验采用的温湿度传感器 SHT10 是瑞士原装进口数字式温湿度传感器，体积小、响应迅速、低能耗、抗干扰能力强、温湿一体、性价比高，使该产品能够适于多种场合的应用。实验要求 SHT10 在 CC2430/1 芯片的控制下采集温度或湿度信息，并将采集后的结果通过串口输出，在串口调试助手上可以看到采集后的数据。

4．实验原理
温湿度传感器 SHT10 有 4 个引脚接口，它和主机（DS210A 型 CC2430/1 结点板）的连接方式如图 4-11 所示。

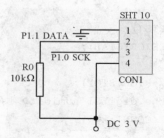

图 4-11　温湿度传感器 SHT10 的引脚连接

传感器的 SCK 引脚和 DATA 引脚连接到主机的 P1.0 和 P1.1 上，SCK 引脚是传感器的时序输入，主机可通过 P1.0 口输出高低变换的时序控制传感器的工作；DATA 引脚为传感器的双向数据输入/输出引脚，用来向传感器发送命令或者读取采集的温湿度值。该传感器的工作时序类似于 I^2C 总线，每个命令对应着一个特殊的时序输出，根据 SHT10的时序特点，依次控制 DATA 和 SCK 引脚的输出，可实现对传感器的命令写入和数据读出。

首先通过设置至少 9 个周期的 DATA 高电平来初始化 SHT10；然后发送"传输开始"命令，开始数据的采集；如果传感器正确地接收到命令，会在 DATA 引脚回复一个先低后高 ACK 信号，否则继续发送"传输开始"命令。在正确接收到 ACK 应答后约 55 ms内，传感器就能计算出采集到的温湿度值，并且通过在 DATA 引脚输出低电平表示计算的完成。判断出这个低电平到来之后，接下来每个周期内采集 1 位，直到采集 2 字节的温湿度值，最后处理器应当通过下拉 DATA 通知传感器该采集过程的结束。

5. 实验步骤

（1）建立工程 temp_digital_sensor_test，编写相关文件，其中主函数文件编写示例如下：

```c
#include "hal.h"
#include"ioCC2430.h"
#include"console.h"
#define DATA P1_1
#define SCK P1_0
#define COUNT 5
void halInitUart(void) {
  // Setup for UART0
  //IEN2 &= 0x0d;
  IO_PER_LOC_USART0_AT_PORT0_PIN2345();
  UTX0IF = 1;
}
void main(void)
{
  BYTE i,j,k;
  BYTE HI,LO,READ;
  UINT16 HUMI;
  BYTE status;

  DISABLE_ALL_INTERRUPTS();
  SET_MAIN_CLOCK_SOURCE(CRYSTAL);
  halInitUart();
  UART_SETUP(0, 57600, HIGH_STOP);
  conPrintROMString("the digital humidity is:\n" );
  while(1)  //for(k=0;k<COUNT;k++)
  {HI = 0;
   LO = 0;
  status = 1;
  P1SEL = 0X00;
  P1DIR |= 0X03;
  DATA = 0;
  SCK = 0;
  //初始化
  halWait(20);
  for(i=0;i<11;i++){
    DATA = 1;
    SCK = 1;
    halWait(6);
    SCK = 0;
    halWait(2);
```

```
    }
//准备传送
    SCK = 1;
    halWait(3);
    DATA = 0;
    halWait(3);
    SCK = 0;
    halWait(2);
    SCK = 1;
    halWait(3);
    DATA = 1;
    halWait(3);
    //发送采集湿度命令
    for(i=0;i<5;i++){
      SCK = 0;
      halWait(1);
      DATA = 0;
      halWait(1);
      SCK = 1;
      halWait(6);
    }
    SCK = 0;
    halWait(1);
    DATA = 1;
    halWait(1);
    SCK = 1;
    halWait(6);
    SCK = 0;
    halWait(1);
    DATA = 0;
    halWait(1);
    SCK = 1;
    halWait(6);
    SCK = 0;
    halWait(1);
    DATA = 1;
    halWait(1);
    SCK = 1;
    halWait(6);
    //将 DATA 改为输入
    P1DIR &= ~0X02;
    SCK = 0;
    halWait(2);
```

```
do{
SCK = 1;
halWait(4);
}
while(DATA!=0);
if(DATA == 0)//表示收到ACK
{
  SCK = 0;
  halWait(2);
  SCK = 1;
  halWait(6);
  SCK = 0;
  halWait(2);
  SCK = 1;
  halWait(6);
  SCK = 0;
  halWait(88);//等待数据采集, 最大精度要求的时间
  //等待传感器提供的ACK
  for(i=0;i<4;i++){
    SCK = 1;
    halWait(3);
    j = DATA;
    halWait(3);
    if(j != 0)
    {status=0;
    break;}
    else{
      SCK = 0;
      halWait(2);
    }
  }
  if(status != 0)
  {//接收前4位数据
    SCK = 1;
    halWait(1);
    READ = DATA;
    HI = HI|READ;
    halWait(1);
    SCK = 0;
    halWait(2);
    for(i=0;i<3;i++){
      SCK = 1;
      halWait(1);
```

```
        READ = DATA;
        HI = HI<<1;
        HI = HI|READ;
        halWait(1);
        SCK = 0;
        halWait(2);
    }
    //U0DBUF = HI;
    //发送 ACK 给传感器
    P1DIR |= 0X02;
    DATA = 0;
    SCK = 1;
    halWait(2);
    SCK = 0;
    halWait(2);
    P1DIR &= ~0X02;
    //继续接收后 8 位的数据
    SCK = 1;
    halWait(1);
    READ = DATA;
    LO = LO|READ;
    halWait(1);
    SCK = 0;
    halWait(2);
    for(i=0;i<7;i++){
        SCK = 1;
        halWait(1);
        READ = DATA;
        LO = LO<<1;
        LO = LO|READ;
        halWait(1);
        SCK = 0;
        halWait(2);
    }
    GET_WORD(HI, LO, HUMI);
    conPrintUINT16 (HUMI);
    // U0DBUF = LO;
    }
  }
 }
}
```

（2）编译工程，生成 hex 文件。

（3）用串口线将 DS210A 型 CC2430/1 结点板连接到 PC 上。

（4）打开 PC 串口监控软件，并将生成的 HEX 文件下载到 DS210A 型 CC2430/1 结点板中。在串口助手上查看数据如下：先配置串口助手，波特率设为 57 600，则可以看到传感器采集到的温度值。（通过芯片手册提供的公式可计算出温度值），公式如图 4-12 所示，SO_T 是数字传感器读出的温度数值。图 4-13 所示为传感器采集的温度值。

$$T=d_1+d_2 \cdot SO_T$$

V_{DD}/V	$d_1/°C$	$d_1/°F$
5	−40.1	−40.2
4	−39.8	−39.6
3.5	−39.7	−39.5
3	−39.6	−39.3
2.5	−39.4	−38.9

SO_T/bit	$d_2/°C$	$d_2/°F$
14	0.01	0.018
12	0.04	0.072

图 4-12　传感器数值转换为温度的公式及系数

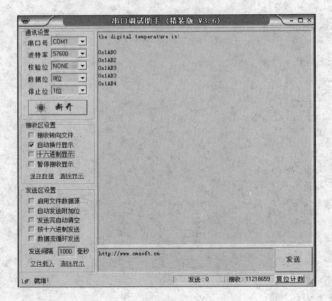

图 4-13　传感器采集的温度值

（5）建立工程 humid_sensor_test，重复以上步骤。串口调试助手上接收的湿度值（十六进制），通过芯片手册提供的公式可计算出湿度值，公式如图 4-14 所示，SO_{RH} 是数字传感器读出的湿度数值。传感器采集的湿度值如图 4-15 所示。

$$RH_{inear}=c_1+c_2 \cdot SO_{RH}+c_3 \cdot SO_{RH}^2(\%RH) \qquad RH_{true}=(T_C-25) \cdot (t_1+t_2 \cdot SO_{RH})+RH_{inear}$$

SO_{RH}/bit	c_1	c_2	c_3	t_1	t_2
12	−2.0468	0.0367	−1.5955E−6	0.01	0.00008
8	−2.0468	0.5872	−4.0845E−4	0.01	0.00128

图 4-14　传感器数值转换为湿度的公式及系数

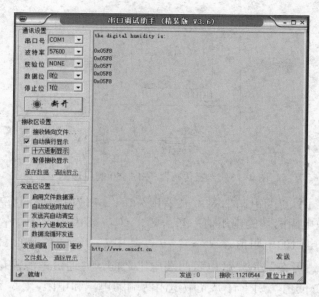

图 4-15　传感器采集的湿度值

由传感器的数据手册可知，温度的计算公式为 $T_C = SO_T \times 0.01 - 40$，第一个数值 0X1AB0 对应的温度为 $28.3℃$，湿度的计算公式为

$$RH_{\text{inear}} = c_1 + c_2 \cdot SO_{RH} + c_3 \cdot SO_{RH}{}^2 (\%RH)$$

由于温度和 $25℃$ 相差很小，因此只用这个公式计算即可，其中 SO_{RH} 是温湿度传感器的湿度输出，c_1=-4，c_2=0.0405，c_3=-2.8×10^{-6} 当湿度输出值为 0x05F8 时的湿度为 58.2%RH。

4.2.10　实验 7——光照传感器基础实验

1．实验目的和要求

（1）理解光照传感器采集光照度的工作过程。

（2）理解数据采集的概念。

2．实验设备

硬件：S210A 型 DS210A 型物联网/嵌入式实验教学平台的 CC2430/1 结点板、USB 接口的仿真器，PC Pentium100 以上。

软件：PC 操作系统 Windows XP、IAR 集成开发环境、串口监控程序，TI 公司烧写软件。

3．实验内容

光照强度的测量是通过采集光敏电阻器两端的电压实现的，光敏电阻器与 $10k\Omega$ 的电阻器对电源电压进行分压。CC2430/1 芯片的片内 ADC 采集光敏电阻器两端的电压（模拟量），并将其转换成数字量，通过串口传到 PC 上，可在串口调试助手上查看数据。

4．实验原理

图 4-16 所示为光照传感器 TSL2550 的原理图。

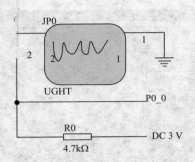

图 4-16　光照传感器 TSL2550 的原理图

　　光敏电阻器与 10 kΩ的电阻器对电源电压分压，光敏电阻器的分压值由 P0_0（即 AIN0）输入。光敏电阻两端的电压值：$V_L = V_{DD} \times V_{DC} / 8191$，其中 V_{DD} 和 ADC 均为补偿过的数值。光敏电阻的电阻值：$R_L = V_L / I$，其中 $I = V_{DD} - V_L/10k$。电源电压 V_{DD} 为两节干电池的电压，可在测量光敏电阻两端电压之前，先通过电源能量管理实验的步骤获得电源电压 VDD 的值，用于计算光敏电阻两端的电压和电阻。

　　主程序的执行流程和采集模块的执行流程与采集模拟温度的一样，只需对 ADC 的输入引脚进行配置，P0 端口若作为 ADC 的输入，需要对寄存器 ADCCFG 进行配置。

5. 实验步骤

　　（1）按电源能量管理实验的步骤获得电源电压 V_{DD} 的值。

　　（2）新建工程，在工程中添加主程序。

　　（3）编译工程，生成 HEX 文件。

　　（4）用串口线将 DS210A 型 CC2430/1 结点板连接到 PC 上。

　　（5）打开 PC 串口监控软件，并将生成的 hex 文件下载到 DS210A 型 CC2430/1 结点板中。在串口助手上查看数据如下：先配置串口助手，波特率设为 57600，则可以看到经过 ADC 量化后的光敏电阻器两端的电压值，如图 4-17 所示。

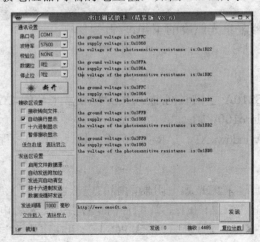

图 4-17　有光时光敏电阻器两端的电压值

　　（6）用手遮住光敏电阻器的光，复位 DS210A 型 CC2430/1 结点板，观察串口调试助手上的数据变化。这个变化也反映了光敏电阻器电阻值的变化。串口调试助手上的数据如图 4-18 所示。

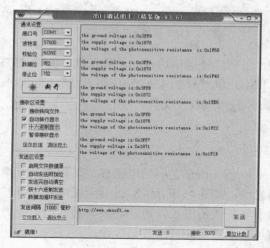

图 4-18　无光时光敏电阻器两端的电压值

可以对实验中得到的五组数据分别计算电压值，然后求平均值，在这里只计算第一组数据对应的电压值。对于未遮光前的数据 0x3FF 说明测得的地电压为负值，大小为 0x04，因此实际的电源电压值为 $3 \times 1.25 \times \dfrac{0x1868 + 0x4}{8191} = 2.86 \text{ V}$

光敏电阻器两端的电压为 $2.86 \times \dfrac{0x1b22 + 0x4}{8192} = 2.43 \text{ V}$

光敏电阻器的电阻值为 $\dfrac{2.43}{\dfrac{2.86 - 2.43}{10 \text{ k}\Omega}} = 56.5 \text{ k}\Omega$

当遮住光敏电阻器的光时，由第一组数据可得光敏电阻器的电压变为 $2.87 \times \dfrac{0x1F6B + 0x07}{8191} = 2.82 \text{ V}$

其电阻值变为 $\dfrac{2.82}{\dfrac{2.87 - 2.82}{10 \text{ k}\Omega}} = 564 \text{ k}\Omega$

由光敏电阻器的电阻值的变化可以看出，当光照强度减弱时，光敏电阻器的电阻值增大。

4.2.11　实验 8——红外通信实验

1．实验目的和要求

（1）掌握红外通信原理。

（2）了解红外通信协议的体系结构。

（3）学会在 Linux 下配置红外设备和进行红外通信的方法。

2．实验设备

硬件：UP-CUP S2410 经典平台、PC Pentium 500 以上，硬盘 10 GB 以上。

软件：PC 操作系统 Redhat Linux 9.0＋MINICOM＋ARM-Linux 开发环境。

3．实验内容

学习红外通信原理，了解红外通信协议的结构框架。阅读 TFDU4100 芯片文档，掌握其使用方法，熟恶 ARM 系统硬件的 UART 使用方法。Linux 下配置红外设备实现红外模块和 PC 进行通信，并且可以收发文件。

4．实验原理

1）红外通信背景

红外线是波长在 750 nm～1 mm 之间的电磁波，其频率高于微波而低于可见光，是一种人的肉眼看不到的光线，如图 4-19 所示。目前无线电波和微波已被广泛应用在长距离的无线通信中，但由于红外线的波长较短，对障碍物的衍射能力差，所以更适合应用在需要短距离无线通信场合点对点的直线数据传输。

2）红外协议的基本结构

为了使各种设备能够通过一个红外接口进行通信，红外数据协议组织（Infrared Data Association，IRDA）发布了一个关于红外的统一的软硬件规范，也就是红外数据通信标准。红外数据通信标准包括基本协议和特定应用领域协议两类。类似于 TCP/IP 协议，它是一个层式结构，其结构形成一个栈，如图 4-20 所示。

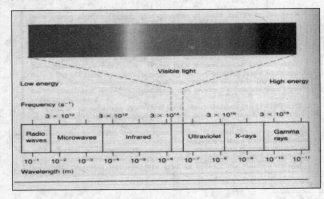

图 4-19　电磁波谱及红外光所处位置

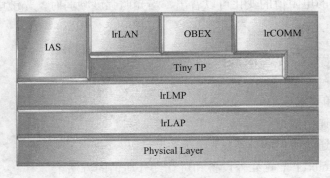

图 4-20　红外通信协议栈

协议的主要功能如下：

物理层协议（Physical Layer）制定了红外通信硬件设计上的目标和要求，包括红外的光特性、数据编码、各种波特率下帧的包括格式等。为达到兼容，硬件平台以及硬件接口设计必须符合红外协议制定的规范。

连接建立协议层（IrLAP）制定了底层连接建立的过程规范，描述了建立一个基本可靠连接的过程和要求。

连接管理协议层（IrLMP）制定了在单位个 IrLAP 连接的基础上复用多个服务和应用的规范。在 IrLMP 协议上层的协议都属于特定应用领域的规范和协议。

流传输协议层（TingTP）在传输数据时进行流控制。制定把数据进行拆分、重组、重传等的机制。

对象交换协议层（OBEX）制定了文件和其他数据对象传输时的数据格式。

模拟串口层协议层（IrCOMM）允许已存在的使用串口通信的应用像使用串口那样使用红外进行通信。

局域网访问协议层（IrLAN）允许通过红外局域网络唤醒笔记本式计算机等移动设备，实现远程遥控等功能。

整个红外协议栈虽然比较庞大复杂，但是可以通过对 Linux 内核简单的配置完成，这也正是 Linux 的强大之处。

3）红外通信在实验平台中的实现方式

s3c2410x 的 UART 支持红外的收发，只要将 ULCONn 寄存器的红外模式位设置为 1即可，其他相关寄存器的设置同串口实验是相同的，在红外数据传输中，对串口发送的数据采用脉冲进行调制的方式。在 IrDA 标准 1.0 中，脉冲的宽度为 3/16 占空比或者为固定的 1.63 μs 的脉冲宽度。IrDA1.0 简称为 SIR，SIR 的最高通信速率是 115.2 kbit/s。图 4-21 为红外功能框图。

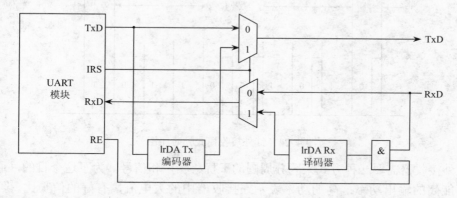

图 4-21　红外功能框图

在图 4-22、图 4-23、图 4-24 中给出了脉冲调制前的异步串口 UART 的数据帧格式和进行脉冲调制后的红外 IR 帧格式，其中，红外脉冲调制中没有脉冲代表 UART 中的"1"，红外脉冲调制中有脉冲代表 UART 中的"0"；在没有串口数据传送时，红外数据帧中没有脉冲。

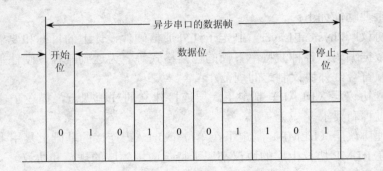

图 4-22　调制前的 UART 的数据帧格式

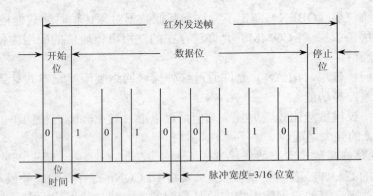

图 4-23　红外发送模式帧时序图

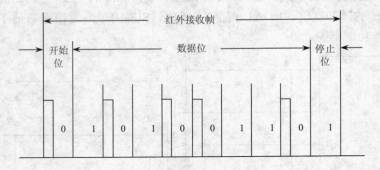

图 4-24　红外接收模式帧时序图

　　红外接收器需要一种方式来区分周围的干扰、噪声和信号。为了这个目的，通常利用尽可能高的输出功率：高的功率表示在接收器中的大电流，有好的信噪比。然而，IR-LED（红外灯）不可能在全部的时间连续地以高功率进行数据的发送。因此，使用每位只有 3/16 或 1/4 脉冲宽度的信号进行传输。这样，输出的功率可以达到 IR-LED（红外灯）连续闪烁的最大功率的 4～5 倍。另外，传输的途径不会携带直流成分（由于接收器连续适应周围的环境，只检测环境变化)，这样必须利用脉冲调制。在本实验中用的是3/16 的脉冲宽度信号，1/4 脉冲宽度的信号用在快速红外通信中。图 4-25 所示为本实验的原理图。

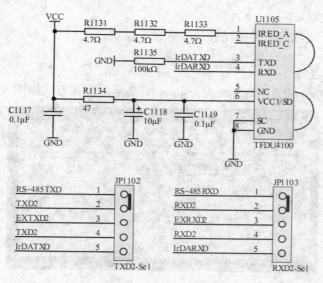

图 4-25　实验原理图

其中 TXD2 和 RXD2 分别为 UART 通道 2 的发送端和接收端。TFDU4100 的引脚定义如表 4-1 所示。

表 4-1　TFDU4100 的引脚定义

Pin Number		Function	Description	I/O	Active
"U" and "T" Option	"S" Option				
1	8	IRED Anode	IRED anode, should be externally connected to V_{CC2} through a current control resistor		
2	1	IRED Cathode	IRED cathode, internally connected to driver transistor		
3	7	TXD	Transmit Data input	I	HIGH
4	2	RXD	Received Data Output, open collector. No external pull-up or pull-down resistor is required (20 kΩ resistor internal to de-vice). Pin is inactive during transmission.	O	LOW
5	6	NC	Do not connect		
6	3	V_{CC1}/SD	Supply Voltage/Shutdown		
7	5	SC	Sensitivity control	I	HIGH
8	4	GND	Ground		

5. 实验步骤

（1）创建工作目录。

```
cd/arm2410cl
mkdir irda
mkdir irda_modules
```

（2）解压缩本次实验内核代码至 /arm2410cl/irda 目录中。

```
cd exp/wireless/03_irda/
tar jxf kernel-2410s-2net-irda.tar.bz2  -C  /arm2410cl/irda
```

生成 kernel-2410cl_irda 文件夹。

（3）配置编译选项：红外协议栈和红外设备模块。

```
cd /arm2410cl/ kernel-2410cl_irda
make menuconfig
```

进入 Main Menu / IrDA（infrared）support 菜单，配置方式如图 4-26 所示。

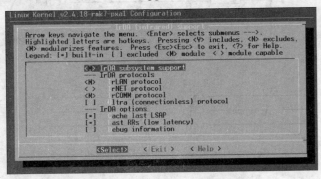

图 4-26　红外配置菜单

配置红外设备模块，进入 Main Menu/IrDA(infrared)support/Infrared-port device drivers，如图 4-27 所示。

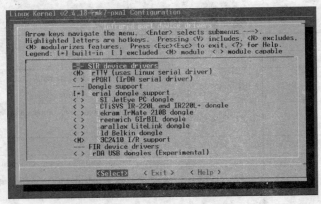

图 4-27　配置红外设备模块

（4）编译下载内核模块。

```
make dep
make
make zImage
make modules
make INSTALL_MOD_PATH=/arm2410cl/irda/irda_modules \ modules_install
    // 模块的安装路径
```

为方便后面的下载工作，将新生成的内核映像由：

/arm2410cl/irda/kernel-2410/arch/arm/boot/目录复制至更上层的/arm2410cl/irda 下。

下载内核模块：

编译完成后，会在/arm2410cl/irda/irda_modules 中出现 lib/目录。lib/目录具有如下的

结构：

lib/modules/2.4.18-rmk7-pxa1/。查看 2.4.18-rmk7-pxa1/的内容如下：

```
build  kernel  pcmcia
```

编译的目标模块主要集中在 kernel 目录下。

在实验平台一端，加载 NFS 文件系统。将实验平台的/lib/modules/2.4.18-rmk7-pxa1/替换为刚编译生成的 2.4.18-rmk7-pxa1 目录。

（5）烧写新的内核映像。

```
[] mount -t nfs 192.168.0.xxx:/arm2410cl /host
[] cd /host/irda        //如前步操作正确可以看到 zImage 文件
[] imagewrite /dev/mtd/0 zImage:192k
```

（6）重启实验平台，此时运行的为更新的内核。

（7）重建模块的依赖关系。

```
[/mnt/yaffs] depmod -a
```

（8）运行应用程序。

```
[/mnt/yaffs] cd irda
[/mnt/yaffs/irda] ./irda.sh
```

运行结果如下：

```
[/mnt/yaffs/irda].irda.sh
init irda
Using /lib/modules/2.4.18-rmk7-pxa1/kernel/net/irda/irda.o
Using /lib/modules/2.4.18-rmk7-pxa1/kernel/drivers/net/irda/irtty.o
Using /lib/modules/2.4.18-rmk7-pxa1/kernel/net/irda/ircomm/ircomm.o
IrCOMM protocol (Dag Brattli)
Using /lib/modules/2.4.18-rmk7-pxa1/kernel/drivers/net/irda/s3c2410_ir.o
IrDA: Registered device irda0
07:52:15.810088 xid:cmd 7774df90 > ffffffff S=6 s=0 (14)
07:52:15.900064 xid:cmd 7774df90 > ffffffff S=6 s=1 (14)
07:52:15.990050 xid:cmd 7774df90 > ffffffff S=6 s=2 (14)
07:52:16.080046 xid:cmd 7774df90 > ffffffff S=6 s=3 (14)
07:52:16.170062 xid:cmd 7774df90 > ffffffff S=6 s=4 (14)
07:52:16.260062 xid:cmd 7774df90 > ffffffff S=6 s=5 (14)
07:52:16.350050 xid:cmd 7774df90 > ffffffff S=6 s=* Linux hint=0400
[ Computer ] (21)
```

（9）Windows 端驱动的安装：

① 连接红外模块，USB 接口或者 RS-232 接口均可。在本实验的开发过程中，PC端使用的是水木行的 IR650 红外模块。

② 安装驱动程序。控制面板/添加硬件/，安装从列表选择的硬件/红外设备。指定驱动光盘中的 IR650 驱动位置即可。

（10）红外通信显示。

```
[/mnt/yaffs/irda].irda.sh
15:58:20.070085 xid:cmd 3bf277d4 > ffffffff S=6 s=0 (14)
15:58:20.160066 xid:cmd 3bf277d4 > ffffffff S=6 s=1 (14)
```

```
    15:58:20.240032 xid:rsp 3bf277d4 < 001ab6fe S=6 s=1 BIN hint=8425 [ Computer
Telephony IrCOMM IrOBEX ] (21)
    15:58:20.250083 xid:cmd 3bf277d4 > ffffffff S=6 s=2 (14)
    15:58:20.340049 xid:cmd 3bf277d4 > ffffffff S=6 s=3 (14)
    15:58:20.430043 xid:cmd 3bf277d4 > ffffffff S=6 s=4 (14)
    15:58:20.520043 xid:cmd 3bf277d4 > ffffffff S=6 s=5 (14)
    15:58:20.610049 xid:cmd 3bf277d4 > ffffffff S=6 s=* Linux hint=0400
[ Computer ] (21)
    15:58:22.110029 xid:cmd ffffffff < 001ab6fe S=6 s=0 (14)
    15:58:22.110153 xid:rsp 3bf277d4 > 001ab6fe S=6 s=0 Linux hint=0400
[ Computer ] (21)
    15:58:32.610050 xid:cmd 3bf277d4 > ffffffff S=6 s=* Linux hint=0400
[ Computer ] (21)
    15:58:35.070081 xid:cmd 3bf277d4 > ffffffff S=6 s=0 (14)
    15:58:35.150031 xid:rsp 3bf277d4 < 001ab6fe S=6 s=0 BIN hint=8425 [ Computer
Telephony IrCOMM IrOBEX ] (21)
    15:58:35.160071 xid:cmd 3bf277d4 > ffffffff S=6 s=1 (14)
```

（11）发送文件：./irda.sh send。

```
[/mnt/yaffs/irda]./irda.sh send irda.sh
```

稍后，在 PC 端会出现对话框，如图 4-28 所示。

选择接收后，文件开始传输。传输完成的文件保存在桌面上。

（12）接收 PC 端的文件。

```
[/mnt/yaffs/irda]./irda.sh resv
Send files to and receive files from win95
Waiting for files
```

在 PC 端，单击任务栏的红外 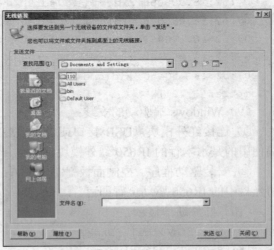 图标，弹出图 4-29 所示对话框，选择发送。

图 4-29 所示为发送文件的窗口。注意：红外通信使用串口的工作方式，通信速率较低。所以，在选择发送文件时，注意发送文件的大小，以免等待时间过长。

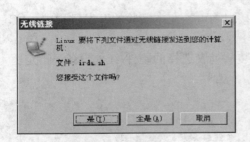

图 4-28　对话框　　　　　　　　　　　图 4-29　发送文件

4.3　传感器接口技术

4.3.1　SPI 接口

　　SPI 接口的全称是 Serial Peripheral Interface，意为串行外围接口，是 Motorola 首先在其 MC68HCXX 系列处理器上定义的。SPI 接口主要应用在 EEPROM、Flash、实时时钟、A/D 转换器、数字信号处理器和数字信号编码器等。

　　SPI 总线系统是一种同步串行外设接口，它可以使 MCU 与各种外围设备以串行方式进行通信以交换信息。

　　SPI 总线系统可直接与各个厂家生产的多种标准外围设备直接接口，该接口一般使用 4 条线：串行时钟线（SCLK）、主机输入/从机输出数据线 MISO、主机输出/从机输入数据线 MOSI 和低电平有效的从机选择线 SS（有的 SPI 接口芯片带有中断信号线 INT、有的 SPI 接口芯片没有主机输出/从机输入数据线 MOSI）。

　　SPI 接口在 CPU 和外围低速器件之间进行同步串行数据传输，在主器件的移位脉冲下，数据按位传输，高位在前，低位在后，为全双工通信。数据传输速率总体来说比 I^2C 总线要快，可达到几 Mbit/s。SPI 接口是以主从方式工作的，这种模式通常有一个主器件和一个或多个从器件，其接口包括以下 4 种信号：

　　（1）MOSI：主器件数据输出，从器件数据输入。

　　（2）MISO：主器件数据输入，从器件数据输出。

　　（3）SCLK：时钟信号，由主器件产生。

　　（4）$\overline{SS}$：从器件使能信号，由主器件控制，有的 IC 会标注为 CS（Chip Select）。

　　在点对点的通信中，SPI 接口不需要进行寻址操作，且为全双工通信，显得简单高效。SPI 接口的一个缺点是没有指定的流控制，没有应答机制确认是否接收到数据。

4.3.2　I^2C 接口

1. I^2C 总线定义

　　I^2C（Inter-Integrated Circuit）总线是一种由 Philips 公司开发的两线式串行总线，用于连接微控制器及其外围设备。I^2C 总线产生于 20 世纪 80 年代，最初应用为音频和视频设备开发，如今主要在服务器中使用，其中包括单个组件状态的通信。

2. 总线特点

　　I^2C 总线最主要的优点是其简单和有效。由于接口直接在组件之上，因此 I^2C 总线占用的空间非常小，减少了电路板的空间和芯片引脚的数量，降低了互联成本。总线的长度可达 8 m，并且能够以 10 kbit/s 的最大传输速率支持 40 个组件。I^2C 总线的另一个优点是，它支持多主控（Multimastering），其中任何能够进行发送和接收的设备都可以成为主总线。一个主控能够控制信号的传输和时钟频率。当然，在任何时间点上只能有一个主控。

3. 工作原理

I^2C 总线是由数据线 SDA 和时钟线 SCL 构成的串行总线，可发送和接收数据。在 CPU 与被控 IC 之间、IC 与 IC 之间进行双向传送，最高数据传输速率为 100 kbit/s。各种被控制电路均并联在这条总线上，但就像电话机一样只有拨通各自的号码才能工作，所以每个电路和模块都有唯一的地址，在信息的传输过程中，I^2C 总线上并联的每一模块电路既是主控器（或被控器）又是发送器（或接收器），这取决于它所要完成的功能。CPU 发出的控制信号分为地址码和控制量两部分，地址码用来选址，即接通需要控制的电路，确定控制的种类；控制量决定该调整的类别（对比度、亮度）及需要调整的量。这样，各控制电路虽然挂在同一条总线上，却彼此独立，互不相关。

I^2C 总线在传送数据过程中共有 3 种类型信号，它们分别是开始信号、结束信号和应答信号。

开始信号：SCL 为高电平时，SDA 由高电平向低电平跳变，开始传送数据。

结束信号：SCL 为高电平时，SDA 由低电平向高电平跳变，结束传送数据。

应答信号：接收数据的 IC 在接收到 8 bit 数据后，向发送数据的 IC 发出特定的低电平脉冲，表示已收到数据。CPU 向受控单元发出一个信号后，等待受控单元发出一个应答信号，CPU 接收到应答信号后，根据实际情况做出是否继续传递信号的判断。若未收到应答信号，应判断为受控单元出现故障。

这些信号，起始信号是必需的，结束信号和应答信号都可以不要。

目前很多半导体集成电路上都集成了 I^2C 接口。带有 I^2C 接口的单片机有 Cygnal 的 C8051F0XX 系列，Philips 的 SP87LPC7XX 系列，Microchip 的 PIC16C6XX 系列等。很多外围设备，如存储器、系统风扇等也提供 I^2C 接口。

 习题

1. 传感器的定义是什么？它是如何分类的？
2. 传感器的静态特性、基本概念及主要性能指标的含义分别是什么？
3. 传感器由哪几部分组成？它们的作用与相互关系怎样？
4. 什么是绝对湿度和相对湿度？
5. 温度传感器是怎样分类的？
6. 什么是露点？
7. 超声波传感器的基本原理是什么？超声波探头有哪几种形式？
8. 传感器接口有什么特点？传感器的输出信号有什么特点？

第5章 物联网通信技术及相关实验

　　物联网通信技术解决的是具有智能的物体在局域或者广域范围内信息可靠传递，让分处不同地域的物体能够协同工作。本章主要介绍物联网涉及的各种基本通信技术，其中包括串行通信技术、CAN总线通信技术、蓝牙通信技术、红外技术及ZigBee技术。本章最后利用物联网实验平台给出了相关的通信技术实验。

5.1　RS-232/485 串行通信技术

什么是通信？简单地说，通信就是两个人之间的沟通，也可以说是两个设备之间的数据交换。人类之间的通信使用了诸如电话、书信等工具进行，而设备之间的通信则是使用电信号。最常见的信号传递就是使用电压的改变来达到表示不同状态的目的。以计算机为例，高、低电压代表了两种状态，在组合多种电压状态后就形成了两种设备之间的数据交换。

在远程通信和计算机科学中，串行通信（Serial Communication）是指在计算机总线或其他数据通道上，每次传输一个位元数据，并连续进行以上单次过程的通信方式。串行通信被用于长距离通信以及大多数计算机网络，凭借着其传播信号的完整性和传播速率的快速性，串行通信通信正在变得越来越普遍。在短距离的应用中，其优越性已经开始超越并行通信。

举例来讲，计算机中所有的数据都是使用位来存储的（计算机中以 0、1 表示），计算机内部使用组合在一起的 8 个位代表一般所使用的字符、数字及一些符号，例如 10100001 就表示一个字符。一般来说，必须传递字符、数字或符号才能算是数据交换，例如，若只在 1 条线路来传送信息，8 个位就必须在线路上连续变化 8 个状态才算是完成了一个字符的传递，这种一次只传送一个位的方法就是串行通信；若可用多条线路来传送信息就是并行传输。它的传输速率更快，若使用 8 条信号线，则一次可将一个字符全部传送完毕，其传输速率理论上是串行通信的 8 倍，打印机端口就是并行通信的典型例子。

串行通信以 RS-232 和 RS-485 为代表，两者各有其应用领域，以下分别介绍这两种方法。

5.1.1　RS-232 串行通信概述

RS-232-C 是由美国电子工业协会（EIA）正式公布的，在异步串行通信中应用最广泛的标准总线。RS-232-C 标准（协议）的全称是 EIA-RS-232-C 标准，其中 EIA（Electronic Industry Association）代表美国电子工业协会，其中 RS 是 Recommended Standard 的缩写，代表推赠标准，232 是标识符，C 代表 RS-232 的最新一次修改（1969 年），之前有过 RS-232-A、RS-232-B 标准，它规定连接电缆的机械特性、电气特性、信号功能及传送过程。

现在计算机上的串行通信端口（RS-232）是标准配置端口，已经得到广泛应用，计算机上一般都有 1～2 个标准 RS-232-C 串口，即通道 COM 1 和 COM 2。一般的计算机将 COM 1 以 9 芯的插座接出，而以 25 芯的插座将 COM 2 接出。新一代的计算机均以 9 芯的插座接出所有的 RS-232 通信端口。在计算机上的 RS-232 均是公插头（阳接触件），即使是 25 芯也是公插头。通常与计算机连接的设备，在市面可见的数码照相机、调制解调器均是使用 RS-232 作为与计算机的接口。

由于 RS-232 接口标准出现较早，难免有不足之处，主要有以下 4 点：

（1）接口的信号电平值较高，易损坏接口电路的芯片。RS-232 接口任何一条信号线的电压均为负逻辑关系，即逻辑"1"为 -3～-15 V；逻辑"0"为 +3～+15 V，噪声容限为 2 V，即要求接收器能识别高于 +3 V 的信号作为逻辑"0"，低于 -3 V 的信号作为逻辑"1"，而 TTL 电平 5 V 为逻辑正，0 V 为逻辑负。RS-232 接口的信号电平与 TTL 电平不兼容，故需要使用电平转换电路才能与 TTL 电路连接。

（2）数据传输速率较低，在异步传输时为 20 kbit/s。

（3）接口使用一根信号线和一根信号返回线构成共地的传输形式，这种共地传输容易产生共模干扰，所以抗噪声干扰性弱。

（4）传输距离有限，最大传输距离标准值为 50ft（1 ft=30.48 cm），实际上也只能用在 15 m 左右。

5.1.2　RS-485 串行通信概述

针对 RS-232-C 的不足，公布了新的接口标准 RS-485，它具有以下特点：

（1）RS-485 的电气特性：逻辑"1"以两线间的电压差为+(2～6)V 表示；逻辑"0"以两线间的电压差为-(2～6)V 表示。接口信号电平比 RS-232-C 降低了，且不易损坏接口电路的芯片，且该电平与 TTL 电平兼容，可方便与 TTL 电路连接。

（2）RS-485 的最高数据传输速率为 10 Mbit/s。

（3）RS-485 接口是采用平衡驱动器和差分接收器的组合，抗共模干能力增强，即抗噪声干扰性好。

（4）RS-485 接口的最大传输距离标准值为 4 000 ft，实际上可达 3 000 m，另外 RS-232-C 接口在总线上只允许连接 1 个收发器，即只有单站能力，而 RS-485 接口在总线上是允许连接多达 128 个收发器，即具有多站能力，这样用户可以利用单一的 RS-485 接口方便地建立起设备网络。

RS-485 接口具有良好的抗噪声干扰性，长的传输距离和多站能力等优点，使其成为首选的串行接口。因为 RS-485 接口组成的半双工网络，一般只需两根连线，所以 RS-485 接口均采用屏蔽双绞线传输。RS-485 接口连接器采用 DB-9 的 9 芯插座，智能终端 RS-485 接口采用 DB-9（插孔，阴接触件），与键盘连接的键盘接口 RS-485 采用 DB-9（插针，阳接触件）。

在要求通信距离为几十米到上千米时，广泛采用 RS-485 串行通信标准。RS-485 具有抑制共模干扰的能力，加上总线收发器具有高灵敏度，能检测低至 200 mV 的电压，故传输信号能在上千米以外得到恢复。RS-485 采用半双工工作方式，任何时候只能有一点处于发送状态，因此发送电路须由使能信号加以控制。RS-485 用于多点互联时非常方便，可以省掉许多信号线。应用 RS-485 可以联网构成分布式系统，其允许最多并联 32 台驱动器和 32 台接收器。

5.2　CAN 总线通信技术

5.2.1　CAN 总线基础知识

控制器局域网络（Controller Area Network，CAN）是由以研发和生产汽车电子产品著称的德国博世（Bosch）公司开发的，并最终成为国际标准。CAN 是国际上应用最广泛的现场总线之一，是最主要的总线协议之一，它有可能引导世界范围的串行总线系统。CAN 的应用范围很广，现在，几乎每一辆在欧洲生产的新轿车都至少装配有一个 CAN 网络系统。CAN 也应用在从火车到轮船等其他类型的运输工具上，以及工业控制方面。

1. 现场总线的定义

现场总线是应用在生产最底层的一种总线型拓扑网络。这种总线是用作现场控制系统的、直接与所有受控（设备）结点串行相连的通信网络。工业自动化控制的现场范围可以从一台家电设备到一个车间、一个工厂。受控设备和网络所处的环境以及报文的结构都有其特殊性，对信号的干扰往往是多方面的，而要求控制必须实时性很强，这是现场总线有别于一般网络的特点，CAN 属于现场总线的范畴。

2. CAN 总线的基本概念

CAN 是 ISO（国际标准化组织）制定的串行通信协议，目前 CAN 的高性能和可靠性已被认同，其应用范围已不再局限于汽车行业，并被广泛地应用于工业自动化、船舶、医疗设备、工业设备等方面。CAN 已经形成国际标准，并已被公认为几种最有前途的现场总线之一。由于采用了许多新技术及独特的设计，CAN 总线与一般的通信总线相比，它的数据通信具有突出的可靠性、实时性和灵活性。

3. CAN 总线的特性

CAN 总线的特性可概括如下：

（1）CAN 是到目前为止唯一有国际标准的现场总线。

（2）CAN 为多主方式工作，网络上任一结点均可在任意时刻主动地向网络上其他结点发送信息，而不分主从。

（3）在报文识别符上，CAN 上的结点分成不同的优先级，可满足不同的实时要求，优先级高的数据最多可在 134 μs 内得到传输。

（4）CAN 采用非破坏总线仲裁技术。当多个结点同时向总线发送信息出现冲突时，优先级较低的结点会主动地退出发送，而最高优先级的结点可不受影响地继续传输数据，从而大大节省了总线冲突仲裁时间。尤其在网络负载很重的情况下，也不会出现网络瘫痪的情况（以太网则可能）。

（5）CAN 结点只需要通过对报文的标识符滤波即可实现点对点、一点对多点及全局广播等几种方式传送接收数据。

（6）CAN 的直接通信距离最远可达 10 m（数据传输速率在 5 kbit/s 以下），通信速率最高可达 1 Mbit/s（此时通信距离最长为 40 m）。

（7）CAN 上的结点数主要取决于总线驱动电路，目前可达 110 个。

（8）报文采用短帧结构，传输时间短，受干扰概率低，保证了数据出错率极低。

（9）CAN 的每帧信息都有 CRC 检验及其他检错措施，具有极好的检错效果。

（10）CAN 的通信介质可为双绞线、同轴电缆或光纤，选择灵活。

（11）CAN 结点在错误严重的情况下具有自动关闭输出功能，以使总线上其他结点的操作不受影响。

（12）CAN 总线具有较高的性价比，它结构简单，器件容易购置，每个结点的价格较低，而且开发技术容易掌握，能充分利用现有的单片机开发工具。

5.2.2　CAN 总线基本工作原理

CAN 总线是一种面向内容的编址方案，因此很容易建立高水准的控制系统并灵活地进行配置，可容易地在 CAN 总线中加进一些新站而无须在硬件或软件上进行修改。当所提供的新站是纯数据接收设备时，数据传输协议不要求独立的部分有物理目的地址。它允许分布过程同步化，即总线上控制器需要测量数据时，可由网上获得，而无须每个控制器都有自己独立的传感器。

当 CAN 总线上的一个结点发送数据时，以报文形式广播给网络中的所有结点，总线上的所有结点都不使用结点地址等系统配置信息，只根据每组报文开头的 11 位标识符（CAN 2.0A 规范）解释数据的含义来决定是否接收。这种数据收发方式称为"面向内容的编址方案"。在同一系统中标识符是唯一的，不可能有两个站发送具有相同标识符的报文。当几个站同时竞争总线读取时，这种配置十分重要。

当某个结点要向其他结点发送数据时，这个结点的处理器将要发送的数据和自己的标识符传送给该结点的 CAN 总线接口控制器，并处于准备状态；当收到总线分配时，转为发送报文状态。数据根据协议组织成一定的报文格式后发出，此时网络上的其他结点处于接收状态，处于接收状态的每个结点对接收到的报文进行检测，判断这些报文是否是发给自己的，以确定是否接收。

5.2.3　CAN 总线控制器

1. 控制器

CAN 协议是建立在国际标准组织的开发系统互联模型基础上的，不过其模型结构只有 3 层，即只取 OSI 底层的物理层、数据链路层和应用层。在网络的层次结构中，数据链路层和物理层是保证通信质量中至关重要、不可缺少的部分，也是网络协议中最复杂的部分。CAN 控制器就是扮演这个角色，它是以一块可编程芯片上的逻辑电路的组合来实现这些功能的，它对外提供了与微处理器的物理线路的接口。通过对它的编程，CPU 可以设置它的工作方式、控制它的工作状态，进行数据的发送和接收，把应用层建立在它的基础之上。

目前，一些知名的半导体厂家主要生产两种 CAN 控制器芯片：一种是独立的，一种是和微处理器做在一起的。前者使用上比较灵活，它可以与多种类型的单片机、微型计算机的各类标准总线进行接口组合；后者在许多特定情况下使电路设计简化和紧凑，效率提高。然而，所有的控制器都是严格遵照 CAN 的规范和国际标准制定的，本书以 Philips 半导体公司的 SJAl000 作为独立 CAN 控制器的代表给予详细介绍。

2. 芯片 SJAl000 的概述

SJA1000 是一种独立的 CAN 控制器,主要用于移动目标和一般工业环境中的区域网络控制。它是 Philips 半导体公司 PCA82C200 CAN 控制器（BasicCAN）的替代产品，而且还增加了一种新的操作模式——PeliCAN，这种模式支持具有很多新特性的 CAN 2.0B 协议。

1）SJAl000 的基本特性

（1）引脚与 PCA82C200 独立 CAN 控制器兼容。

（2）电气参数与 PCA82C200 独立 CAN 控制器兼容。

（3）具有 PCA82C200 模式（即默认的 BasicCAN 模式）。

（4）有扩展的接收缓冲器 64 字节，先进先出（FIFO）。

（5）支持 CAN 2.0A 和 CAN 2.0B 协议。

（6）支持 11 位和 29 位标识码。

（7）通信位传输速率可达 1 Mbit/s。

（8）PeliCAN 模式的扩展功能有：

① 可读/写访问的错误计数寄存器。

② 可编程的错误报警限额寄存器。

③ 最近一次错误代码寄存器。

④ 对每一个 CAN 总线错误的中断。

⑤ 有具体位表示的仲裁丢失中断。

⑥ 单次发送（无重发）。

⑦ 只听模式（无确认、无激活的错误标志）。

⑧ 支持热插拔（软件进行位传输速率检测）。

⑨ 验收滤波器的扩展（4 字节的验收代码，4 字节的屏蔽）。

⑩ 接收自身报文（自接收请求）。

（9）24 MHz 时钟频率。

（10）可与不同的微处理器接口。

（11）可编程的 CAN 输出驱动器配置。

（12）温度适应范围大（−40～+125℃）。

2）SJA1000 的内部结构

SJA1000 的内部结构如图 5-1 所示。

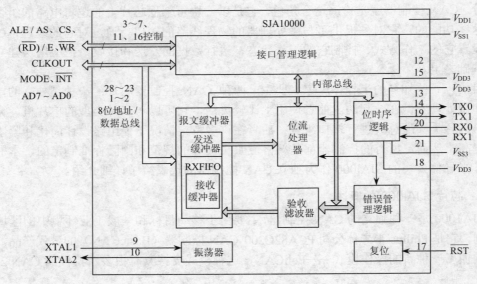

图 5-1　SJA1000 的内部结构方框图

3）SJA1000 的芯片引脚排列与名称

SJA1000 的芯片引脚排列如图 5-2 所示。

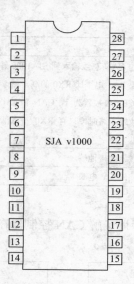

图 5-2　SJA1000 的芯片引脚排列

4）引脚定义

SJA1000 的引脚功能描述如表 5-1 所示。

表 5-1　SJA1000 的引脚功能描述

名称符号	引　脚　号	功　能　描　述
AD7～AD0	2、1、28～23	地址/数据复合总线
ALE/AS	3	ALE 输入信号（Intel 模式）或 AS 输入信号（Motorola 模式）
$\overline{CS}$	4	片选信号输入，低电平允许访问 SJA1000
($\overline{RD}$)/E	5	微控制器的 $\overline{RD}$ 信号（Intel 模式）或 E 使能信号（Motorola 模式）
$\overline{WR}$	6	微控制器的 $\overline{WR}$ 信号（Intel 模式）或 RD/$\overline{WR}$ 使能信号（Motorola 模式）
CLKOUT	7	SJA1000 产生的提供给微控制器的时钟输出信号，它来自内部振荡器且通过编程分频；时钟分频寄存器的时钟关闭位可禁止该引脚输出
V_{SS1}	8	接地
XTAL1	9	输入到振荡放大电路；外部振荡信号由此输入
XTAL2	10	振荡放大电路输出；使用外部振荡信号时漏极开路输出
MODE	11	模式选择输入；1=Intel 模式；0=Motorola 模式
V_{DD3}	12	输出驱动的 5 V 电源
TX0	13	从 CAN 输出驱动器 0 输出到物理链路上
TX1	14	从 CAN 输出驱动器 1 输出到物理链路上
V_{SS3}	15	输出驱动接地
$\overline{INT}$	16	中断输出，用于中断微控制器；在内部中断寄存器的任一位，置 1 时，$\overline{INT}$ 低电平有效；开漏输出，且与系统中的其他 $\overline{INT}$ 输出是线性关系。此引脚上的低电平可以把该控制器从休眠模式激活
$\overline{RST}$	17	复位输入，用于复位 CAN 接口（低电平有效）；把 $\overline{RST}$ 引脚通过电容器连接到 V_{SS}，通过电阻器连接到 V_{DD}，可以自动加电复位（例如：$C=1\mu F$；$R=50\ k\Omega$）
V_{DD2}	18	输入比较器的 5 V 电源

名称符号	引 脚 号	功能描述
RX0、RX1	19、20	从物理的 CAN 总线输入到 SJA1000 输入比较器；显性电平将唤醒 SJA100 的休眠模式；如果 RX1 电平比 RX0 的高，就读显性电平，反之读隐性电平；如果时钟分频寄存器的 CBP 位被置为 1，CAN 输入比较器被旁路，以减少内部延时；当 SJA1000 连有外部收发电路时，只有 RX0 被激活，隐性电平被认为是逻辑高而现行电平被认为是逻辑低
V_{SS2}	21	输入比较器的接地端
V_{DD1}	22	逻辑电路的 5 V 电源

5）SJA1000 在系统中的位置

由图 5-3 和图 5-4，可以初步地了解 CAN 控制器在现场总线系统中的位置和所起的作用。

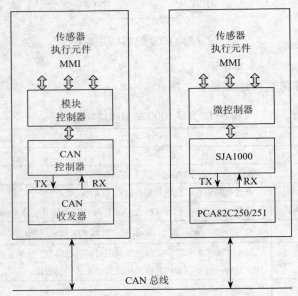

图 5-3　CAN 控制器 SJA1000 在系统中的位置

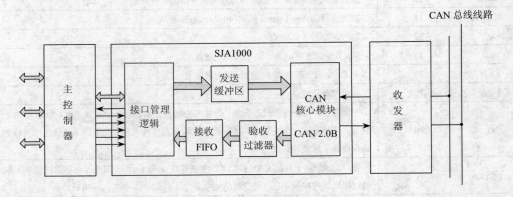

图 5-4　CAN 控制器 SJA1000 的模块结构

6）SJA1000 的控制模块

（1）接口管理逻辑。接口管理逻辑（IML）用于解释来自 CPU 的命令，控制 CAN 寄存器的寻址，向主控制器（CPU）提供中断信息和状态信息。

（2）发送缓冲器。发送缓冲器（TXB）是 CPU 和 BSP（位流处理器）之间的接口。它能够存储要通过 CAN 网络发送的一条完整报文。缓冲器长 13 字节，由 CPU 写入，BSP 读出。

（3）接收缓冲器。接收缓冲器（RXB、RXFIFO）是接收滤波器和 CPU 之间的接口，用来存储从 CAN 总线上接收并被确认的信息。接收缓冲器（RXB，13 字节）作为接收 FIFO（RXFIFO，64 字节）的一个窗口，可被 CPU 访问。

CPU 在此 FIFO 的支持下，可以在处理一条报文的同时接收其他报文。

（4）验收滤波器。验收滤波器（ACF）把它的内容与接收到的标识码相比较，以决定是否接收这条报文。在验收测试通过后，这条完整的报文就被保存在 RXFIFO 中。

（5）位流处理器。位流处理器（BSP）是一个在 TXB、RXFIFO 和 CAN 总线之间控制数据流的队列（序列）发生器。它还执行总线上的错误检测、仲裁、填充和错误处理。

（6）位时序逻辑。位时序逻辑（BTL）监视串行的 CAN 总线和位时序。它是在一条报文开头，总线传输出现从隐性到显性时同步于 CAN 总线上的位流（硬同步），并且在其后接收一条报文的传输过程中再同步（软同步）。

BTL 还提供了可编程的时间段来补偿传播延时、相位偏移（例如，由于振荡器漂移）及定义采样点和每一位的采样次数。

（7）错误管理逻辑。错误管理逻辑（EML）负责限制传输层模块的错误。它接收来自 BSP 的出错报告，然后把有关错误统计告诉 BSP 和 IML。

5.2.4　CAN 总线收发器

CAN 总线收发器提供了 CAN 控制器与物理总线之间的接口，是影响网络系统安全性、可靠性和电磁兼容性的主要因素。但在实际应用中采用何种总线收发器，如何设计接口电路及配置总线终端，影响总线长度和结点数的因素等问题，下面将以 Philips、Freescale 公司的 CAN 总线收发器为例进行讨论。

1）CAN 总线收发器 82C250

82C250 是 CAN 控制器与物理总线之间的接口，它最初是为汽车中的高速应用（达 1 Mbit/s）而设计的。器件可以提供对总线的差分发送和接收。

（1）82C250 的主要特性如下：

① 与 ISO 11898 标准完全兼容。

② 高数据传输速率（最高可达 1 Mbit/s）。

③ 具有抗汽车环境下的瞬间干扰及保护总线能力。

④ 采用斜率控制（Slope Control），降低射频干扰（RFI）。

⑤ 过热保护。

⑥ 总线与电源及地之间的短路保护。

⑦ 低电流待机模式。

⑧ 未加电结点不会干扰总线。

⑨ 总线至少可连接 110 个结点。

（2）82C250 的功能框图。82C250 的功能框图如图 5-5 所示，其基本性能参数和引脚功能分别见表 5-2 和表 5-3。

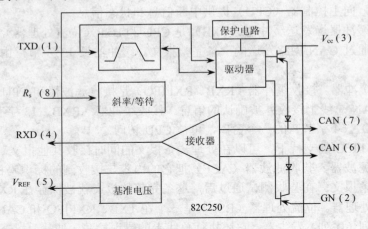

图 5-5　82C250 的功能框图

（3）82C250 功能描述。82C250 驱动电路内部具有限流电路，可防止发送输出级对电源、地或负载短路。虽然短路出现时功耗增加，但不至于使输出级损坏。若结温超过约 160 ℃，则两个发送器输出端极限电流将减小。由于发送器是功耗的主要部分，因而限制了芯片的温升，器件的所有其他部分将继续工作。82C250 采用双线差分驱动，有助于抑制恶劣电气环境下的瞬变干扰。引脚 8（R_s）用于选定 82C250 的工作模式。有 3 种不同的工作模式可供选择：高速、斜率控制和待机，见表 5-4。

表 5-2　82C250 基本性能参数

符　号	参　数	条　件	最小值	典型值	最大值	单　位
V_{CC}	电源电压	—	4.5	—	5.5	V
I_{CC}	电源电流	显性位，$V_1=1$ V	—	—	70	mA
		隐性位，$V_1=4$ V	—	—	14	mA
		待机模式	—	100	170	μA
V_{CAN}	CANH，CANL 引脚直流电压	0 V< V_{CC} <5.5 V	−8	—	18	V
ΔV	差动总线电压	$V_1=1$ V	1.5	—	3.0	V
$V_{diff(r)}$	差动输入电压（隐性位）	非待机模式	−1.0	—	0.4	V
$V_{diff(d)}$	差动输入电压（显性位）	非待机模式	1.0	—	5.0	V
T_d	传播延迟	高速模式	—	—	50	ns
T_{amb}	工作环境温度		40	—	125	℃

表 5-3　82C250 引脚功能

符　号	引　脚　号	功　能　描　述
TXD	1	发送数据输入
GND	2	接地
V_{CC}	3	电源
RXD	4	接收数据输出
V_{REF}	5	参考电压输出

续表

符　号	引　脚　号	功　能　描　述
CANL	6	低电平 CAN 电压输入/输出
CANH	7	高电平 CAN 电压输入/输出
R_S	8	斜率电阻输入

表 5-4　引脚 R_S 用法

R_S 提供条件	工　作　模　式	R_S 上的电流或电压
$V_{RS}>0.75$ V	待机模式	$|I_{RS}|<10$ μA
-10 μA $<I_{RS}<-200$ μA	斜率控制模式	$0.3 V_{CC}<V_{RS}<0.6V_{CC}$
$V_{RS}<0.3V_{CC}$	高速模式	$I_{RS}<-500$ μA

对于高速工作模式，发送器输出级晶体管被尽可能快地启动和关闭。在这种模式下，不采取任何措施限制上升和下降的斜率。此时，建议采用屏蔽电缆，以避免射频干扰问题的出现。通过把引脚 8 接地可选择高速工作模式。

对于较低速率或较短的总线长度，可使用非屏蔽双绞线或平行线作为总线。为降低射频干扰，应限制上升和下降的斜率。上升和下降的斜率可以通过由引脚 8 至地的电阻器进行控制，斜率正比于引脚 8 上的输出电流。

如果引脚 8 接高电平，则电路进入低电平待机模式。在这种模式下，发送器被关闭，接收器转至低电流。如果检测到显性位，则 RXD 将转至低电平。微控制器应通过引脚 8 将驱动器变为正常工作状态来对该条件作出响应。由于在待机模式下接收器是慢速的，因此将丢失第一个报文。82C250 真值表见表 5-5。

表 5-5　82C250 真值表

电　源	TXD	CANH	CANL	总线状况	RXD
4.5～5.5 V	0	高	低	显性	0
4.5～5.5 V	1 或悬空	悬空	悬空	隐性	1
<2 V（未加电）	×	悬空	悬空	隐性	×
2 V$<V_{CC}<$4.5 V	$>0.75V_{CC}$	悬空	悬空	隐性	×
2 V$<V_{CC}<$4.5 V	×	若 $V_{RS}>0.75V_{CC}$ 悬空	若 $V_{RS}>0.75V_{CC}$ 悬空	隐性	×

注：×为任意值。

利用 82C250 还可方便地在 CAN 控制器与收发器之间建立光电隔离，以实现总线上各结点间的电气隔离。双绞线并不是 CAN 总线的唯一传输介质。利用光电转换接口器件及星形光耦合器可建立光纤介质的 CAN 总线通信系统。此时，光纤中有光表示显性位，无光表示隐性位。利用 CAN 控制器的双相位输出模式，通过设计适当的接口电路，也不难实现人们希望的电源线与 CAN 通信线的复用。另外，CAN 协议中卓越的错误检出及自动重发功能，为建立高效的基于电力线载波或无线电介质（这类介质往往存在较强的干扰）的 CAN 通信系统提供了方便。

　2）CAN 总线收发器 TJA1050

TJA1050 是 Philips 公司生产的、用以替代 82C250 的高速 CAN 总线收发器。该器件提供了 CAN 控制器与物理总线之间的接口以及对 CAN 总线的差分发送和接收功能。

TJA1050 除了具有 82C250 的主要特性以外，在某些方面的性能还进行了很大的改善。

（1）TJA1050 的主要特性如下：

① 与 ISO 11898 标准完全兼容。

② 高数据传输速率（最高可达 1 Mbit/s）；

③ 总线与电源及地之间的短路保护。

④ 待机模式下，关闭发送器。

⑤ 由于优化了输出信号 CANH 和 CANI 之间的耦合，因此大大降低了信号的电磁辐射（EMI）。

⑥ 具有强电磁干扰下宽共模范围的差分接收能力。

⑦ 对于 TXD 端的显性位，具有超时检测能力。

⑧ 输入电平与 3.3 V 器件兼容。

⑨ 未加电结点不会干扰总线（对于未加电结点的性能进行了优化）。

⑩ 过热保护。

⑪ 总线至少可连接 110 个结点。

（2）TJA1050 功能框图。TJA1050 的功能框图如图 5-6 所示，其各引脚功能如表 5-6 所示。

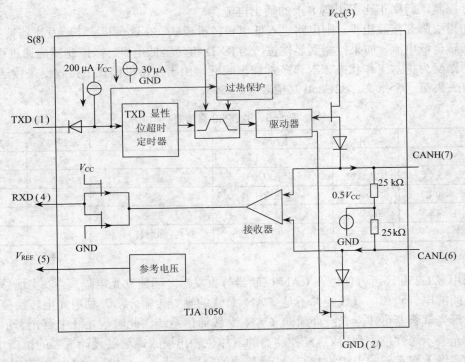

图 5-6　TJA1050 的功能框图

表 5-6　TJA1050 各引脚功能

符　号	引 脚 号	功 能 描 述
TXD	1	发送数据输入，从 CAN 总线控制器中输入发送到总线上的数据
GND	2	接地

续表

符　号	引脚号	功　能　描　述
V_{CC}	3	电源
RXD	4	接收数据输出，将从总线接收的数据发送给 CAN 总线控制器
V_{REF}	5	参考电压输出
CANL	6	低电平 CAN 电压输入/输出
CANH	7	高电平 CAN 电压输入/输出
S	8	模式选定输入端，高速或待机模式

（3）TJA1050 功能描述。TJA1050 总线收发器与 ISO 11898 标准完全兼容。TJA1050主要可用于通信速率为 60 kbit/s～1 Mbit/s 的高速应用领域。在驱动电路中，TJA1050 具有与 82C250 相同的限流电路，可防止发送输出级对电源、地或负载短路，从而起到保护作用。其过热保护措施与 82C250 也大致相同，当结温超过大约 160℃时，两个发送器输出端极限电流将减小。由于发送器是功耗的主要部分，因而限制了芯片的温升，器件的所有其他部分将继续工作。TJA1050 基本性能参数如表 5-7 所示。

表 5-7　TJA1050 基本性能参数

符　号	参　数	条　件	最小值	典型值	最大值	单位
V_{CC}	电源电压	—	−0.3	—	+6	V
I_{CC}	电源电流	—	25	50	75	mA
V_{CAN}	CANH、CANL 输入/输出电压	$0 < V_{CC} < 5.25$ V	−27	—	+40	V
$V_{diff(r)}$	差分输入电压（隐性位）	$V_{TXD} = 0$ V	−50	0	+50	mV
$V_{diff(d)}$	差分输出电压（显性位）	$V_{TXD} = V_{CC}$	1.5	2.25	3.0	V
$t_{dom}(TXD)$	TXD 低端电位定时时间	$V_{TXD} = 0$ V	250	450	750	ns
T_{amb}	工作环境温度	—	−40	—	+125	℃

引脚 8（S）用于选定 TJA1050 的工作模式。有两种工作模式可供选择：高速和待机。

如果引脚 8 接地，则 TJA1050 进入高速模式。当 S 端悬空时，其默认工作模式也是高速模式。高速模式是 TJA1050 的正常工作模式。如果引脚 8 接高电平，则 TJA1050 进入待机模式。在这种模式下，发送器被关闭，器件的所有其他部分仍继续工作。该模式可防止由于 CAN 控制器失控而造成网络阻塞。TJA1050 真值表如表 5-8 所示。

表 5-8　TJA1050 真值表

电　源	TXD	S	CANH	CANL	总线情况	RXD
4.75～5.25 V	0	0 或悬空	高	低	显性	0
4.75～5.25 V	×	1	$0.5 V_{CC}$	$0.5 V_{CC}$	隐性	1
4.75～5.25 V	1 或悬空	×	$0.5 V_{CC}$	$0.5 V_{CC}$	隐性	1
<2 V（未加电）	×	×	$0 V < V_{CANH} < V_{CC}$	$0V < V_{CANL} < V_{CC}$	隐性	×
$2 V < V_{CC} < 4.75$ V	>2V	×	$0 V < V_{CANH} < V_{CC}$	$0V < V_{CANL} < V_{CC}$	隐性	×

注：×为任意值。

在 TJA1050 中设计了一个超时定时器，用以对 TXD 端的低电位（此时 CAN 总线上为显性位）进行监视。该功能可以避免由于系统硬件或软件故障而造成 TXD 端长时间为低电位时总线上所有其他结点将无法进行通信的情况出现。这也是 TJA1050 比 82C250 改进较大的地方之一。TXD 端信号的下降沿可启动该定时器。当 TXD 端低电位持续的时间超过了定时器的内部定时时间时，将关闭发送器，使 CAN 总线回到隐性电位状态。而在 TXD 端信号的上升沿，定时器将被复位，使 TJA1050 恢复正常工作。定时器的典型定时时间为 450 μs。

5.2.5　CAN 总线的报文格式

在进行数据传送时，发出报文的结点为该报文的发送器。该结点在总线空闲或丢失仲裁前恒为发送器，如果一个结点不是报文发送器，并且总线不处于空闲状态，则该结点为接收器。构成一帧的帧起始、仲裁域、控制域、数据域和 CRC 序列均借助位填充规则进行编码。当发送器在发送的位流中检测到 5 位连续的相同数值时，将自动在实际发送的位流中插入一个补码位。而数据帧和远程帧的其余位场则采用固定格式，不进行填充，出错帧和超载帧同样是固定格式。报文中的位流是按照非归零（NZR）码方法编码的，因此一个完整的位电平要么呈显性，要么呈隐性。

1．帧格式

有两种不同的帧格式，不同之处为标识符域的长度不同：含有 11 位标识符的帧称为标准帧；含有 29 位标识符的帧称为扩展帧。

2．帧类型

报文传输有以下 4 个不同类型的帧：

1）数据帧（Data Frame）

数据帧将数据从发送器传输到接收器。

2）远程帧（Remote Frame）

总线单元发出远程帧，请求发送具有同一标识符的数据帧。

3）错误帧（Error Frame）

任何单元检测到总线错误就发出错误帧。

4）过载帧（Overload Frame）

过载帧用在相邻数据帧或远程帧之间，提供附加的延时。

数据帧和远程帧可以使用标准帧及扩展帧两种格式。它们用一个帧间间隔与前面的帧分开。

3．数据帧

数据帧（Data Frame）由以下 7 个不同的位域（Bit Field）组成：帧起始（Start of Frame）、仲裁域（Arbitration Field）、控制域（Control Field）、数据域（Data Field）、CRC 域（CRC Field）、应答域（ACK Field）和帧结尾（End of Frame）。数据域的长度可以为 0～8 位。

报文的数据帧结构如图 5-7 所示。

1）帧起始（标准格式和扩展格式）

帧起始（SoF）标志数据帧和远程帧的起始，仅由一个显性位组成。只在总线空闲时才允许站点开始发送（信号）。所有的站必须同步于首先开始发送报文的站的帧起始前沿。

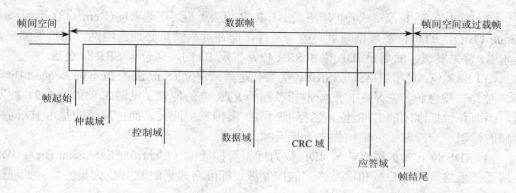

图 5-7　报文的数据帧结构

2）仲裁域

标准格式帧与扩展格式帧的仲裁域格式不同。

在标准格式里，仲裁域由 11 位标识符和 RTR 位组成。标识符位由 ID-28～ID-18 组成。数据帧标准格式中的仲裁域结构如图 5-8 所示。

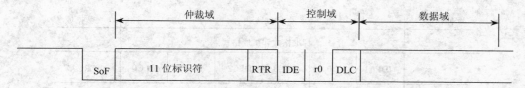

图 5-8　数据帧标准格式中的仲裁域结构

在扩展格式里，仲裁域包括 29 位标识符、SRR 位、IDE 位、RTR 位，其标识符由 ID-28～ID-0 组成。为了区别标准格式和扩展格式，前版本 CAN 规范 1.0～1.2 的保留位 r1 现在表示为 IDE 位。数据帧扩展格式中的仲裁域结构如图 5-9 所示。

图 5-9　数据帧扩展格式中的仲裁域结构

标准格式中的标识符：标识符的长度为 11 位，相当于扩展格式的基本 ID（Base ID）。这些位按 ID-28 到 ID-18 的顺序发送。最低位是 ID-18。7 个最高位（ID-28～ID-22）不能全为隐性。

（1）扩展格式中的标识符：和标准格式对比，扩展格式的标识符由 29 位组成。其结构包含两部分：11 位基本 ID、18 位扩展 ID。

① 基本 ID：基本 ID 包括 11 位。它按 ID-28 到 ID-18 的顺序发送。它相当于标准标识符的格式。基本 ID 定义了扩展帧的基本优先权。

② 扩展 ID：扩展 ID 包括 18 位。它按 ID-17 到 ID-0 顺序发送。

在标准帧里，标识符其后是 RTR 位。

（2）RTR 位（在标准格式和扩展格式中）。RTR 位为远程发送请求位（Remote Transmission Request Bit）。RTR 位在数据帧里必须为显性，而在远程帧里必须为隐性。在扩展帧里，基本 ID 首先发送，随后是 IDE 位和 SRR 位，扩展 ID 的发送位于 SRR 位之后。

（3）SRR 位（属扩展格式）。SRR 位为替代远程请求位（Substitute Remote Request Bit）。SRR 位是一隐性位。它是在扩展帧中标准帧的 RTR 位的位置（见图 5-8 和图 5-9）被发送，因而替代标准帧的 RTR 位。当标准帧与扩展帧发生冲突，而扩展帧的基本 ID 同标准帧的标识符一样时，标准帧优先于扩展帧。

（4）IDE 位（属扩展格式）。IDE 位为标识符扩展位（Identifier Extension Bit）。IDE 位属于扩展格式的仲裁域和标准格式的控制域。标准格式里的 IDE 位为显性，而扩展格式里的 IDE 位为隐性。

3）控制域（标准格式和扩展格式）

控制域由 6 个位组成，其结构如图 5-10 所示。标准格式的控制域结构和扩展格式的不同。标准格式里的控制域包括数据长度代码、IDE 位（为显性位）及保留位 r0。扩展格式里的控制域包括数据长度代码和两个保留位：r1 和 r0。其保留位必须发送为显性，但是接收器接收的是显性位和隐性位的组合。

图 5-10　控制域结构

数据长度代码（标准格式以及扩展格式）DLC，如图 5-11 所示。

数据字节的数目	数据长度代码			
	DLC3	DLC2	DLC2	DLC0
0	d	d	d	d
1	d	d	d	r
2	d	d	r	d
3	d	d	r	r
4	d	r	d	d
5	d	r	d	r
6	d	r	r	d
7	d	r	r	r
8	r	d	d	d

图 5-11　数据帧长度代码 DLC

数据长度代码指示了数据域里的字节数目。数据长度代码为 4 位，它在控制域里发送。数据长度代码中数据字节数的编码：

缩写：d 为显性（逻辑 0）；r 为隐性（逻辑 1）。

数据帧长度允许的数据字节数：{0，1，…，7，8}。其他数值不允许使用。

4）数据域（标准格式和扩展格式）

数据域由数据帧里的发送数据组成。它可以为 0~8 字节，每字节包含 8 位，首先发送 MSB。

5）循环冗余码（CRC）域（标准格式和扩展格式）

CRC 域包括 CRC 序列（CRC Sequence），其后是 CRC 界定符（CRC Delimiter），如图 5-12 所示。

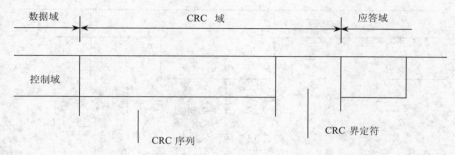

图 5-12　循环冗余码结构

（1）CRC 序列（标准格式和扩展格式）。由循环冗余码求得的帧检查序列最适用于位数低于 127 位<BCH 码>的帧。为进行 CRC 计算，被除的多项式系数由无填充位流给定。组成这些位流的成分是：帧起始、仲裁域、控制域、数据域，而 15 个最低位的系数是 0。将此多项式除以下面的多项式发生器（其系数以模 2 计算出）：

$$X15+X14+X10+X8+X7+X4+X3+1$$

这个多项式除法的余数就是发送到总线上的 CRC 序列。为了实现这个功能，可以使用 15 位的移位寄存器——CRC_RG（14：0）。如果 NXTBIT 指示位流的下一位，那么从帧起始到数据域末尾都由没有填充的位顺序给定。CRC 序列的计算如下：

```
CRC-RG=0;                        //初始化移位寄存器
REPEAT
    CRCNXT=NXTBIT EXOR CRC_RG（14）;
    CRC_RG（14:1）=CRC_RG（13:0）;    //寄存器左移 1 位
    CRC_RG（0）=0;
    IF CRCNXT THEN
            CRC_RG（14:0）=CRC_RG（14:0）EXOR（4599hex）:
    ENDIF
UNTIL（CRC 序列起始或有一错误条件）
```

在传送/接收数据域的最后一位以后，CRC_RG 包含有 CRC 序列。

（2）CRC 界定符（标准格式和扩展格式）。CRC 序列之后是 CRC 界定符，它包含一个单独的隐性位。

6）应答域（标准格式和扩展格式）

应答域长度为 2 个位，包含应答间隙（ACK Slot）和应答界定符（ACK Delimiter），如图 5-13 所示。在应答域里，发送站发送 2 个隐性位。当接收器正确地接收到有效的报文时，接收器就会在应答间隙期间（发送 ACK 信号）向发送器发送 1 个显性位以示应答。

（1）应答间隙。所有接收到匹配 CRC 序列的站会在应答间隙期间用 1 个显性位写在发送器的隐性位置上来作出回应。

（2）应答界定符。应答界定符是应答域的第 2 个位，并且必须是 1 个隐性位。因此，应答间隙被 2 个隐性位所包围，也就是 CRC 界定符和应答界定符。应答域结构如图 5-13 所示。

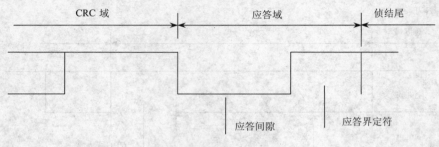

图 5-13　应答域结构

7）帧结尾（标准格式和扩展格式）

每一个数据帧和远程帧均由一标志序列界定，这个标志序列由 7 个隐性位组成。

4．远程帧

作为某数据接收器的站，通过发送远程帧可以启动其资源结点传送它们各自的数据。远程帧也有标准格式和扩展格式，而且都由 6 个不同的位域组成：帧起始、仲裁域、控制域、CRC 域、应答域和帧结尾。

与数据帧相反，远程帧的 RTR 位是隐性的。它没有数据域，所以数据长度代码的数值没有意义（可以标注为 0～8 范围里的任何数值）。远程帧结构如图 5-14 所示。RTR 位的极性表示了所发送的帧是一数据帧（RTR 位显性）还是一远程帧（RTR 位隐性）。

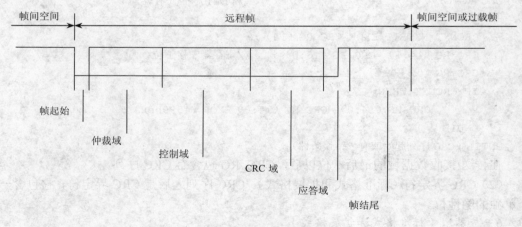

图 5-14　远程帧结构

5．错误帧

错误帧由两个不同的域组成，如图 5-15 所示。第 1 个域是不同站提供的错误标志

（Error Flag）的叠加（Superposition）；第 2 个域是错误界定符（Error Delimiter）。

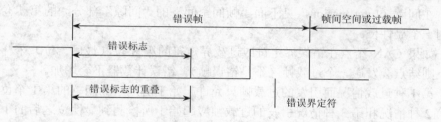

图 5-15　错误帧结构

为了能正确地中止错误帧，一"错误认可"的结点要求总线至少有长度为 3 个位时间的总线空闲（当"错误认可"的接收器有局部错误时）。因此，总线的载荷不应为 100%。

1）错误标志

有两种形式的错误标志："激活（Active）错误"标志和"认可（Passivity）错误"标志（有的文献译为"主动"与"被动"）。

（1）"激活错误"标志由 6 个连续的显性位组成。

（2）"认可错误"标志由 6 个连续的隐性位组成，除非被其他结点的显性位覆盖。

检测到错误条件的"错误激活"的站通过发送"激活错误"标志来指示错误。因为这个错误标志的格式违背了从帧起始到 CRC 界定符的位填充规则，也破坏了应答域或帧结尾的固定格式。这样，所有其他的站会检测到错误条件并且开始发送错误标志。

因此，这个显性位序列的形成就是各个站发送的不同的错误标志叠加在一起的结果。这个序列的总长度最小为 6 个位，最大为 12 个位，可以在总线上监视到。

检测到错误条件的"错误认可"的站试图通过发送"认可错误"标志来指示错误。"错误认可"的站从"认可错误"标志的开头起，等待 6 个连续的相同极性的位。当这 6 个相同极性的位被检测到时，"认可错误"标志就完成了。

2）错误界定符

错误界定符包括 8 个隐性位。传送了错误标志以后，每个站就发送一个隐性位，并一直监视总线，直到检测出一个隐性位为止。然后就开始发送其余 7 个隐性位。

6. 过载帧

过载帧（Overload Frame）包括两个位域：过载标志和过载界定符。其结构如图 5-16 所示。

图 5-16　过载帧结构

有 3 种过载的情况，这 3 种情况都会引发过载标志的传送，即

（1）接收器的内部原因，它需要延迟下一个数据帧或远程帧。

（2）在间歇（Intermission，见下面"帧间空间"的"间隙"部分）的第 1 位和第 2 位检测到一个显性位。

（3）如果 CAN 结点在错误界定符或过载界定符的第 8 位（最后一位）采样到一个显性位，则结点会发送一个过载帧（不是错误帧）。错误计数器不会增加。

由于第 1 种过载情况而引发的过载帧只允许起始于所期望的间歇的第 1 个位期间，而由于第 2 种情况和第 3 种情况引发的过载帧应起始于所检测到显性位之后的 1 个位。通常为了延迟下一个数据帧或远程帧，两种过载帧均可产生。

1）过载标志

过载标志（Overload Flag）由 6 个显性位组成。过载标志的所有形式和"激活错误"标志的一样。由于过载标志的格式破坏了间歇域的固定格式，因此，所有其他站都检测到过载条件，并与此同时发出过载标志。如果在间歇的第 3 个位期间检测到显性位，则这个位将被解释为帧起始。

注意：基于 CAN 1.0 和 CAN 1.1 版本的控制器对第 3 个位有另一解释如下：有的结点在间歇的第 3 个位期间检测到 1 个显性位，这时其他结点将不能正确地解释过载标志，而是将这 6 个显性位中的第 1 个位解释为帧起始。这第 6 个显性位违背了位填充的规则而引发 1 个错误条件。

2）过载界定符

过载界定符（Overload Delimeter）包括 8 个隐性位。

过载界定符的形式和错误界定符的形式一样。过载标志被传送后，站就一直监视总线，直到检测到一个从显性位到隐性位的跳变为止。在这一时刻，总线上的每一个站完成了各自过载标志的发送，并开始同时发送其余 7 个隐性位。

7. 帧间空间

数据帧（或远程帧）与它前面帧的分隔是通过帧间空间（Interframe Space）来实现的，无论前面的帧是何种类型（如数据帧、远程帧、错误帧、过载帧）。而过载帧与错误帧之前没有帧间空间，多个过载帧之间也不是由帧间空间隔离的。

帧间空间包括"间歇""总线空闲"的位域。如果是发送前一报文的"错误认可"站，则还包括称为"挂起传送"（暂停发送）（Suspend Transmission）的位域。对于不是"错误认可"的站，或作为前一报文的接收器的站，其帧间空间结构如图 5-17 所示。

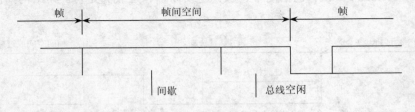

图 5-17　帧间空间结构（1）

对于已作为前一报文发送器的"错误认可"的站，其帧间空间结构如图 5-18 所示。

1）间歇

间歇（Intermission）由 3 个隐性位组成。在间歇期间，所有的站均不允许传送数据帧或远程帧，唯一可做的是标识一个过载条件。

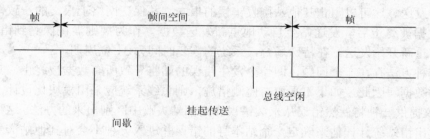

图 5-18　帧间空间结构（2）

注意： 如果某 CAN 结点有一报文等待发送并且结点在间歇的第 3 位采集到 1 个显性位，则此位被解释为 1 个帧的起始位，下一位就从它的标识符的第 1 位开始发送它的报文，而不要首先发送帧的起始位，而且它也不会成为接收器。

2）总线空闲

总线空闲（Bus Idle）的时间是任意的。只要总线被认定为空闲，任何等待发送报文的站就会访问总线。在发送其他报文期间，一个等待发送的报文，其传送开始于间歇之后的第 1 位。总线上检测到的显性位可被解释为帧的起始。

3）挂起传送

挂起传送（Suspend Transmission）是指"错误认可"的站发送报文后，在下一报文开始传送之前或确认总线空闲之前发出 8 个隐性位跟随在间歇的后面。如果与此同时一个报文由另一站开始发送，则此站就成为这个报文的接收器。

4）编码与故障处理

不同于其他总线，CAN 协议不能使用应答信息。事实上，它可以将发生的任何错误信号发出。CAN 协议可使用以下 5 种检查错误的方法，其中前 3 种为基于报文内容的检查。

（1）循环冗余检查（CRC）。在一帧报文中加入冗余检查位可保证报文正确。接收站通过 CRC 可判断报文是否有错。

（2）帧检查。这种方法通过位场检查帧的格式和大小来确定报文的正确性，用于检查格式上的错误。

（3）应答错误。如前所述，被接收到的帧由接收站通过明确的应答来确认。如果发送站未收到应答，则表明接收站发现帧中有错误，也就是说，应答域已损坏或网络中的报文无站接收。CAN 协议也可通过位检查的方法探测错误。

（4）总线检测。有时，CAN 中的一个结点可监测自己发出的信号。因此，发送报文的站可以观测总线电平并探测发送位和接收位的差异。

（5）位填充。一帧报文中的每一位都由不归零码表示，可保证位编码的最大效率。然而，如果在一帧报文中有太多相同电平的位，就有可能失去同步。为保证同步，同步沿用填充位产生。

在 5 个连续相等位后，发送站自动插入一个与之互补的补码位；接收时，这个填充位被自动丢掉。例如，5 个连续的低电平位后，CAN 自动插入一个高电平位。CAN 通过这种编码规则检查错误，如果在一帧报文中有 6 个相同极性位，CAN 就知道发生了错误。

如果至少有一个站通过以上方法探测到一个或多个错误，它将发送出错标志终止当前报文的发送。这可以阻止其他站接收错误的报文，并保证网络上报文的一致性。当大量发送数据被终止后，发送站会自动地重新发送数据。作为规则，在探测到错误后 23 位周期内重新开始发送。在特殊场合，系统的恢复时间为 31 位周期。

但这种方法存在一个问题，即一个发生错误的站将导致所有数据被终止，其中也包括正确的数据。因此，如果不采取自监测措施，则总线系统应采用模块化设计。为此，CAN 协议提供一种将偶然错误从永久错误和局部站失败中区别出来的办法。这种方法可以通过对出错站统计评估来确定一个站本身的错误并进入一种不会对其他站产生不良影响的运行方法来实现，即站可以通过关闭自己来阻止正常数据因被错误地当成不正确的数据而被终止。

8．关于帧格式的一致性

在 CAN 规范 1.2 中，标准格式等效于数据/远程帧格式。然而，扩展格式是 CAN 协议的新特性。为了可以设计相对简单的控制器，扩展格式的执行不要求它完整地扩展（例如，以扩展格式发送报文或从报文中接收数据），但是，必须支持标准格式而没有限制。

如果新的控制器至少具备在 3.1 和 3.2 版本中定义的下列有关帧格式的属性，它们就被认为与这个 CAN 规范一致：

（1）每一个新的控制器支持标准格式。

（2）每一个新的控制器能够接收扩展格式的报文。这要求扩展帧不会因为它们的格式而受破坏，虽然不要求新控制器必须支持扩展帧。

5.2.6　实验 9——基于 CAN 总线的通信实验

1．实验目的及要求

（1）掌握 CAN 总线通信原理。

（2）学习 MCP2510 的 CAN 总线通信的驱动开发。

（3）掌握 Linux 系统中断在 CAN 总线通信程序中使用。

2．实验设备

硬件：UP-CUP S2410 经典平台、PC Pentium 500 以上，硬盘 10 GB 以上。

软件：PC 操作系统 Redhat Linux 9.0＋MINICOM＋ARM-Linux 开发环境。

3．实验内容

学习 CAN 总线通信原理，了解 CAN 总线的结构，阅读 CAN 控制器 MCP2510 的芯片文档，掌握 MCP2510 的相关寄存器的功能和使用方法。编程实现两台 CAN 总线控制器之间的通信。ARM 接收到 CAN 总线的数据后会在终端显示，同时使用 CAN 控制器发送的数据也会在终端反显。MCP2510 设置成自回环的模式，CAN 总线数据自发自收。

4．实验原理

1）CAN 总线控制器 MCP2510

UP-CUP S2410 经典平台上采用 Microchip 公司的 MCP2510 CAN 总线控制器。其特

点如下：

（1）支持标准格式和扩展格式的 CAN 数据帧结构。

（2）0～8 字节的有效数据长度，支持远程帧。

（3）最大 1Mbit/s 的可编程速率。

（4）2 个支持过滤器（Fliter、Mask）的接收缓冲区，3 个发送缓冲区。

（5）支持回环（Loop Back）模式。

（6）SPI 高速串行总线，最大 5 MHz（4.5 V 供电）。

（7）3～5.5 V 供电。

UP-CUP S2410 经典平台上采用使用 RJ11 标准接口作为 CAN 总线接口，接口如图 5-19 所示。

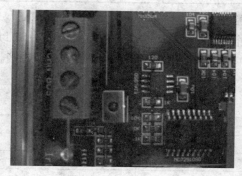

图 5-19　CAN 总线接口与 MCP2510 芯片

系统中，S3C2410 通过 SPI 同步串行接口和 MCP2510 相连。MCP2510 的片选信号通过接在 S3C2410 的 Bank5 上的锁存器（74HC753）来控制。可以定义如下宏，来实现对 Bank5 上的锁存器的操作：

```
#define EXIOADDR  (*(volatile unsigned short*)0xa000000)  //bank5
extern unsigned short int EXIOReg;
#define SETEXIOBIT(bit)  do{EXIOReg|=bit;XIOADDR=EXIOReg;}while(0)
#define CLREXIOBIT(bit)  do{EXIOReg&=(~bit);EXIOADDR=EXIOReg;}while(0)
```

通过定义如下宏，来实现 MCP2510 的片选：

```
#define MCP2510_Enable()   do{CLREXIOBIT(MCP2510_CS);}while(0)
#define MCP2510_Disable()  do{SETEXIOBIT(MCP2510_CS);}while(0)
```

S3C2410 带有高速 SPI 接口，可以直接和 MCP2510 通信。

```
SendSIOData(data)                 //向同步串口发送数据（Uhal.h）
ReadSIOData ()                    //从同步串口读取数据（Uhal.h）
```

2）MCP2510 的控制字

MCP2510 的控制包括了以下 5 种命令：

复位	1100 0000	设置内部寄存器为默认值，并设置 MCP2510 到配置状态
读取	0000 0011	从选定的寄存器的地址开始读取数据
写入	0000 0010	向选定的寄存器的地址开始写入数据
发送请求	1000 0nnn	设置一个或者多个发送请求位，发送缓冲区中的数据
读取状态	1010 0000	轮流检测发送或者接收的状态

3）波特率的设置

通过设置 MCP2510 中的 CNF1、CNF2、CNF3 这 3 个寄存器，实现不同时钟下，CAN 总线通信的波特率的设置。在 UP-CUP S2410 经典平台中，MCP2510 的输入时钟为 16MHz。可以按照表 5-9 所示方式定义 CAN 总线通信的波特率。

表 5-9　MCP2510 的波特率设置

CAN 波特率	同步段	传输段	相位 1	相位 2	CNF1	CNF2	CNF3
125 kbit/s	1	7	4	4	0x03	0x9E	0x03
250 kbit/s	1	7	4	4	0x01	0x9E	0x03
500 kbit/s	1	7	4	4	0x00	0x9E	0x03
1 Mbit/s	1	3	2	2	0x00	0x9E	0x03

4）接收过滤器的设置

在 MCP2510 中有 2 个 Mask 过滤器，6 个 Filter 过滤器。可以控制 CAN 结点收到指定的一个（或者一组）ID 的数据。Mask 和 Filter 来控制是否接收数据，遵循如表 5-10 所示的控制规律。

表 5-10　Mask 和 Filter 的控制规律

Mask	Filter	发送方的	ID
0	×	×	是
1	0	0	是
1	0	1	否
1	1	0	否
1	1	1	是

注：×表示任意状态。

5）MCP2510 的初始化

MCP2510 的初始化步骤如下：

（1）软件复位，进入配置模式。

（2）设置 CAN 总线波特率。

（3）关闭中断。

（4）设置 ID 过滤器。

（5）切换 MCP2510 到正常状态（Normal）。

（6）清空接收和发送缓冲区。

（7）开启接收缓冲区，开启中断（可选）。

（8）MCP2510 发送和接收数据。

MCP2510 中有 3 个发送缓冲区，可以循环使用。也可以只使用一个发送缓冲区，但是，必须保证在发送时，前一次的数据已经发送结束。MCP2510 中有 2 个接收缓冲区，可以循环使用。数据的发送和接收均可使用查询或者中断模式，这里，为编程简单，收发数据都采用查询模式。通过状态读取命令（Read Status Instruction）来判断是否接收到（或者发送出）数据。

本实验的代码如下：

头文件 UP-CAN.h

```
#ifndef __UP_CAN_H__
```

```c
#define __UP_CAN_H__

#define UPCAN_IOCTRL_SETBAND        0x1      //set can bus band rate
#define UPCAN_IOCTRL_SETID          0x2      //set can frame id data
#define UPCAN_IOCTRL_SETLPBK        0x3      //set can device in loop back
mode or normal
    mode
#define UPCAN_IOCTRL_SETFILTER      0x4      //set a filter for can device
#define UPCAN_IOCTRL_PRINTRIGISTER 0x5       // print register information
of spi and portE
#define UPCAN_EXCAN                 (1<<31) //extern can flag
typedef enum{
        BandRate_125kbps=1,
        BandRate_250kbps=2,
        BandRate_500kbps=3,
        BandRate_1Mbps=4
}CanBandRate;
typedef struct {
        unsigned int id;                //CAN 总线 ID
        unsigned char data[8];          //CAN 总线数据
        unsigned char dlc;              //数据长度
        int IsExt;                      //是否扩展总线
        int rxRTR;                      //是否扩展远程帧
}CanData, *PCanData;
typedef struct{
    unsigned int Mask;
            unsigned int Filter;
            int IsExt;                  //是否扩展 ID
    }CanFilter,*PCanFilter;
    main.c:
#include <stdio.h>
#include <unistd.h>
#include <fcntl.h>
#include <time.h>
//#include <sys/types.h>
//#include <sys/ipc.h>
#include <sys/ioctl.h>
#include <pthread.h>
//#include "hardware.h"
#include "up-can.h"
#define CAN_DEV         "/dev/can/0"
static int can_fd = -1;
#define DEBUG
#ifdef DEBUG
```

```
        #define DPRINTF(x...)    printf("Debug:"##x)
        #else
        #define DPRINTF(x...)
        #endif
        static void* canRev(void* t)
        {
                CanData data;
                int i;
                DPRINTF("can recieve thread begin.\n");
                for(;;){
                        read(can_fd, &data, sizeof(CanData));
                        for(i=0;i<data.dlc;i++)
                                putchar(data.data[i]);
                fflush(stdout);
                }
                return NULL;
        }
        #define MAX_CANDATALEN
        static void CanSendString(char *pstr)
        {
                CanData data;
                int len=strlen(pstr);
                memset(&data,0,sizeof(CanData));
                data.id=0x123;
                data.dlc=8;
                for(;len>MAX_CANDATALEN;len-=MAX_CANDATALEN){
                        memcpy(data.data, pstr, 8);
                        //write(can_fd, pstr, MAX_CANDATALEN);
                        write(can_fd, &data, sizeof(data));
                        pstr+=8;
                }
                data.dlc=len;
                memcpy(data.data, pstr, len);
                //write(can_fd, pstr, len);
                write(can_fd, &data, sizeof(CanData));
        }
        int main(int argc, char** argv)
        {
                int i;
                pthread_t th_can;
                static char str[256];
                static const char quitcmd[]="\\q!";
                void * retval;
                int id=0x123;
```

```
                char usrname[100]={0,};
            if((can_fd=open(CAN_DEV, O_RDWR))<0){
                    printf("Error opening %s can device\n", CAN_DEV);
                    return 1;
            }
            ioctl(can_fd, UPCAN_IOCTRL_PRINTRIGISTER, 1);
            ioctl(can_fd, UPCAN_IOCTRL_SETID, id);
    #ifdef DEBUG
            ioctl(can_fd, UPCAN_IOCTRL_SETLPBK, 1);
    #endif
            /* Create the threads */
            pthread_create(&th_can, NULL, canRev, 0);
            printf("\nPress \"%s\" to quit!\n", quitcmd);
            printf("\nPress Enter to send!\n");
            if(argc==2){    //Send user name
                    sprintf(usrname, "%s: ", argv[1]);
            }
            for(;;){
                    int len;
                    scanf("%s", str);
                    if(strcmp(quitcmd, str)==0){
                            break;
                    }
                    if(argc==2)    //Send user name
                            CanSendString(usrname);
                    len=strlen(str);
                    str[len]='\n';
                    str[len+1]=0;
                    CanSendString(str);
            }
            /* Wait until producer and consumer finish. */
            //pthread_join(th_com, &retval);
            printf("\n");
            close(can_fd);
            return 0;
    }
```

5. 实验步骤

本实验中，CAN 总线以模块的形式编译在内核源码中。进行 CAN 总线实验的步骤如下：

1）编译 CAN 总线模块

```
[root@zxt /]# cd /arm2410cl/kernel/linux-2.4.18-2410cl/
[root@zxt linux-2.4.18-2410cl]# make menuconfig
```

进入 Main Menu / Character devices 菜单，选择 CAN BUS 为模块加载，如图 5-20 所示。

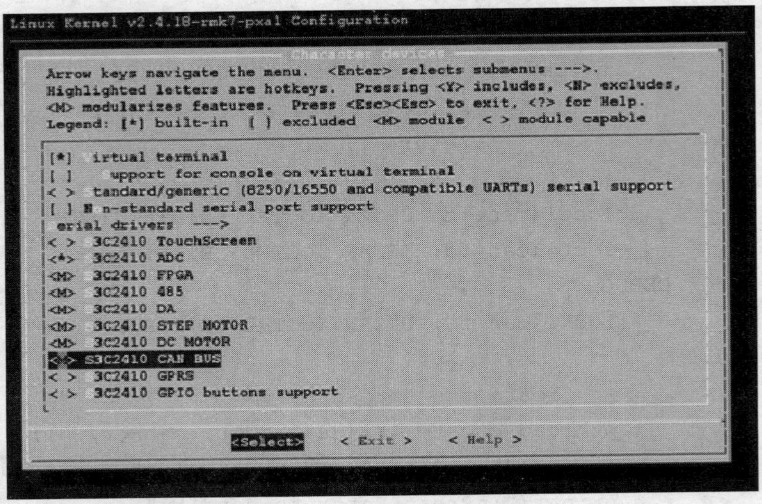

图 5-20　选择 CAN BUS 为模块加载

编译内核模块:

```
make dep
make
make modules
```

编译结果如下:

```
/arm2410cl/kernel/linux-2.4.18-2410cl/drivers/char/s3c2410-can-mcp2510.o
```

2）编译应用程序

```
[root@zxt /]# cd /arm2410cl/exp/basic/06_can/
[root@zxt 06_can]# make
armv4l-unknown-linux-gcc   -c -o main.o main.c
armv4l-unknown-linux-gcc  -o canchat main.o  -lpthread
[root@zxt 06_can]# ls
canchat  driver  hardware.h  main.c  main.o  Makefile  up-can.h
```

3）下载调试

切换到 MINICOM 终端窗口，使用 NFS mount 开发主机的/arm2410cl 到/host 目录，然后插入 CAN 驱动模块。

```
[/mnt/yaffs]mount -t nfs -o nolock 192.168.0.56:/arm2410cl /host
[/mnt/yaffs]cd /host/exp/basic/06_can/driver/
[/host/exp/basic/06_can/driver]insmod can.o
Using can.o
Warning: loading can will taint the kernel: no license
  See htsp://www.tux.org3lkml/#export-tacnted for inform2ation ab4out s
10-mcp2510 initialized
```

运行应用程序 canchat 查看结果:

```
[/host/exp/basic/06_can]./canchat
Debug:can recieve thread begin.
Press "\q!" to quit!
```

```
Press Enter to send!
asdfasdfasdfasfasfasdf
asdfasdfasdfasfasfasdf
```

由于设置的 CAN 总线模块为自回环方式，所以在终端上输入任意一串字符，都会通过 CAN 总线在终端上收到同样的字符串。

5.3 蓝牙通信技术

蓝牙（Bluetooth）是一种支持设备短距离通信（一般 10 m 内）的无线电技术。能在包括移动电话、PDA、无线耳机、笔记本式计算机、相关外设等众多设备之间进行无线信息交换。利用蓝牙技术，能够有效地简化移动通信终端设备之间的通信，也能够成功地简化设备与互联网之间的通信，从而使数据传输变得更加迅速高效，为无线通信拓宽道路。不限制在直线的范围内，甚至设备不在同一间房内也能互联。蓝牙设备有两种组网方式：微微网（Piconet）和散射网（Scatternet）。在 Piconet 中，多个蓝牙共享一条信道，其中 1 个为主单元，最多支持 7 个从单元。具有重叠覆盖区域的多个 Piconnet 构成 Scatternet，不同的 Piconet 以单元时分复用的方式参与，一个 Piconnet 中的主单元可以作为另一个 Piconet 的从单元。

2009 年 12 月，蓝牙技术联盟（Bluetooth Special Interest Group，SIG）正式推出了采用低耗能版本蓝牙核心规格 4.0 版的升级版蓝牙低耗能无线技术，将蓝牙技术的应用延伸至医疗、保健、运动、健身、家庭娱乐等全新市场。4.0 版蓝牙拥有低耗能、更大的传输范围、支持拓扑结构等特性，这与 ZigBee Alliance 制定的 ZigBee 标准十分类似。SIG 并没有将蓝牙技术仅局限在民用的消费级应用上，随着物联网发展的加速，蓝牙技术的未来仍将是工业化应用。

蓝牙 4.0 版本凭借其低功耗特性让业界很多人看到了新的市场机会。无线产业分析公司 WTRS 在 2010 年 7 月初发布的一份报告中称，蓝牙 4.0 版本的最显著特点在于蓝牙低功耗技术拥有巨大的市场潜力。市场调研机构 Gartner 的资深无线技术分析师 Nick Jones 也表示：蓝牙 4.0 版本近日被 Gartner 评为“2010—2011 年十大移动技术”之一。随着移动互联网时代的到来，手机将成为最重要的移动互联网设备。目前超过 90%的手机都具备了蓝牙功能，因此采用蓝牙技术作为物品接入互联网的方式具有广泛基础。在长时间通信中，低功耗特性非常关键，这是具有低功耗特性的蓝牙技术被广泛应用于物联网的内在动因之一。

5.3.1 蓝牙技术的原理及基本结构

所谓蓝牙技术，实际上是一种低功率、短距离的无线连接技术。由于采用了向产业界无偿转让该项专利的策略，蓝牙技术目前在无线办公、汽车工业、医疗等设备上随处可见，其应用极为广泛。利用“蓝牙”技术，能够有效地简化掌上 PC、笔记本式计算机和移动电话、手机等移动通信终端设备之间的通信，也能够成功简化以上这些设备与 Internet 之间的通信，从而使这些现代通信设备与 Internet 之间的数据传输变得更加迅速高效，为无线通信拓宽道路。蓝牙采用分散式网络结构，以及快跳频和短包技术，支持点对点及一点对多点通信，工作在全球通用的 2.4 GHz ISM（即工业、科学、医学）频段。其数据传输速率为 1 Mbit/s。采用时分双工传输方案实现全双工传输。通信距离为 10 m 左右，配置功率放大器可以使通信距离增加。

蓝牙技术是一种无线数据与语音通信的开放性全球规范，它以低成本的近距离无线连接为基础，为固定与移动设备通信环境建立一个特别连接。其程序写在一个 9 mm×9 mm 的微芯片中。例如，如果把蓝牙技术引入到移动电话和笔记本式计算机中，就可以去掉移动电话与笔记本式计算机之间的令人讨厌的连接电缆而建立无线通信。打印机、PDA、台式计算机、传真机、键盘、游戏操纵杆，以及所有其他的数字设备都可以成为蓝牙系统的一部分。除此之外，蓝牙无线技术还为已存在的数字网络和外设提供通用接口以组建一个远离固定网络的个人特别连接设备群。

ISM 频带是对所有无线电系统都开放的频带，因此使用其中的某个频段可能会遇到不可预测的干扰源。例如，某些家电、无绳电话、汽车房开门器、微波炉等，都可能是干扰。为此，蓝牙特别设计了快速确认和跳频方案以确保链路稳定。蓝牙使用 FHSS（Frequency Hopping Spread Spectrum，跳频扩频）技术，理论跳频速率 1 600 跳/秒。跳频技术是把频带分成若干个跳频信道，在一次连接中，无线收发器按一定的码序列（即一定的规律，技术上称为"伪随机码"，就是"假"的随机码）不断地从一个信道"跳"到另一个信道。只有收发双方是按这个规律进行通信的，而其他的干扰不可能按同样的规律进行干扰。跳频的瞬时带宽是很窄的，但通过扩展频谱技术使这个窄带宽成百倍地扩展成宽带宽，使干扰可能的影响变成很小。

与其他工作在相同频段的系统相比，蓝牙跳频更快，数据包更短，这使蓝牙比其他系统都更稳定。FEC（Forward Error Correction，前向纠错）的使用抑制了长距离链路的随机噪声。应用二进制调频（FM）技术的跳频收发器被用来抑制干扰和防止衰落。以 2.45 GHz 为中心频率，最多可以得到 79 个 1 MHz 带宽的信道。在日本、西班牙和法国，频段的带宽很小，只能容纳 23 个跳频点，其带宽仍为 1 MHz 间隔。蓝牙的信道以时间长度 625 μs 划分时隙，时隙依据微微网主要单元蓝牙时钟来编号。蓝牙系统中主、从单元的分组传输采用时分双工（Time Division Duplexing，TDD）交替传输方式，主单元采用偶数编号的时隙开始传输信息，而从单元则采用奇数编号时隙开始传输信息，分组起始位置与时隙的起始点相吻合，由主或从单元传输的分组可以扩展到 5 个时隙。蓝牙采用的调制方式为 GFSK，使用 3 种功率：0 dBm（1 mW）、4 dBm（2.5 mW）、20 dBm（100 mW）。蓝牙系统由 4 个功能单元组成：无线单元、链路控制单元、链路管理、软件功能。

在主单元和从单元之间，可以建立不同类型的链路，如同步面向连接的链路（Synchronous Connection Oriented，SCO）、异步无连接链路（Asynchronous Connectionless Link）。SCO 链路是在主单元和指定的从单元之间实现对称的、点对点连接，SCO 连接方式采用预留时隙，因此该方式可看作是在主单元和从单元之间实现的电路交换链路，它主要用于支持类似于像话音这类的时限信息。ACL 连接定向发送数据包，它既支持对称连接又支持不对称连接。在非 SCO 连接的保留时隙里，主单元可以以时隙为单位与任何从单元的分组交换连接。蓝牙支持 1 条异步数据通信信道、3 条同步语音信道或 1 条同时支持异步数据和同步语音的信道。语音信道速率为 64 kbit/s，语音编码采用对数 PCM 或连续可变斜率增量（Continuous Variable Slope Delta，CVSD）调制。异步数据通信信道速率不对称时，两个方向最大为 723.2 kbit/s，反向时为 57.6 kbit/s；对称时为 433.9 kbit/s。

5.3.2 蓝牙的协议栈

蓝牙技术的整个协议体系结构分 3 部分：底层硬件模块、中间协议层和高层应用。蓝牙基带协议是电路交换与分组交换的结合。在被保留的时隙中可以传输同步数据包，每个数据包以不同的频率发送。一个数据包名义上占用一个时隙，但实际上可以被扩展到占用 5 个时隙。蓝牙不仅可以支持异步数据信道、多达 3 个的同时进行的同步语音信道，还可以用一个信道同时传送异步数据和同步语音。每个语音信道支持 64 kbit/s 同步语音链路。异步信道可以支持一端最大语音信道速率为 721 kbit/s 而另一端语音信道速率为 57.6 kbit/s 的不对称连接，也可以支持 43.2 kbit/s 的对称连接。

蓝牙技术的协议结构如图 5-21 所示。

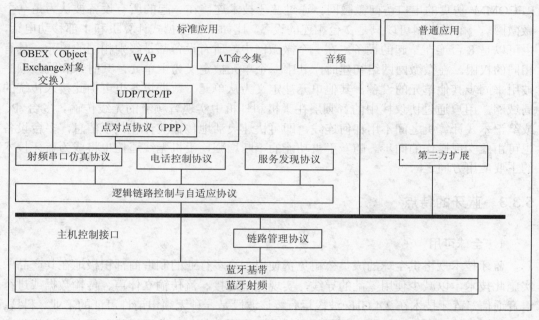

图 5-21 蓝牙技术的协议结构

1. 底层硬件模块

底层硬件模块包括无线射频（RF）、基带（Base Band，BB）和链路管理（Link Manager，LM）3 层。RF 层通过 2.4 GHz 无须授权：ISM 频段的微波，实现数据位流的过滤和传输；本层协议主要定义了蓝牙收发器在此频段正常工作所需要满足的条件。BB 层负责完成跳频和蓝牙数据及信息帧的传输。LM 层负责建立和拆除链路连接，同时保证链路的安全。

2. 中间协议层

中间协议层包括逻辑链路控制与自适应协议（L2CAP）、服务发现协议（SDP）、射频串口仿真协议（Radio Frequency Communication，RFCOMM）和电话控制协议（TCS）4 项。L2CAP 主要完成数据拆装、协议复用等功能，是其他上层协议实现的基础。SDP 为上层应用程序提供了一种机制来发现网络中可用的服务及其特性。RFCOMM 基于

ETSI 标准 TS07.10，在 L2CAP 上仿真 9 针 RS-232 串口的功能。FCS 提供蓝牙设备间语音和数据呼叫控制信令。

在 BB 和 LM 上与 L2CAP 之间还有一个主机控制接口层（Host Controller Interface，HCI）。HCI 是蓝牙协议中软硬件之间的接口，它提供了一个调用下层 BB、LM、状态和控制寄存器等硬件的统一命令接口。

3．高层应用框架

高层应用框架位于蓝牙协议栈的最上部。其中较典型的应用模式有拨号网络（Dialup Networking）、耳机（Headset）、局域网访问（LAN Access）、文件传输（File Transfer）等。各种应用程序可以通过各自对应的框架实现无线通信。拨号网络应用模式可以通过 RFCOMM 仿真的串口访问微微网。通过蓝牙技术连接在一起的所有设备被认为是一个微微网。一个微微网可以只是 2 台相连的设备，比如 1 台便携式计算机和 1 部移动电话，也可以是 8 台连在一起的设备。在一个微微网中，所有设备都是级别相同的单元，具有相同的权限。在微微网网络初建时，其中一个单元被定义为主单元，其时钟和跳频顺序被用来同步其他单元的设备，其他单元被定义为从单元。数据设备也可由此接入传统的局域网。用户通过协议栈中的音频层在手机和耳机中实现音频流的无线传输。多台 PC 或笔记本式计算机之间不用任何连线，即可快速灵活地传输文件和共享信息，多台设备也可由此实现操作的同步。随着手机功能的不断增强，手机无线遥控也将成为蓝牙技术的主要应用方向之一。

5.3.3　蓝牙的特点

1．全球可用

蓝牙技术规格供全球的成员公司免费使用。许多行业的制造商都积极地在其产品中实施此技术，以减少使用零乱的导线，实现无缝连接、流传输立体声、传输数据或进行语音通信。蓝牙技术在 2.4 GHz 波段运行，该波段是一种无须申请许可证的工业、科技、医学无线电波段。正因如此，使用蓝牙技术不需要支付任何费用。但必须向手机提供商注册使用 GSM 或 CDMA，除了设备费用外，不需要为使用蓝牙技术再支付任何费用。

2．设备范围

蓝牙技术得到了空前广泛的应用，集成该技术的产品从手机、汽车到医疗设备，使用该技术的用户从消费者、工业市场到企业等，不一而足。低功耗、小体积及低成本的芯片解决方案使得蓝牙技术甚至可以应用于极微小的设备中。请在蓝牙产品目录和组件产品列表中查看成员提供的各类产品大全。

3．易于使用

蓝牙技术是一项即时技术，它不要求固定的基础设施，且易于安装和设置。不需要电缆即可实现连接。新用户使用也不费力，只需要拥有蓝牙品牌产品，检查可用的配置文件，将其连接至使用同一配置文件的另一蓝牙设备即可。后续的 PIN 码流程就如同在 ATM 机器上操作一样简单。外出时，可以随身带上个人局域网（PAN），甚至可以与其他网络连接。

4．全球通用的规格

蓝牙无线技术是当今市场上支持范围最广泛，功能最丰富且安全的无线标准。全球范围内的资格认证程序可以测试成员的产品是否符合标准。自 1999 年发布蓝牙规格以来，总共有超过 4 000 家公司成为蓝牙特别兴趣小组（SIG）的成员。同时，市场上蓝牙产品的数量已连续 4 年成倍增长，安装的基站数量在 2005 年底达到 5 亿个。

蓝牙的优势：支持语音和数据传输；采用无线电技术，传输范围大，可穿透不同物质及在物质间扩散；采用跳频展频技术，抗干扰性强，不易窃听；使用在各国都不受限制的频谱，理论上说，不存在干扰问题；功耗低；成本低。蓝牙的技术性能参数：有效传输距离为 10 cm～10 m，增加发射功率可达到 100 m，甚至更远。

5.3.4　蓝牙技术的应用

1．在手机上的应用

嵌入蓝牙技术的数字移动电话将可实现一机三用，真正实现个人通信的功能。在办公室可作为内部的无线集团电话，回家后可作为无绳电话来使用，不必支付昂贵的移动电话话费。在室外或乘车的路上，仍将移动电话与掌上 PC 或个人数字助理（PDA）结合起来，并通过嵌入蓝牙技术的局域网接入点，随时随地都可以到 Internet 上浏览，使数字化生活变得更加方便和快捷。同时，借助嵌入蓝牙的头戴式话筒和耳机，以及语音拨号技术，不用动手就可以接听或拨打移动电话。

2．在掌上 PC 的应用

掌上 PC 越来越普及，嵌入蓝牙芯片的掌上 PC 将提供想象不到的便利，通过掌上 PC 不仅可以编写 E-mail，而且可以立即发送出去，没有外线与 PC 连接，一切都由蓝牙设备来传送。这样，在飞机上用掌上 PC 写 E-mail。当飞机着陆后，只需要打开手机，所有信息可通过机场的蓝牙设备自动发送。有了蓝牙技术，掌上 PC 能够与桌面系统保持同步。即使是 PC 放在口袋中，桌面系统的任何变化都可以按预先设置好的更新原则，将变化传到掌上 PC 中。回到家中，随身携带的 PDA 通过蓝牙芯片与家庭设备自动通信，可以为你自动打开门锁、开灯并将室内的空调或暖气调到预定的温度等。进入旅馆可以自动登记，并将你房间的电子钥匙自动传送到你的 PDA 中，从而可轻轻一按，就可打开你所订的房间。

3．在其他数字设备上的应用

数码照相机、数码摄像机等设备装上蓝牙系统，既可免去使用导线的不便，又可不受存储器容量的困扰，随时随地可将所摄图片或影像通过同样装备蓝牙系统的手机或其他设备传回指定的计算机中，蓝牙技术还可以应用于投影机产品，实现投影机的无线连接。

总之，蓝牙系统的小功率、微型化、低成本，以及与网络时代相适应的特性，使它具有广阔的应用前景，随着技术和应用的不断发展，蓝牙技术将在家用电器中扮演重要角色，市场潜力巨大。

5.3.5　实验 10——基于蓝牙技术的通信实验

1. 实验目的和要求

（1）掌握蓝牙设备通信原理。

（2）掌握 Linux 嵌入式开发平台上蓝牙设备的使用。

2. 实验设备

硬件：ARM 嵌入式开发板、PC Pentuium500 以上，硬盘 10 GB 以上。

软件：PC 操作系统 Redhat Linux 9.0＋MINICOM＋ARM Linux 开发环境。

3. 实验内容

学习蓝牙设备通信原理，了解蓝牙通信的结构。在 PC 与开发板之间实现蓝牙无线通信。

4. 实验原理

（1）配置编译内核蓝牙驱动模块，在 PC 上运行以下命令：

```
cd / arm2410cl/kernel/linux-2.4.18-2410cl/          /*进入开发板内核目录*/
make  menuconfig                                    /*配置开发板内核*/
```

（2）选择 Bluetooth support 选项，如图 5-22 所示。

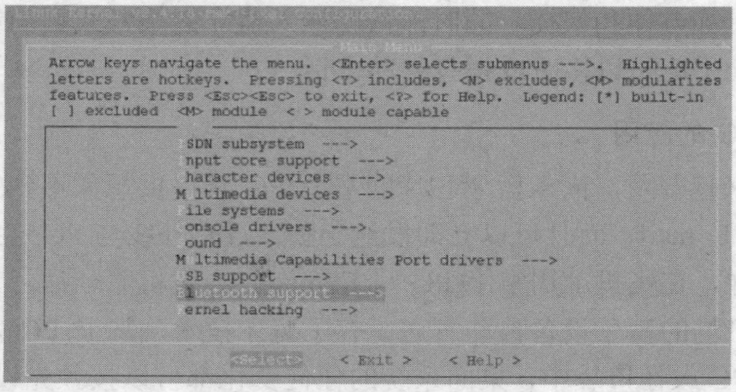

图 5-22　配置开发板内核

（3）进入 Bluetooth support 子选项，并做如下设置，<M>代表该项以模块方式编译，<*>代表该项编译进内核，如图 5-23 所示。

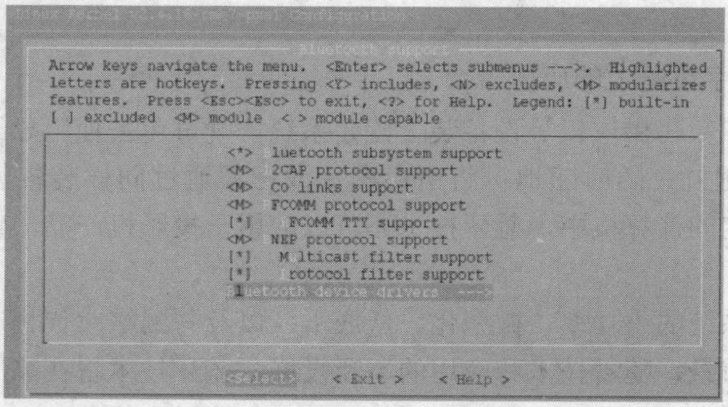

图 5-23　Bluetooth support 子选项

（4）在图 5-23 中选中"Bluetooth device drivers　--->"，回车，进入其子菜单，编译方式如图 5-24 所示。

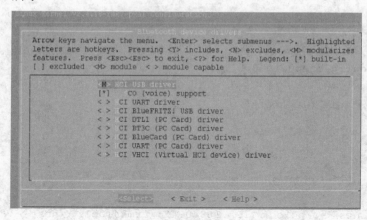

图 5-24　Bluetooth device drivers 子菜单

（5）选择好选项后，保存并退出 make menuconfig。执行以下命令：

```
make  clean          /*删除上次编译产生的文件*/
make  dep            /*按选项，重新生成新的依赖关系*/
make  bzImage        /*编译内核映象文件 bzImage*/
make  modules        /*编译<M>方式的模块，生成可 insmod 模块*/
```

（6）新生成的内核映像文件 bzImage 位于/arm2410cl/kernel-2410//arch/arm/boot 下，参考内核烧录实验，用串口把该文件下载到开发板的 Flash。

（7）把类似 USB 盘的蓝牙模块插入开发板的 USB 口；重启开发板，并复制第（4）步新生成的文件到开发板。

在 PC：

```
mkdir  /arm2410cl/tmpt_bluetooth
    cp  /arm2410cl/kernel-2410/net/bluetooth/bnep/bnep.o   /arm2410cl/tmpt_
bluetooth
    cp /arm2410cl/kernel-2410/net/bluetooth/rfcomm/rfcomm.o /arm2410cl/tmpt_
bluetooth
    cp /arm2410cl/kernel-2410/net/bluetooth/l2cap.o        /arm2410cl/tmpt_
bluetooth
    cp  /arm2410cl/kernel-2410/drivers/bluetooth/hci_usb.o  /arm2410cl/tmpt_
bluetooth
```

在/arm2410cl /tmpt_bluetooth 目录下，编写插入模块的 start.sh 脚本，其内容如下：

```
#!/bin/sh
init()
{
 insmod l2cap.o
 insmod rfcomm.o
 insmod bnep.o
 insmod hci_usb.o
```

```
/etc/init.d/bluetooth start
 pand --listen --role NAP
}
case "$1" in
 net)
    ifconfig bnep0 10.0.0.1 ;;
 *)
    echo "init bluetooth"
   init
   exit 1
esac
exit 0
```

在开发板：

```
mount -t nfs -o nolock 192.168.0.43:/arm2410cl  /host
cp -arf /host/ tmpt_bluetooth  /mnt/yaffs/.
```

（8）在开发板上运行蓝牙服务：

```
cd /mnt/yaffs/tmpt_bluetooth
chmod 777 *
./star.sh
```

（9）在一台 Windows 系统的 PC 上安装本次实验光盘目录下的蓝牙驱动软件或购买蓝牙时自带的光盘软件，安装后的界面如图 5-25 所示。

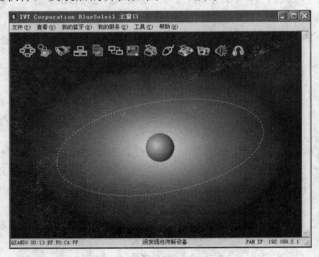

图 5-25　安装后的界面

（10）把类似 USB 盘的蓝牙模块插入 Windows PC 的 USB 口，单击图 5-25 中的太阳，搜索蓝牙设备，会搜索到 Linux 蓝牙设备。

在 Linux 蓝牙设备上右击（见图 5-26）在弹出的快捷菜单中选择"连接"命令，再选择"蓝牙个人局域网服务"命令，如图 5-27 所示，在弹出图 5-28 所示对话框中单击"是"按钮。过 1～2 min，在显示屏的右下角会显示 Windows 下蓝牙设备分配的 IP 地址，如图 5-29 所示。

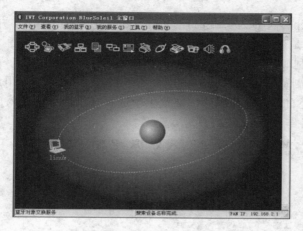

图 5-26　搜索到 Linux 蓝牙设备

图 5-27　蓝牙个人局域网服务

图 5-28　网络提示　　　　　　　　　　　　图 5-29　显示 IP 地址

（11）在开发板上运行带参数的 start.sh 文件，如图 5-30 所示。

/mnt/yaffs/tmpt_bluetooth/start.sh　net

然后用 ifconfig |more 命令来查看网卡，会发现比以前多了一个 bnep0 网卡。

图 5-30　IP 显示界面

用 ifconfig　bnep0　169.254.145.112 重新为 bnep0 设备分配 IP，并且 ping PC 的 IP：169.254.145.113，看是否 ping 得通。

（12）若一切顺利，下边就可以把 bnep0 作为网卡来连接网络了。可以尝试一下开发板提示 ftp 服务。在浏览器中输入 ftp://169.254.145.112，关闭弹出的用户名错误警告对话框，在浏览器空白处右击，在弹出的快捷菜单中选择登录命令。填入用户名 root，密码无，然后登录，服务结果如图 5-31 所示。

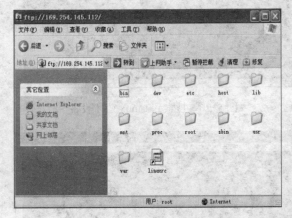

图 5-31　服务结果

5.4　红外技术

5.4.1　红外技术概述

红外通信（IrDA）是一种利用红外线进行点对点通信的技术，是第一个实现无线个人局域网的技术。目前它的软硬件技术都很成熟，主要优点是体积小、功率低、适合设备移动的需要、数据传输速率高、成本低、应用普遍。在小型移动设备，如 PDA、手机上广泛使用。

红外通信技术使用一种点对点的数据传输协议，是传统的设备之间连接线缆的替代，如图 5-32 所示。它的通信距离一般在 0～1 m 之间，数据传输速率最高可达 16 Mbit/s，通信介质为波长为 900 nm 左右的近红外线。它是目前在世界范围内被广泛使用的一种无线连接技术，被众多的硬件和软件平台所支持；通过数据电脉冲和红外光脉冲之间的相互转换实现无线的数据收发。主要是用来取代点对点的线缆连接；新的通信标准兼容早期的通信标准；小角度（30° 锥角以内），短距离，点对点直线数据传输，保密性强；传输速率较高，目前 4 Mbit/s 速率的 FIR 技术已被广泛使用，16 Mbit/s 速率的 VFIR 技术已经发布。

由于红外通信的方便高效，使之在 PC、PC 外设以及信息家电等设备上的应用日益广泛，如目前 PDA 的红外通信收发端口已成为必要的通信接口，因此应用 PDA 的红外收发端口对某些受红外控制的设备进行控制与通信正成为一个新的技术应用方向。

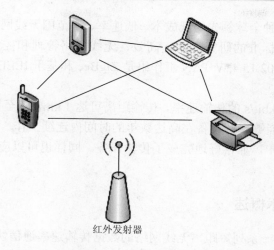

红外发射器

图 5-32　红外通信技术

5.4.2　IrDA 红外通信标准

IrDA 是红外数据组织（Infrared Data Association）的英文缩写，目前广泛采用的 IrDA 红外连接技术就是由该组织提出的。

在红外通信技术发展早期，存在好几个红外通信标准，不同标准之间的红外设备不能进行红外通信。为了使各种红外设备能够互联互通，1993 年，由二十多个大厂商发起成立了红外数据协会，统一了红外通信的标准，这就是目前被广泛使用的 IrDA 红外数据通信协议及规范。

由于当前 PDA 红外收发协议都是遵照 IrDA 协议的，而大部分的红外通信器所使用的 IR 通信协议一般并不与 IrDA 协议兼容。为实现与这类设备进行红外通信，必须对红外通信协议进行自定义，开发相关驱动程序对 PDA 进行下载，从而通过 PDA 的 URAT 串行端口发送与协议相对应的编码到 IR 收发器，实现需求的红外通信功能。

IrDA 的主要优点是无须申请频率的使用权，因而红外通信成本低廉，并且还具有移动通信所需的体积小、功耗低、连接方便、简单易用的特点。此外，红外线发射角度较小，传输上安全性高。IrDA 的不足在于它是一种视距传输，两个相互通信的设备之间必须对准，中间不能被其他物体阻隔，因而该技术只能用于两台（非多台）设备之间的连接。而蓝牙就没有此限制，且不受墙壁的阻隔。IrDA 目前的研究方向是如何解决视距传输问题及提高数据传输速率。

5.5　ZigBee 技术

物联网中，布置了大量的结点，这些结点不仅数目众多而且分布广泛，有很多处于室外的采集结点无法连接到电网，所以在进行无线传输的时候，要考虑到带宽、传输距离以及功耗等因素。

在物联网技术出现之初，已有的无线协议很难满足低功耗、低花费、高容错性的要求。此时 ZigBee 技术的产生带来了福音。

　　ZigBee 技术是一种全球领先的低成本、低速率、小范围无线网络标准。ZigBee 联盟是一个基于全球开放标准的研究可靠、高效、无线网络管理和控制产品的联合组织。ZigBee 联盟和 IEEE 802.15.4 W-PAN 工作组是 ZigBee 和基于 IEEE 802.15.4 的无线网络应用标准的官方来源。

　　ZigBee 拥有 250 kbit/s 的传输速率，传输距离可达 1 km，甚至更远。并且功耗更小，采用普通 AA 电池就能够支持设备在高达数年的时间内连续工作。它发展近 10 年来，应用于无线传感器网络中，非常好地完成了传输任务。同样也可以应用在物联网的无线传输中。

5.5.1　ZigBee 技术概述

　　ZigBee 是规定了一系列短距离无线网络的数据传输速率通信协议的标准，主要用于近距离无线连接。基于这一标准的设备工作在 868 MHz、915 MHz、2.4 GHz 频带上。最大数据传输还率为 250 kbit/s。ZigBee 具有低功耗、低速率、低时延等特性。在很多 ZigBee 应用中，无线设备的活动时间有限，大多数时间均工作在省电模式（睡眠模式）下。因此，ZigBee 设备可以在不更换电池的情况下连续工作几年。

1. ZigBee 的产生背景

　　2000 年 12 月，IEEE 成立 IEEE 802.15.4 工作组，致力于开发一种可应用在固定、便携或移动设备上的，低成本、低功耗和低速率的无线连接技术。

　　2001 年 8 月，美国 HONEYWELL 等公司发起成立了 ZigBee 联盟，他们提出的 ZigBee 规范被确认为 IEEE 802.15.4 标准。

　　2002 年，ZigBee 联盟成立。2003 年，该标准通过。2004 年，ZigBee V1.0 诞生，它是 ZigBee 的第一个规范，2006 年，推出 ZigBee 2006，完善了 2004 年版本。2007 年底，ZigBee PRO 推出。

　　ZigBee 的底层技术基于 IEEE 802.15.4 物理层和 MAC 层直接引用了 IEEE 802.15.4。

2. ZigBee 联盟

　　ZigBee 联盟是一个高速成长的非盈利业界组织，成员包括国际著名半导体生产商、技术提供者、技术集成商以及最终使用者。联盟制定了基于 IEEE 802.15.4，具有高可靠性、高性价比、低功耗的网络应用规范。ZigBee 标准由 ZigBee 联盟制定。ZigBee 联盟有几百个成员公司。

　　ZigBee 联盟的主要目标是以通过加入无线网络功能，为消费者提供更富有弹性、更容易使用的电子产品。ZigBee 技术能融入各类电子产品，应用范围横跨全球的民用、商用、公共事业以及工业等市场。使得联盟会员可以利用 ZigBee 这个标准化无线网络平台，设计出简单、可靠、便宜又节省电力的各种产品来。

　　ZigBee 联盟关注的焦点为制定网络、安全和应用软件层；提供不同产品的协调性及互通性测试规格；在世界各地推广 ZigBee 品牌并争取市场的关注；管理技术的发展。

　　ZigBee 联盟对 ZigBee 标准的制定：IEEE 802.15.4 的物理层、MAC 层及数据链路层，标准已在 2003 年 5 月发布。ZigBee 网络层、加密层及应用描述层的制定也取得了较大的进展。V1.0 版本已经发布。其他应用领域及其相关的设备描述也会陆续发布。由于 ZigBee 不仅只是 IEEE 802.15.4 的代名词,而且 IEEE 仅处理低级 MAC 层和物理层协议,因此 ZigBee 联盟对其网络层协议和 API 进行了标准化。完全协议用于一次可直接连接到一个设备的基本结点的 4 KB 或者作为 Hub 或路由器的协调器的 32 KB。每个协调器可连接多达 255 个结点,而几个协调器则可形成一个网络,对路由传输的数目则没有限制。ZigBee 联盟还开发了安全层,以保证这种便携设备不会意外泄露其标识,而且这种利用网络的远距离传输不会被其他结点获得。

5.5.2　ZigBee 技术特点

ZigBee 技术特点如下:

低功耗:由于 ZigBee 数据传输速率低,通信距离近,发射功率仅为 1mW;而且在不工作时,启用休眠模式,此时能耗可能只有正常工作状态下的千分之一,显然 ZigBee 设备非常省电。

低成本:因为 ZigBee 协议简单,所以对控制要求不高。

低速率:ZigBee 以 20~250 kbit/s 的较低速率工作,在 2.4 GHz、915 MHz 和 868 MHz 的工作频率下,分别提供 250 kbit/s、40 kbit/s 和 20 kbit/s 的原始数据吞吐率。

近距离:传输范围一般介于 10~100m,在增加 RF 发射功率后,也可增加到 1~3 km。这指的是相邻结点间的距离。如果通过路由和结点间通信的接力,传输距离可以更远。

短时延:ZigBee 的响应速度较快,一般从睡眠转入工作状态只需要 15 ms;结点连接进入网络只需要 30 ms,进一步节省了电能。相比较,蓝牙需要 3~10 s、WiFi 需要 3 s。

大规模的组网能力:ZigBee 可采用星状、树状和网状网络结构,由一个主结点管理若干子结点,最多一个主结点可管理 254 个子结点;同时主结点还可由上一层网络结点管理,最多可组成 65 000 个结点的大网。

高可靠性:ZigBee 具有很高的可靠性,包括 MAC 应用层(APs 部分)的应答重传功能;MAC 层的 CSMA 机制使结点发送前先监听信道,可以起到避开干扰的作用;当 ZigBee 网络受到外界干扰,无法正常工作时,整个网络可以动态地切换到另一个工作信道上。

IEEE 802.11b 是一种家庭标准,把 IEEE 802.11b 拿来进行比较是因为它的工作频率是 2.4 GHz,和蓝牙、ZigBee 相同,具体如图 5-33 所示。IEEE 802.11b 数据传输速率很高(最高为 11 Mbit/s)并且给一种无线网络连接提供了一种典型应用。典型的 IEEE 802.11b 的室内范围是 30~100 m。蓝牙,是一种较低数据传输速率(低于 3 Mbit/s)的标准。室内范围是 0~10 m。蓝牙的一种广泛应用是无线蓝牙耳机。ZigBee 有最低的数据速率并且拥有最高的电池使用寿命。

ZigBee 技术的低传输速率特性意味着它不适合无线网络连接或者需要 CD 音质保证的场合。然而,如果网络中仅需要进行一些简单命令或者其他信息的收发工作,比如无线传感器传输温湿度等信息时,ZigBee 具有蓝牙和 IEEE 802.11b 无法相比的优势,即成本低、功耗低,并且易于传输。

类　　型	数据传输速率	典型范围/m	应 用 举 例
ZigBee	20～250 kbit/s	10～100	无线传感器网络
蓝牙	1～3 Mbit/s	2～10	无线耳机、无线鼠标
IEEE802.11b	1～11 Mbit/s	30～100	无线网络连接

图 5-33　ZigBee、蓝牙和 IEEE 802.11 标准的区别

5.5.3　ZigBee 常用芯片

随着 ZigBee 技术的不断发展，常用的 ZigBee 芯片有 TI 公司的 CC2420、CC2430、CC2431，Freescale（飞思卡尔）的 MC13192、MC13193、MC13213，Ember 的 EM250、EM260，Radio Pulse 的 MG2400、MG2450，Jennic 的 JN5121、JN5139，Atmel 的 At86rf230，Ubec 的 UZ2400，Microchip 的 MRF24J40 等。

下面简单介绍 TI/Chipcon 的 CC2430 芯片及 CC2431 芯片。

CC2430 芯片的特点如下：

（1）32 MHz 单调期、低功耗的 8051 微控制器。

（2）2.4 GHz IEEE 802.15.4 规范的无线射频收发器。

（3）32 KB、64 KB、128 KB 的系统内可程式化快闪记忆体。

（4）超低功耗，适合用电池运作。

（5）可使用业界领导的 ZigBee 协定堆叠（Z-Stack）。

（6）8 KB 静态记忆体，其中 4 KB 资料在任何电源模式下都可持留资料。

（7）4 种弹性的电源模式，可减少用电、功耗。

（8）可程式化的看门狗定时器（Watch Dog Timer，WDT）。

（9）电源启动（送电）后自动进行重置（Reset）。

（10）1 个 IEEE 802.15.4 MAC 的计时器，1 个通用的 16 位元计时器，以及 2 个 8 位元的计时器。

TI 公司的 CC2431 是无线传感器网络 ZigBee/IEEE 802.15.4 解决方案的真正的片上系统（SoC），能满足低功耗 ZigBee/IEEE 802.15.4 无线传感器网络的应用需要，芯片包括定位检测硬件模块，能用在称为盲结点（即不知道位置的结点）的结点之上，用以接收从已知参考结点发送的信号。根据该信号，本地引擎就能计算出盲结点的大概位置。CC2431 使得建立一个 ZigBee 结点所需的材料清单（BOM）非常低。CC2431 把 CC2420 RF 收发器的一流性能和工业标准的 8051 MCU、128 KB 闪存、8KB RAM 和许多功能强大的器件组合在一起。CC2431 是最具竞争力的 ZigBee 解决方案，特别适合于要求超低功耗的系统，它通过不同的操作模式保证，操作模式之间的短转换时间进一步保证了低功耗。CC2431 芯片的引脚图如图 5-34 所示。CC2431 的主要应用如下：2.4 GHz IEEE 802.15.4 系统；ZigBee 系统、家庭/楼宇自动化、工业控制和监控、低功耗无线传感器网络、访问控制、PC 外设、机顶盒和远程控制、消费型电子领域、激活 RFID、库存控制、仓库管理、智能农场。

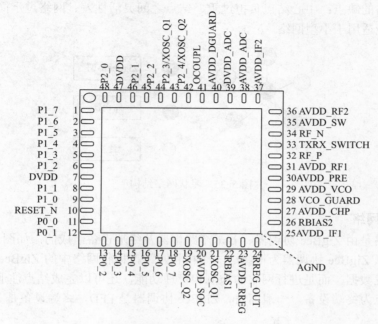

图 5-34　CC2431 芯片的引脚图

5.5.4　ZigBee 网络拓扑结构

ZigBee 无线数据传输网络设备按照其功能的不同可以分为两类：全功能设备（Full Function Device，FFD）和精简功能设备（Reduced Function Device，RFD）。FFD 可以实现全部 IEEE 802.15.4 协议功能，一般在网络结构中拥有网络控制和管理的功能；RFD 仅能实现部分 IEEE 802.15.4 协议功能，可以用于实现简单的控制功能，传输的数据量较少，对传输资源和通信资源占用不多，在网络结构中一般作为通信终端。

IEEE 802.15.4 协议中规定：PAN 协调器、协调器、一般设备在 ZigBee 网络中被为 ZigBee 协调器、路由器和终端设备。ZigBee 协调器主要功能有建立网络，并对网络进行相关配置；路由器的主要功能是寻找、建立和修复网络报文的路由信息，并转发网络报文；终端设备的功能相对简单，它可以加入、退出网络，可以发送、接收网络报文。终端设备不能转发报文。

ZigBee 网络有 3 种不同的网络拓扑结构，分别为星状网络、树状网络和网状网络。

1. 星状网络

星状网络中，ZigBee 协调器作为中心结点，终端设备和路由器都可以直接与协调器相连，协调器属于全功能设备，如图 5-35 所示。

　　星状网络是一种发散式网络，这种网络属于集中控制型网络，整个网络由中心结点执行集中式通行控制管理，终端设备之间要进行通信都要先将数据发送到网络协调器，再由网络协调器将数据送到目地结点。这种结构中，路由器不具有路由功能。星状网络适合小范围的室内应用，比如家庭自动化、个人计算机外设以及个人健康护理等。

　　星状网络的优点：构造简单、易于管理、网络成本低。

　　星状网络的缺点：中心结点负担过重、结点之间灵活性差、网络过于简单，覆盖范围有限、只能适用于小型网络。

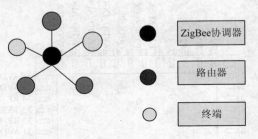

图 5-35　星状网络结构

2. 树状网络

　　树状网络是由 ZigBee 协调器、若干个路由器及终端设备组成的，如图 5-36 所示。整个网络是以 ZigBee 协调器为根组成一个树状网络，树状网络中的 ZigBee 协调器的功能不再是转发数据，而是进行网络的控制和管理功能，还可以完成结点注册。网络末端的"叶"结点为终端设备。一般而言，ZigBee 协调器是 FFD，终端设备是 RFD。

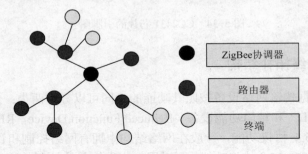

图 5-36　树状网络结构

　　树状网络的组网过程同星状网络一样，创建网络也需要 ZigBee 协调器完成。

　　如果网络中不存在其他协调器：FFD 作为 ZigBee 协调器选择网络标识符。ZigBee 协调器向邻近的设备发送信标，接受其他设备的连接，形成树的第一级，此时 ZigBee 协调器与这些设备之间形成父子关系。

　　被 ZigBee 协调器连接的路由器所连接的目的 ZigBee 协调器为它分配一个地址块，路由器根据接收到的 ZigBee 协调器信标的信息，配置自己的信标并发送到网络中，允许其他设备与自己建立连接，成为其子设备。

　　如果网络中存在其他协调器，ZigBee FFD 以路由器的身份与网络连接。终端设备与网络连接时，则 ZigBee 协调器分配给它一个唯一的 16 位网络地址；路由器在转发消息时需要计算与目标设备的关系，并根据此来决定向自己的父结点转发还是子结点转发。

　　树状网络支持"多跳"信息服务网络，可以实现网络范围扩展。树状网络利用路由器对星状网络进行了扩充，保持了星状网络的简单性。然而，树状网络路径往往不是最优，不能很好地适应外部的动态环境。由于信息源与目的之间只有一条通信链路，任何一个结点发生故障或者中断时，将使部分结点脱离网络。一般来说 ZigBee 是一种高可靠的无线数据传输网络，类似于 CDMA 和 GSM 网络。ZigBee 数据传输模块类似于移动网络基站。通信距离从标准的 75m 到几百米、几千米，并且支持扩展。

　　树状网络的优点：由于树状网络是对星状网络的扩充，所以其成本也较低，所需资源较少；网络结构简单；网络覆盖范围较大。

　　树状网络的缺点：网络稳定性较差，如果其中某结点断开，会导致与其相关联的结点脱离网络，所以这种结构的网络不适合动态变化的环境。

3．网状网络

　　网状网络是 ZigBee 网络中最复杂的结构，如图 5-37 所示。在网状网络中，只要两个 FFD 设备位于彼此的无线通信范围内，它们都可以直接进行通信。也就是说，网络中的路由器可以和通信范围里的所有结点进行通信。在这种特殊的网络结构中，可以进行路由的自动建立和维护。每个 FFD 都可以完成对网络报文的路由和转发。

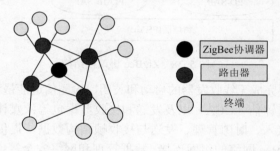

图 5-37　网状网络结构

　　网状网络采用多跳式路由通信。网络中各结点的地位是平等的，没有父子结点之分。对于没有直接相连的结点可以通过多跳转发的方式进行通信，适合距离较远、比较分散的结构。

　　网状网络的优点：

　　（1）网络灵活性很强。结点可以通过多条路径传输数据。网络还具备自组织、自愈功能。

　　（2）网络的可靠性高。如果网络中出现结点失效，与其相关联的结点可以通过寻找其他路径与目的结点进行通信，不会影响到网络的正常运行。

　　（3）覆盖面积大。

　　网状网络的缺点：

　　（1）网络结构复杂。

　　（2）对结点存储能力和数据处理能力要求较高；由于网络需要进行灵活的路由选择，结点的处理数据能力和存储能力显然要求比前两种网络要更高。

　　（3）与星状网络、树状网络相比，网状网络更加复杂，所以在组建网络拓扑结构时，常常采用星状网络和树状网络。

5.5.5　ZigBee 的协议栈

ZigBee 协议栈架构是建立在 IEEE 802.15.4 标准基础上的。由于 ZigBee 技术是 ZigBee 联盟在 IEEE 802.15.4 定义的物理层（PHY）和媒体访问控制层（MAC）基础之上制定的一种低速无线个人局域网（LR-WPAN）技术规范，所以 ZigBee 的协议栈的物理层和媒体访问控制层是按照 IEEE 802.15.4 标准规定来工作的。ZigBee 联盟在其基础上定义了 ZigBee 协议的网络层（NWK）、应用层（APL）和安全服务规范，如图 5-38 所示。

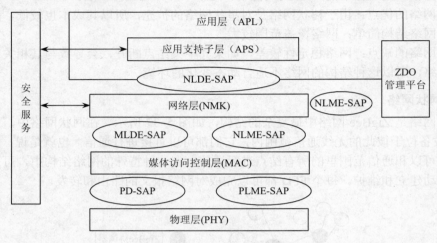

图 5-38　ZigBee 协议栈结构

其中物理层主要完成无线收发器的启动和关闭、检测信道能量和数据传输链路质量、选择信道、空闲信道评估（CCA）以及发送和接收数据包等；媒体访问控制层的功能包括信标管理、信道接入、时隙管理、发送与接收帧结构数据、提供合适的安全机制等；网络层主要用于 ZigBee 网络的组网连接、数据管理和网络安全等；应用层主要为 ZigBee 技术的实际应用提供一些应用框架模型。

ZigBee 协议栈中，每层都为其上一层提供两种服务：数据传输服务和其他服务。其中数据传输服务由数据实体提供；其他服务由管理实体提供。

图 5-38 中 SAP 是指"服务访问点"，是每个服务实体和上层的接口。下层为上层提供某种服务功能要通过 SAP 交换一组服务原语来完成。

服务原语交换原理：

服务原语是一个抽象的概念，要实现特定服务需要由它来指定需要传递的信息。服务原语与具体的服务实现无关。

服务原语有请求、指示、响应、证实 4 种：

1）请求（request）原语

请求原语由网络服务请求方用户发送到它的服务提供层，请求启动一项服务。

2）指示（indication）原语

指示原语由网络用户的服务提供层发送到对应服务响应方用户的相应层，用于同远端服务请求逻辑相关。

3）响应（response）原语

响应原语由服务响应方用户发送到它的服务提供层，完成此前提示原语启动的过程。

4）证实（confirm）原语

证实原语由服务提供层发送到服务请求方用户，传递此前服务请求原语的结果。

在多用户存在的网络中，服务原语交换过程如图 5-39 所示。L1-User、L2-User 是两个对等的用户，P-Layer 是服务提供层，它们通过原语的传递，建立相关的服务。

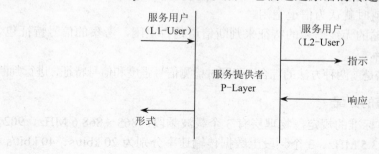

图 5-39　原语交换过程示意图

服务是指 P-Layer 向 L1-User 或 L2-User 提供的功能，然而服务用户的功能是建立在其下一层提供的服务基础上的。层间信息流是一系列离散的事件，任何事件都是通过 SAP 发送服务原语来实现的。

5.5.6　物理层

位于 ZigBee 协议栈结构最底层的是：IEEE 802.15.4 物理层，它定义了物理无线信道和 MAC 层之间的接口。物理层包括物理层数据服务实体（Physical Layer Data Entity，PLDE）和物理层管理实体（Physical Layer Management Entity，PLME），分别提供物理层数据服务和管理服务。前者是指从无线物理信道上收发数据；后者是指维护一个由物理层相关数据组成的数据库。

1. 物理层参考模型

物理层参考模型如图 5-40 所示。

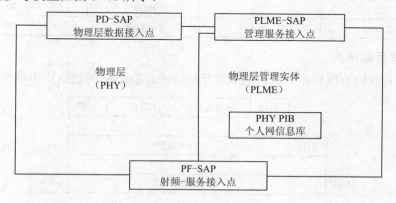

图 5-40　物理层参考模型

管理实体提供的管理服务有：信道能量检测（ED）、链路质量指示（LQI）、空闲信道评估（CCA）等。

信道能量检测主要测量目标信道中接收信号的功率强度，为上层提供信道选择的依据。信道能量检测不进行解码操作，检测结果为有效信号功率和噪声信号功率之和。

链路质量指示对检测信号进行解码，生成一个信噪比指标，为上层提供接收的无线信号的强度和质量信息。

空闲信道评估主要评估信道是否空闲。IEEE 802.15.4 中有 3 种空闲信道评估模式：

（1）通过信道的信号能量来判断信道是否空闲：为要检测的信道设定一个门限值，当信号能量低于该门限值时就认为信道空闲。

（2）通过信道中传输的无线信号的特征来判断信道是否空闲，考察的信号特征包含扩频信号特征和载波频率。

（3）第三种判断方法是前两种方法的综合，即同时检测信号强度和信号特征，进行判断。

2．物理层无线信道的分配

根据 IEEE 802.15.4 标准的规定，物理层有 3 个载波频段：868～868.6 MHz、902～928 MHz 和 2 400～2 483.5 MHz。3 个频段上数据传输速率分别为 20 kbit/s、40 kbit/s 和 250 kbit/s。各个频段的信号调制方式和信号处理过程都有一定的差异。

根据 IEEE 802.15.4 标准，物理层 3 个载波频段共有 27 个物理信道，编号从 0～26。不同的频段所对应的宽度不同，标准规定 868～868.6 MHz 频段有 1 个信道（0 号信道）；902～928 MHz 频段包含 10 个信道（1～10 号信道）；2 400～2 483.5 MHz 频段包含 16 个信道（11～26 号信道）。每个具体的信道对应一个中心频率，这些中心频率定义如下：

$k=0$ 时，$f=868.3$ MHz

$k=1，2，\cdots，10$ 时，$f=906+2(k-1)$ MHz

$k=11，12，\cdots，26$ 时，$f=2\,405+5(k-11)$ MHz

其中 k 为信道编号，f 为信道对应的中心频率。不同地区的 ZigBee 工作频率不同。根据无线电管理委员会的规定不同地区的 ZigBee 标准见表 5-11。

表 5-11　不同地区的 ZigBee 标准

工作频率范围/Hz	国家和地区	调制方式	数据传输速率/（kbit/s）
868～868.6	欧洲	BPSK	20
902～928	北美	BPSK	40
2 400～2 483.5	全球	O-QPSK	250

3．物理层帧结构

不同设备间的数据和命令以包的形式互相传输。ZigBee 的包结构如图 5-41 所示。

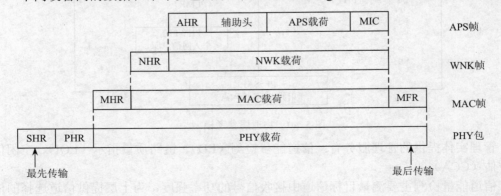

图 5-41　ZigBee 的包结构

物理层包由以下 3 部分组成：

同步头（SHR）、物理层帧头（PHR）和物理层有效载荷，见表 5-12。

表 5-12　物理层协议数据单元

同　　步　　头		物理层帧头（PHR）		有 效 载 荷
4 字节	1 字节	1 字节		可变长度
引导序列	帧起始分隔符	帧长（7 位）	预留（1 位）	物理层数据包

同步头使接收机能够同步并锁定数据流，物理层帧头包含帧长信息，物理层有效载荷是由上层提供给接收者的数据或者命令信息。引导序列是收发信机通过它来获得码片和符号同步，由 32 位全 0 组成。帧起始分隔符（Start Frame Delimiter，SFD）表示引导序列的结束和数据帧的开始，是一个 8 位的二进制序列，格式为 11100101。帧长指定了物理层数据包中所包含的字节数，它的取值范围为 0～127。物理层数据包：可变长度的字段，由网络高层提供，表示物理层所要传输的数据。

4．物理层主要功能

（1）完成无线发射机的激活和开启。

（2）对当前信道进行能量检测。

（3）接收分组的链路质量指示。

（4）基于 CSMA-CA 的空闲信道评估。

（5）选择信道频率。

（6）传输和接收数据。

5．2.4 GHz 频段的物理层技术

由于我国应用的是 2.4 GHz 频段，故下文简单介绍 2.4 GHz 频段的物理层技术。2.4 GHz 频段主要采用了十六进制准正交调制技术（O-QPSK 调制），其调制原理如图 5-42所示。PPDU 发送的信息进行二进制转换，再把二进制数据进行比特-符号映射，每字节按低 4 位和高 4 位分别映射成一个符号数据，先映射低 4 位，再映射高 4 位。再将输出符号进行符号-序列映射，即将每个符号被映射成一个 32 位伪随机码片序列（共有 16个不同的 32 位码片伪随机序列）。在每个符号周期内，4 个信号位映射为一个 32 位的传输的准正交伪随机码片序列，所有符号的伪随机序列级联后得到的码片再用 O-QPSK 调制到载波上。

图 5-42　2.4 GHz 物理层调制原理

2.4 GHz 频段调制方式采用的是半正弦脉冲波形的 O-QPSK 调制，将奇位数的码片调制到正交载波 Q 上，偶位数的码片调制到同相载波 I 上，这样，奇位数和偶位数的码片在时间上错开了一个码片周期 T，如图 5-43 所示。

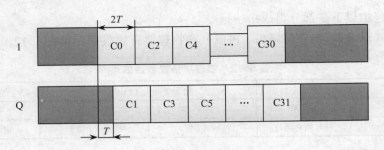

图 5-43　O-QPSK 偏移关系

5.5.7　媒体访问控制层

在 ZigBee 协议栈体系结构中，媒体访问控制层位于物理层和网络层之间，也是按照 IEEE 802.15.4 规范的定义设计的。包括 MAC 层管理实体（MAC Layer Management Entity，MLME）和 MAC 层公共部分子层（MCPS），它们向网络层提供相应服务。

1. 媒体访问控制层参考模型

媒体访问控制层参考模型如图 5-44 所示。

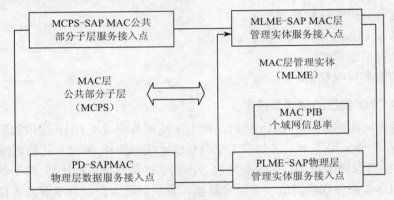

图 5-44　媒体访问控制层参考模型

媒体访问控制层公共部分子层服务访问点（MCPS-SAP）的主要功能是接收网络层传输来的数据，并在对等实体之间进行数据传输。MAC 层管理实体主要负责媒体访问控制层的管理工作，并且维护该层管理对象数据库（PAN Information Base，PIB）。物理层管理实体服务接入点（PLME-SAP）主要负责接收来自物理层的管理信息，物理层数据服务接入点（PD-AAP）主要负责接收来自物理层的数据信息。

2. 媒体访问控制层帧类型

IEEE 802.15.4 规范共定义了 4 种媒体访问控制帧：

（1）信标帧（Beacon Frame）。

（2）数据帧（Data Frame）。

（3）确认帧（Acknowledge Frame）。

（4）MAC 命令帧（MAC Command Frame）。

其中信标帧用于协调者发送信标，信标是网内设备用来始终同步的信息；数据帧用于传输数据；确认帧用于确定接收者是否成功接收到数据；MAC 命令帧用来传输命令信息。

3. 媒体访问控制层帧结构

媒体访问控制层帧作为 PHY 载荷传输给其他设备，由 3 个部分组成：MAC 帧头（MHR）；MAC 载荷（MSDU）和 MAC 帧尾（MFR）。MAC 帧头包括地址和安全信息；MAC 载荷长度可变，长度可以为 0，包含来自网络层的数据和命令信息；MAC 帧尾包括一个 16 bit 的帧检验序列（FCS），见表 5-13。

表 5-13　媒体访问控制层帧结构

MHR						MSDU	MFR
2 字节	1 字节	0/2 字节	0/2/8 字节	0/2 字节	0/2/8 字节	可变长度	2 字节
帧控制	帧序号	目的 PAN 标识码	目的地址	源 PAN 标识码	源地址	帧有效载荷	FCS

1）帧控制

有 2 字节（16 位），共分 9 个子域。帧控制域各字段的具体含义见表 5-14。

表 5-14　帧控制域各字段的具体含义

0～2	3	4	5	6	7～9	10～11	12～13	14～15
帧类型	安全使能	数据代传	确认要求	网内/网标	预留	目的地址模式	预留	源地址模式

（1）帧类型：3 bit，见表 5-15。

表 5-15　帧 类 型

帧类型编码	含　义
000	信标帧
001	数据帧
010	确认帧
011	MAC 命令帧
其他	预留

（2）安全使能：1 bit，见表 5-16。

表 5-16　安 全 使 能

安全使能位数据	含　义
0	MAC 层没有对该帧加密处理
1	使用了 MAC PIB 中的秘钥加密

（3）数据待传：1 bit，见表 5-17。

表 5-17　数 据 待 传

数据待传位数据	含　义
0	发送数据帧的设备没有更多的数据要传送给接收设备
1	发送数据帧的设备还有后续数据发送给接收设备，接收设备需要再次发送数据请求命令来获得后续的数据

（4）确认要求：指示帧的接收设备是否需要发出确认 1 bit，见表 5-18。

表5-18 确 认 要 求

确认要求位数据	含 义
0	接收设备不需要反馈确认帧
1	接收设备在接收到数据帧或命令帧后，通过了 CRC 检验后，立即反馈给一个确认帧

（5）网内/网标：1 bit，见表5-19。

表5-19 网内/网标

网内/网标位数据	含 义
0	MAC 帧中需要包含源 PAN 标识码和目的 PAN 标识码
1	目的地址与源地址在同一网络中，则 MAC 帧不含源 PAN 标识码

（6）目的地址模式：2 bit，见表5-20。

表5-20 目的地址模式

目的地址模式位数据	含 义
00	没有目的 PAN 标识码和目的地址
01	预留
10	目的地址是 16 位短地址
11	目的地址是 64 位扩展地址

（7）源地址模式：2 bit，见表5-21。

表5-21 源地址模式

源地址位数据	含 义
00	没有源 PAN 标识码和源地址
01	预留
10	源地址是 16 位短地址
11	源地址是 64 位扩展地址

2）帧序号

媒体访问控制层为帧指定的唯一序列标识码，仅当确认帧的序列号与上一次数据传输帧的序列号一致时，才能判断数据业务成功。

3）目的/源 PAN 标识码

占 16 位，分别指定了帧接收设备和帧发送设备的唯一的 PAN 标识码，如果目的 PAN 标识码的值为 0xFFFF，则代表广播 PAN 标识码，它是所有当前侦听信道的设备的有效标识码。

4）目的/源地址

占 16 位或者 64 位，具体值由帧控制域中的目的/源地址模式子域值所决定。目的地址和源地址分别指定了帧接收设备和发送设备的地址，如果目的地址的值为 0xFFFF，表示广播短地址，它是所有当前侦听信道的设备的有效短地址。

5）帧有效载荷

长度可变，它根据帧类型的不同而不同。

6）FCS 字段

对 MAC 帧头和有效载荷计算得到的 16 位的 ITU-TCRC。

4．媒体访问控制层主要功能

根据 IEEE 802.15.4 标准的规定，媒体访问控制层主要功能有：协调器可以产生网络信标，与网络信标保持同步，完成个人局域网的关联和解关联，保证网络中设备的安全性，对信道接入采用 CSMA-CA，处理和维护保证时隙（GTS）机制，能够在两个对等的 MAC 实体之间提供一个可靠通信链路。

5.5.8　网络层

在 ZigBee 协议架构中，网络层位于媒体访问控制层和应用层之间，提供两种服务：Data 服务和 Management 服务，如图 5-45 所示。网络层数据实体（NLDE）负责数据传输，NLDE 通过网络层数据服务实体服务接入点（NLDE-SAP）为应用层提供数据服务数据。管理实体（NLME）负责网络管理，通过网络层管理实体服务接入点（NLME-SAP）为应用层提供管理服务并维护网络层信息库（NIB）。

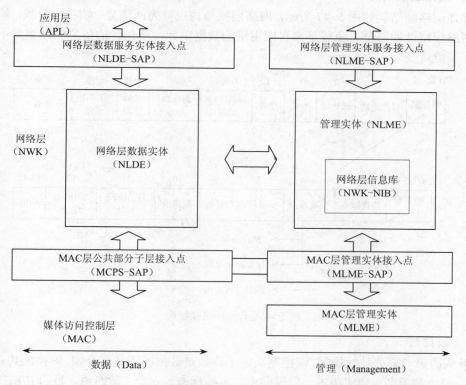

图 5-45　ZigBee 网络层与媒体访问控制层和应用层之间的接口

1．网络层参考模型

网络层参考模型如图 5-46 所示，包括网络层数据实体和网络层管理实体。同一网络中的两个或多个设备之间，通过网络层数据实体提供的数据服务传输应用协议的数据单元（APDU），网络层数据实体可以提供以下两种服务：

（1）给应用支持子层 PDU 添加适当的协议头，形成网络协议数据单元（NPDU）。

（2）根据拓扑路由，把网络协议数据单元发送到目的地址设备或通信链路的下一跳。

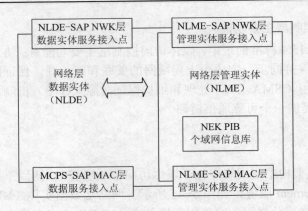

图 5-46　网络层参考模型

2. 网络层帧结构

普通网络帧结构如图 5-47 所示，网络层帧结构也分为两部分：帧头和负载。帧头是表征网络层特性的部分，负载是来自应用层的数据单元，所包含的信息因帧类型不同而不同，长度可变。

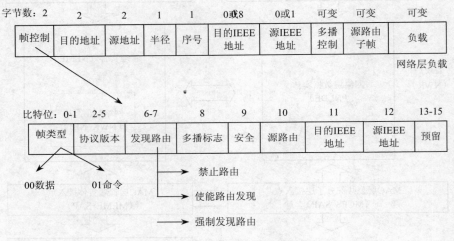

图 5-47　普通网络帧结构

1）帧控制

帧头的第一部分是帧控制,帧控制决定了该帧是数据帧还是命令帧。帧控制共有 2B, 16 bit。分为帧类型、协议版本、发现路由、多播标志、安全、源路由、目的 IEEE 地址、源 IEEE 地址子项目。

（1）帧类型：2 bit。00 表示数据帧，01 表示命令帧，其他取值预留。

（2）协议版本：4 bit。表示当前设备使用的 ZigBee 网络层协议版本号。

（3）发现路由：2 bit。用来控制路发送帧时的路由发现操作。

（4）安全：1 bit。当值为 1 时，该帧执行网络层安全操作；值为 0 时，该帧在其他层执行安全操作或完全不使用安全操作。

2）目的地址

目的地址占 2 字节，内容为目的设备的 16 位网络地址或者广播地址（0xffff）。

3）源地址

源地址占 2 字节，内容为源设备的 16 位网络地址。

4）半径

半径占 1 字节，指定该帧的传输范围。如果是接收数据，接收设备应该把该字段的值减 1。

5）序号

序号占 1 字节。如果设备是传输设备，每传输一个新的帧，该帧就把序号的值加 1，源地址字段和序列号字段的一对值可以唯一确定一帧数据。

帧头中的字段按固定的顺序排列，但不是每一个网络层的帧都包含完整的地址和序号信息字段。

3．网络层主要功能

（1）对新设备进行配置。例如，一个新设备可以配制成 ZigBee 网络协调者，也可以被配制成一个终端加入一个已经存在的网络。

（2）开发一个新网络。

（3）加入或退出网络。

（4）网络层安全。

（5）帧到目的地的路由选择（只有 ZigBee 协调器和路由器具有这项功能）。

（6）发现和保持设备间的路由信息。

（7）发现下一跳邻居结点，不用中继，设备可以直接到达的结点。

（8）存储相关下一跳邻居结点信息。

（9）为入网的设备分配地址（只有 ZigBee 协调器和路由器具有这项功能）。

5.5.9　应用层

应用层位于 ZigBee 协议栈最顶层，包括 ZigBee 设备对象（ZigBee Device Object，ZDO），应用支持子层和制造商定义的应用对象。ZDO 负责设定设备在网络中是网络协调器还是终端设备、发现新接入网络的设备并决定设备所能提供的应用服务、初始化并响应绑定请求和在网络设备之间建立安全关系。应用支持子层（APS）维护绑定表并在绑定设备之间传递信息。

1．应用层参考模型

应用层参考模型如图 5-48 所示，APS 提供网络层和应用层之间的接口，同其他层相似，APS 提供两种类型的服务。数据服务和管理服务。APS 数据服务由 APS 数据实体提供，通过 APSDE 服务接入点接入网络。管理能力由 APS 管理实体提供，并通过APSME-SAP 接入网络。

在 ZigBee 的应用层中，应用设备中的各种应用对象控制和管理协议层。一个设备中最多可以有 240 个应用对象。应用对象用 APSDE-SAP 来发送和接收数据。每一个应用对象都有一个唯一的终端地址（终端1～终端240）。终端地址 0 用于 ZDO。为了广播一个消息给全部应用对象，终端地址设到 255。终端地址允许多设备共用相同的无线资源。

ZDO 给 APS 和应用架构提供接口。ZDO 包含 ZigBee 协议栈中所有应用操作的功能。例如，ZDO 负责设定设备在 ZigBee 网络中是网络协调器还是路由器，或是终端设备。

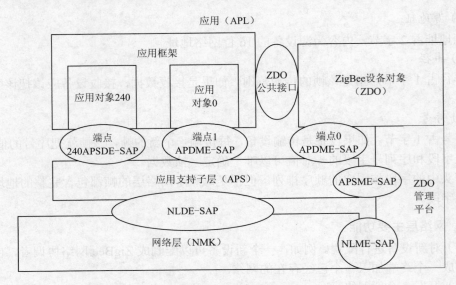

图 5-48　应用层参考模型

2. 应用层主要功能

APS 提供网络层和应用层之间的接口，具有以下功能：维护绑定表；设备间转发消息；管理小组地址；把 64 bit IEEE 地址映射为 16 bit 网络地址；支持可靠数据传输。

ZDO 的功能：定义设备角色；发现网络中设备及其应用，初始化或响应绑定请求；完成安全相关任务。

5.5.10　ZigBee 在物联网中的应用前景

ZigBee 由于其低功耗的特性，有着广阔的应用前景，主要应用在数据传输速率不高的短距离设备之间，非常适合物联网中的传感器网络设备之间的信息传输，利用传感器和 ZigBee 网络，更方便收集数据，分析和处理也变得更简单。其应用领域主要包括：

家庭和楼宇网络：空调系统的温度控制、照明的自动控制、窗帘的自动控制、煤气计量控制、家用电器的远程控制等。

工业控制：各种监控器、传感器的自动化控制，例如在矿井生产中，安装具有 ZigBee 功能的传感器结点可以告诉控制中心矿工的准确位置。

商业：智慧型标签等。

环境控制：烟雾探测器等。

精细农业：与传统农业相比，采用传感器和 ZigBee 网络以后，传感器收集包括土壤的温度、湿度、酸碱度等信息。这些信息经由 ZigBee 网络传输到中央控制设备，通过对信息的分析从而有助于指导农业种植。

医疗卫生：借助于医学传感器和 ZigBee 网络，能够准确、实时地监测每个病人的血氧、血压、体温及心率等信息，从而减轻医生查房的工作负担。例如老人与行动不便者的紧急呼叫器和医疗传感器等。

ZigBee 技术在其他领域也有着广阔的应用前景。在运动休闲领域、酒店服务行业、食品零售业中都有 ZigBee 技术的应用。在不久的将来，会有越来越多的具有 ZigBee 功能的设备进入人们的视野，这将极大地改善人民的生活。

5.5.11　实验 11——ZigBee 网络拓扑选择实验

1．实验目的和要求

（1）理解 ZigBee 协议及相关知识。

（2）在 ZStack 协议栈下实现网络拓扑的控制。

2．实验设备

硬件：DS210A 型 CC2430/1 结点板、USB 接口的仿真器，PC Pentium100 以上。

软件：PC 操作系统 Windows XP、IAR 集成开发环境、串口监控程序，TI 公司的烧写软件。

3．实验内容

ZStack 协议栈由 TI 公司出品，符合最新的 ZigBee 2006 规范。它支持多平台，其中就包括 CC2430、CC2430/1 芯片。ZStack 可利用安装程序安装，安装之后在目录下生成以下文件夹：Components、Documents、Projects、Tools。Components 文件夹内包括协议栈中各层部分源程序（有一些源程序以库的形式被封装起来），Documents 文件夹内包含一些与协议栈相关的帮助和学习文档，Projects 包含与工程相关的库文件、配置文件等，其中基于 ZStack 的工程在 Texas Instruments\ZStack-1.4.3-1.2.1\Projects\zstack\Samples 文件夹下。

先配置网络拓扑为星形网络，启动 Sink 结点，Sink 结点加电后进行组网操作，再启动路由结点和终端结点，路由结点和终端结点加电后进行入网操作，成功入网后周期地将自己的短地址、父结点的短地址、自己的结点 ID 封装成数据包发送给 Sink 结点，Sink 结点收到数据包后通过串口传给 PC，从 PC 上的串口监控程序查看组网情况。

发送数据格式为（十六进制）：

FF　源结点（16bit）　父结点（16bit）　结点编号 ID（8bit）

例如：FF 4B 00 00 02，表示 02 号结点的网络地址为 004B，发送数据到父结点，其网络地址为 00 00（协调器）。

再依次配置网络拓扑为树状网络和网状网络，启动网络进行组网操作。

4．实验原理

ZigBee 有 3 种网络拓扑，即星状、树状和网状网络，这 3 种网络拓扑在 ZStack 协议栈下均可实现。星状网络中，所有结点只能与协调器进行通信，而它们相互之间的通信是禁止的；树状网络中，终端结点只能与它的父结点通信，路由结点可与它的父结点和子结点通信；网状网络中，全功能结点之间是可以相互通信的。

在 ZStack 中，通过设置宏定义 STACK_PROFILE_ID 的值（在 nwk_globals.h 中定义）可以选择不同控制模式（总共有 3 种控制模式，分别为 HOME_CONTROLS、GENERIC_STAR 和 NETWORK_SPECIFIC，默认模式为 HOME_CONTROLS），再选择不同的网络拓扑（NWK_MODE），也可以只修改 HOME_CONTROLS 的网络模式（NWK_MODE），来选择不同的网络拓扑，由于网络的组建是由协调器来控制的，因此只需要修改协调器的程序。可以设定数组 CskipRtrs 和 CskipChldrn 的值进一步控制网络的形式，CskipChldrn 数组的值代表每一级可以加入的子结点的最大数目，CskipRtrs 数组的值代表每一级可以加入的路由结点的最大数目，如在星状网络中，定义 CskipRtrs[MAX_NODE_DEPTH+1] = {5,0,0,0,0,0}，CskipChldrn[MAX_NODE_DEPTH+1] = {10,0,0,0,0,0}，代表只有协调器允许结点加入，且协调器最多允许 10 个子结点加入，其中最多 5 个路由结点，剩余的为终端结点。

5．实验步骤

（1）建立工程，编写源代码，并设置正确的编译连接路径（在 project 菜单下的 options 对话框的 linker 选项下的 config 标签下的 linker command file 下设置 f8w2430.xcl 或 f8w2430pm.xcl 的路径）。

（2）打开工程，将 STACK_PROFILE_ID 的值设置为 GENERIC_STAR。

（3）编译工程，将目标代码通过编程调试板分别下载到 Sink 结点、多个终端结点和路由结点中，并检查每个结点的长地址，并检查每个结点的 IEEE 地址（确保长地址为非 0XFFFFFFFFFFFFFFFF 的有效长地址）。

（4）用串口线将 Sink 结点连接到 PC 上。

（5）打开 PC 串口监控软件，复位各个结点。

（6）在串口调试助手上观察组网情况。在串口调试助手上查看数据如下：先配置串口调试助手，波特率设为 38400，用十六进制显示，则可以看到定义的数据格式信息发送过来没有帧头的数据为复位时的数据。可以看到结点的父结点均为 Sink 结点，图 5-49 所示为串口观察到的数据。

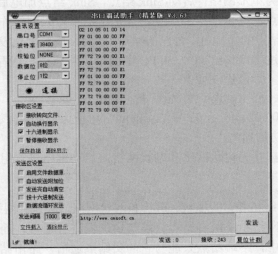

图 5-49　串口观察到的数据

（7）将 STACK_PROFILE_ID 的值设置为 HOME_CONTROLS，选择网络模式 NWK_MODE_TREE。可以修改 CskipRtrs[0]的值和 CskipChldrn[0]的值使得 Sink 结点只允许路由结点加入，让终端结点加入路由结点（这种情况下终端结点入网比较困难，若长时间入网不成功，则复位终端结点，重新入网），重复步骤（3）～（6）。图 5-50 所示为 3 个结点的信息。

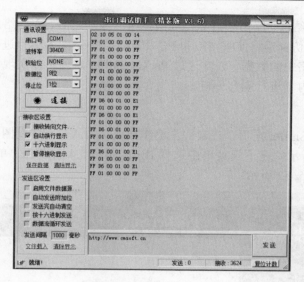

图 5-50　3 个结点的信息

（8）选择 HOME_CONTROLS 的网络模式为 NWK_MODE_MESH（组成网状网络），重复步骤（3）～（6）。

当组成星状网络时，所有终端结点和路由结点的父结点地址为 00（即协调器结点），当组成树状网络时（已配置 Sink 结点只允许路由结点加入），先让路由结点加入网络，再让终端结点加入网络，由步骤（7）的数据可以看出 FF 号结点的父结点为 Sink 结点，而 E1 号结点的父结点短地址为 FF 号结点短地址，3 个结点组成树状网络（终端结点加入路由结点比较困难，应多次尝试），在组成网状网络时（易于直接组成星状网络）通过 Sink 结点接收数据得到的网络结构和树状网络结构一致（在涉及路由时才能体现出网状网络来）。

5.5.12　实验 12——ZigBee 协议分析实验

1．实验目的和要求

（1）掌握 ZStack 协议栈的结构。

（2）理解 ZigBee 各种命令帧及数据帧的格式。

（3）理解 ZigBee 的协议机制。了解 ZigBee 协议栈的通信机制并安装 ZigBee 协议栈，了解 Packet Sniffer 软件的使用。

2．实验设备

硬件：DS210A 型 CC2430/1 结点板若干，USB 接口仿真器，PC Pentium100 以上。

软件：PC 操作系统 Windows XP，IAR 集成开发软件，TI 公司的烧写软件，TI 公司的数据包分析软件 Packet Sniffer。

3．实验内容

Packet Sniffer 软件用于捕获、滤除和解析 IEEE802.15.4 MAC 数据包，并以二进制形式存储数据包。

　　实验中将 Sink 结点、路由结点和终端结点组网成功之后，在网络之外添加一个侦听结点，用 USB 接口仿真器将侦听结点和 PC 相连，当网络中各结点进行通信时，侦听结点就可以侦听到网络中的数据包，并通过 Packet Sniffer 软件可以实现对侦听到的数据包中各协议层的具体内容进行观察分析。

4．实验原理

　　安装好 Packet Sniffer 之后，在桌面上会生成快捷方式，双击 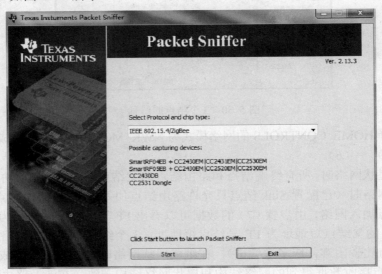 图标，进入协议选择界面，如图 5-51 所示，在下拉菜单中选择 IEEE 802.15.4/ZigBee，单击 Start 按钮进入 Sniffer 界面，如图 5-52 所示。

图 5-51　协议选择界面

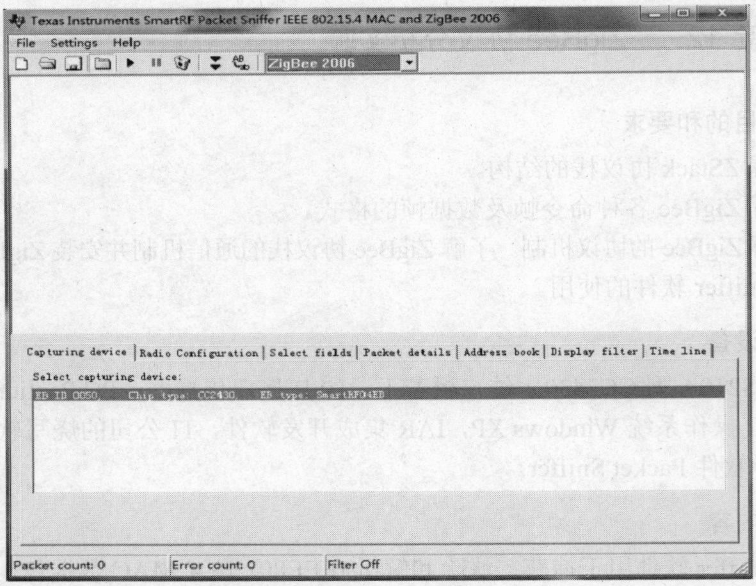

图 5-52　Packet Sniffer 界面

　　Packet Sniffer 有 3 个菜单选项，File 可以打开或保存抓取到的数据，Settings 可以设置缓存大小和时钟倍增器，Help 可以查看软件信息和用户手册。

　　菜单栏下面是工具栏，▢ 用于清除当前窗口中的数据包，🖬 打开之前保存的一段数据包，🖫 保存当前抓取到的数据包，🗔 显示或隐藏底部的配置窗口，▶ 开始抓包，❚❚ 暂停当前的抓包，🗏 清除抓包开始之前保存的所有数据，🗘 禁止或使能滚动条，🗛 禁止或使能显示窗口中显示小字体，下拉菜单用于选择侦听的协议类型，有 3 个选项：ZigBee2003，ZigBee2006 以及 ZigBee2007/PRO，一般选择默认的 ZigBee2006。

　　工具栏下面的窗口分为两个部分，上半部分窗口为显示窗口，显示抓取到的数据包；下半部分窗口为配置窗口，配置窗口各标签的意义如下：

　　Capturing device：选择使用哪块评估板，包缓存大小和将要捕获的哪个信道。

　　Radio Configuration：配置信道，选择抓取哪个信道的数据包，取值为 11～26 的整数。信道带宽为 2 405～2 480 MHz，间隔 5MHz。

　　Select field：选择在上面显示窗口中显示哪一层的内容，包括 IEEE 802.15.4 MAC 层，ZigBee 网络层和 APS 应用子层。该特征尤其适用于低分辨率的显示器。

　　Packet details：双击要显示的数据包后，就会在下面窗口显示附加的数据包细节。

　　Address book：显示当前侦听段中所有已知的 MAC 地址。

　　Display filter：滤掉数据包类型和地址之后的数据包。

　　Time line：显示大批数据包，大约是上面窗口的 20 倍，根据 MAC 源地址和目的地址来排序。

5．实验步骤

　　（1）分别建立两个工程、编写源代码，一个工程中选择结点类型 CoordinatorEB，另一个工程中分别选择结点类型为 RouterEB 和 EndDeviceEB，各自编译生成 hex 文件，将生成的 hex 文件下载到相应结点中，并且检查结点的长地址（确保长地址为非 0xFFFFFFFFFFFFFFFF 的有效长地址）。

　　（2）组建网络。分别按下 Sink 结点、路由结点和终端结点的复位键，组建网络，并使各个结点添加到网络中来。

　　（3）添加侦听结点。将侦听结点与仿真器相连，打开侦听结点电源，将 USB 接口仿真器连接到 PC，按下复位键，侦听结点不需要烧写 hex 文件。

　　（4）打开 Packet Sniffer 软件，各种配置为默认配置，无须更改，单击 ▶ 按钮，开始抓取数据包。

　　Packet Sniffer 抓取到的数据包如图 5-53 所示。

　　Packet Sniffer 软件选择的默认信道为 11，如果要侦听其他信道的数据，可以在 Radio Configuration 标签下将侦听信道设置为其他值（信道 12～信道 26）。

　　LR-WPAN 定义了 4 种帧结构：信标帧、数据帧、ACK 确认帧、MAC 命令帧。用于处理 MAC 层之间的控制传输。

　　MAC 命令帧有信标请求帧、连接请求帧、数据请求帧等几种，信标请求帧是在终端结点或路由结点刚入网时广播的请求帧，请求加入到网络中来。信标帧的主要作用是实现网络中设备的同步工作和休眠，其中包含一些时序信息和网络信息，结点在收到信标请求帧后马上广播一条信标帧。数据帧是所有用于数据传输的帧。ACK 确认帧是用于确认接收成功的帧。图 5-54 中抓取到的 3 条帧分别为信标帧，连接请求帧和 ACK 确认帧。

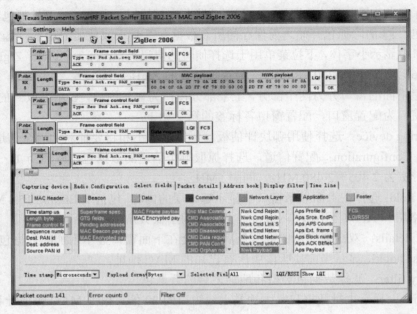

图 5-53　Packet Sniffer 抓取到的数据包

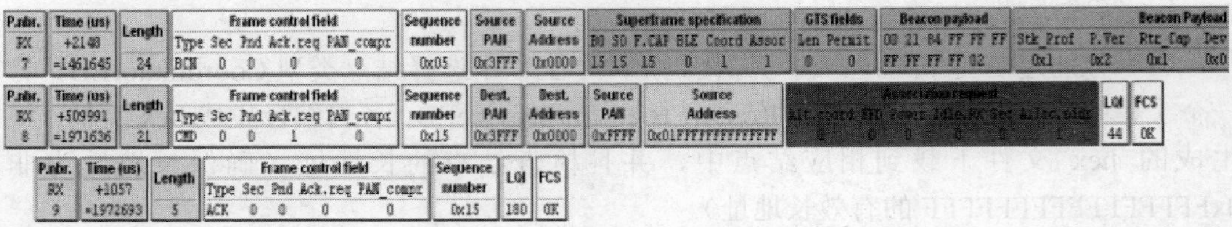

图 5-54　Packet Sniffer 抓取到的 3 条帧

如图 5-55 和图 5-56 所示，对于其中抓取到的一条数据帧（两图为同一数据帧），该数据帧的帧长为 33 字节，类型为数据帧，目的 PANID 为 0x3FFF，目的地址为 0x0000，说明该数据是发往 Sink 结点的。APS 域内容为数据帧的有效负荷，由图 5-56 可知，抓取到的数据帧内容为 FF 6F 79 00 00 01。

图 5-55　抓取到的其中一条数据帧

图 5-56　数据帧 APS 域

习题

1. RS-232 和 RS-485 的串行通信技术有何区别？其应用领域有何区别？
2. CAN 总线基本概念是什么？
3. 什么是蓝牙通信技术？其技术特点有哪些？
4. 蓝牙技术的整个协议体系结构分为哪几个部分？
5. 红外通信技术的基本概念是什么？
6. 什么是 ZigBee？该技术具有什么特点？
7. ZigBee 协议比较紧凑、简单，它可以分为哪几个基本层次？

第6章 M2M技术实验

M2M技术是指机器到机器（Machine to Machine）通信的简称，指所有实现人、机器、系统之间通信的技术和手段。虽然物联网的概念不断扩充和延伸，但其最基础的物物之间的感知和通信的概念没有改变。M2M业务基于的数据传输网络覆盖范围较广，现阶段各种形式的物联网业务中最主要的、最现实的形态主要是M2M业务。M2M业务只是物联网的一个点或者一条线，彼此孤立的M2M并不能形成物联网，只有当M2M规模化、普及化，并彼此之间通过网络形成融合和通信后，才能形成物联网。总之，M2M技术是物联网的构成基础，物联网是M2M的终极目标。

6.1　M2M 技术

6.1.1　M2M 技术概念及特点

M2M 不是简单的数据在机器和机器之间的传输，更重要的是，它是机器和机器之间的一种智能化、交互式的通信。也就是说，即使人们没有实时发出信号，机器也会根据既定程序主动进行通信，并根据所得到的数据智能化地做出选择，对相关设备发出正确的指令。因此，M2M 有别于其他应用的典型特征是机器通信的智能化和交互式。

M2M 中的一个 M 是指具有传感能力和网络功能的各种设备，另一个 M 是指各行业的智能应用和控制系统。M2M 的本质是指将信息基础设施和实体基础设施结合在一起，通过网络技术和 IT 技术实现智能化，从而解决各个行业面临的效率、安全、成本以及环保等一系列问题。

M2M 技术将数据采集、GPS、远程监控、工业控制、电信技术等多种不同类型的通信技术有机地结合在一起，从而提供在安全监测、机械服务、公共交通系统和城市信息化等多种环境下的应用和解决方案。因此，M2M 技术通常具有如下特点：

（1）信息处理效率较高。通常在 M2M 系统中的信息处理过程不需要人工的干预，系统可以实现信息数据的自动上传和处理。

（2）系统能够对机器终端的运行状态进行实时监控，一旦出现故障立即上报，从而保证系统的稳定运行。

（3）通常采用无线数据传输方式，系统结构灵活，避免了有线系统的复杂的布线过程，从而节约了建设和维护的成本。

（4）系统可以设置大容量的存储设备，实现大容量的数据存储和长时间的数据保存。

（5）通过对数据进行集中的存储和处理，实现信息集中管理。

6.1.2　M2M 技术组成

M2M 技术主要包括：智能化机器、M2M 硬件、通信网络、中间件和应用 5 个部分。智能化机器是指具有信息感知、信息加工和无线通信功能的设备。通信网络是 M2M 技术框架的核心，主要功能是将 M2M 硬件提取的信息传送至目的设备。通信网络可以是无线移动通信网络、卫星通信网络、公众电话交换网、互联网等广域网络，也可以是个人局域网、以太网、无线局域网等局域网络。M2M 中间件由 M2M 网关和数据收集/集成部件两部分组成，主要在通信网络和 IT 系统间起桥接的作用。其中 M2M 网关的主要功能是完成各种通信协议之间的转换，将从通信网络中获取的数据进行转换后传送到信息处理系统。数据收集/集成部件对收到的原始数据进行加工处理，将数据转换成有价值的信息呈现出来。M2M 应用通常由电信运营商、系统集成商或者业务提供商提供。M2M

平台可以支持包括健康医疗、智能家居、智能测量等多种不同的 M2M 应用。M2M 硬件的主要功能是从设备获取数据并传送至通信网络，即提取信息的过程。M2M 硬件是使机器获得远程通信和联网能力的部件。通常 M2M 硬件产品可分为嵌入式硬件、可组装硬件、调制解调器、传感器和识别标识 5 类。

1）嵌入式硬件

嵌入到机器里面，使机器具有网络通信的能力。常见的产品是支持 GSM/GPRS 或 CDMA 无线移动通信网络的无线嵌入式数据模块。典型产品包括诺基亚的 12 GSM 嵌入式无线数据模块、索尼爱立信的 GR 48 和 GT 48、摩托罗拉的 G18/G20 for GSM 和 C18 for CDMA、西门子的 TC45、TC35i、MC35i 等嵌入式数据模块。

2）可组装硬件

可组装硬件能够使不具备 M2M 通信和联网能力的机器设备获得 M2M 网络通信能力。可组装硬件有多种实现形式，主要包括输入/输出（I/O）部件、连接终端设备和具备回控功能的 M2M 硬件等。其中，输入/输出部件可以用于实现从传感器收集数据；连接终端设备主要完成协议转换功能，实现将数据发送到通信网络。典型的可组装硬件产品有诺基亚的 30/31 for GSM 连接终端等。

3）调制解调器

通过移动通信网络或者有线电话网络传送数据时，通常需要相应的调制解调设备（Modem）。嵌入式模块将数据传送到移动通信网络上时，起的就是调制解调器的作用。典型的调制解调产品有 BT-Series CDMA、GSM 无线数据 Modem 等。

4）传感器

传感器能够使机器获得信息感知的能力。传感器按照其功能可以分为普通传感器和智能传感器两种。具有感知能力、计算能力和通信能力的微型传感器称为智能传感器（Smart Sensor）。传感器网络（Sensor Network）通常由一组具备通信能力的智能传感器组成，传感器之间以 Ad-Hoc 方式互联，互相协作感知、采集和处理网络所覆盖的地理区域中感知对象的信息，并将信息通过 GSM 网络或卫星通信网络传送至远程用户或系统。典型的传感器产品包括 Intel 的智能微尘（Smart Dust）等。

5）识别标识

识别标识（Location Tags）用于标识每台机器的身份，可以识别和区分不同的机器设备。常用的识别标识技术包括条形码技术、射频标签 RFID 技术等。标识技术在商业库存和供应链管理等方面已有广泛的应用。

6.1.3　M2M 应用通信协议

对 M2M 终端设备与 M2M 平台之间的通信协议进行规范，可以屏蔽不同通信制式和不同通信方式之间的差异性，从而使 M2M 终端可以快速接入 M2M 系统。M2M 平台提供统一的交互接口，以方便各应用平台接入 M2M 平台。M2M 应用通信协议是为实现 M2M 业务中的 M2M 终端设备与 M2M 平台之间、M2M 终端设备之间、M2M 平台与应用平台之间的数据通信而设计的应用层协议。

M2M 应用通信协议分为两部分描述：M2M 终端设备与 M2M 平台之间的通信协议，以及 M2M 平台与 M2M 应用之间的通信协议。

1）M2M 终端设备与 M2M 平台之间的通信协议

M2M 终端设备与 M2M 平台间的接口协议主要实现远程终端管理和应用数据转发功能。其中，远程终端管理包括 M2M 终端设备远程管理、远程维护、通信接入等功能。应用数据转发主要包括 M2M 终端设备与 M2M 平台间的应用数据传输，以及 M2M 终端设备之间借助 M2M 平台转发、路由所实现的端到端数据通信等功能。

M2M 终端可以通过多种通道类型接入 M2M 平台，典型的通道包括：2.5G 通道（GPRS、CDMA 2000 1x）、3G 通道（WCDMA、CDMA2000 EVDO、TD-SCDMA）、WiFi 通道、PSTN 通道和有线 IP 通道（ADSL 接入、光接入等）。

2）M2M 平台与 M2M 应用之间的通信协议

M2M 平台与 M2M 应用之间的通信协议主要实现 M2M 平台与 M2M 应用之间的通信，以及 M2M 终端与 M2M 应用之间借助 M2M 平台转发，路由所实现的端到端数据通信。M2M 平台为应用系统提供了对 M2M 终端设备进行监控管理的能力；同时，通过实现该协议，M2M 终端设备与 M2M 应用之间可以通过 M2M 平台传递业务数据。M2M 平台和 M2M 应用之间的接口采用 IP 通道通信，带宽可以根据需要进行设置。

6.1.4　M2M 技术应用

M2M 技术主要应用在安全监测、机械服务、维修业务、交通系统、车队管理、工业自动化和城市信息化等领域。目前，M2M 在欧美、韩国和日本已经实现商用，法国电信是欧洲第一家提供端到端 M2M 解决方案的电信运营商，已经拥有超过 110 万户 M2M UIM 终端。

Vodafone 从 2002 年开始推出 M2M 业务，目前是提供 M2M 业务最全面的运营商之一，其对 M2M 应用的分类包括如下几个方面：

1）测量和监控

测量和监控包括读表、粮食水平监测、远程诊断、局点动力分配等。

2）零售

零售包括贩卖、移动 ATM 机、电子收款机、广告、售票等。

3）物流/资产管理

物流/资产管理包括交通工具跟踪、运输付费、保险赔偿、动态工作分配、工作调度等。

4）安全和监视

安全和监视包括商业警报、火灾探测。

5）通信

通信包括公路信号灯、公共运输、动态显示广告、实时传播消息。

1．M2M 应用系统构成

M2M 应用系统的核心包括通信模块及终端、网络和软件 3 个重要组成部分。

1）通信模块及终端

通信模块及终端包括无线模块、内置传感器、智能 RFID 标签，或者将通信模块植入到特种终端中，例如，工业可编程控制器、具有无线传输能力的复印机、流水线机器人、智能手机等。

2）网络

网络包括无线网络和有线网络，要确保网络的覆盖能力和可靠性，并且能够支撑标准通信协议以及为数据提供低成本、高效率的传输通道。

3）软件

采用标准化的软件平台，易于改造升级，并使客户与其合作伙伴、供应商合作无间。采用标准化的应用服务使数据的采集与发布更加容易。同时整合应用，根据 M2M 的核心业务进行定制。

2．M2M 应用场景

1）智能抄表系统

智能抄表系统（见图 6-1）由位于电力局的配电中心和位于居民小区的电表数据采集点组成。利用运营商的无线网络，电表数据通过运营商的无线网络进行传输。电表直接通过 RS-232 口与无线模块连接，或者首先连接到电表数据采集终端，数据采集终端通过 RS-232 口与无线模块连接，电表数据经过协议封装后发送到运营商的无线数据网络，通过无线数据网络将数据传送至配电数据中心，实现电表数据和数据中心系统的实时在线连接。运营商无线系统可提供广域的无线 IP 连接，在运营商的无线业务平台上构建电力远程抄表系统，实现电表数据的无线数据传输。具有可充分利用现有网络、缩短建设周期、降低建设成本的优点，而且设备安装方便、维护简单。

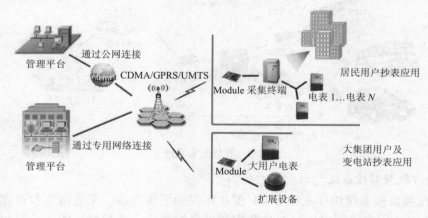

图 6-1　智能抄表系统

2）车载终端系统

车载终端系统（见图 6-2）由 GPS 卫星定位系统、移动车载终端、无线网络和管理系统、GPS 地图 WEB 服务器、用户终端组成。车载终端由控制器模块、GPS、无线模块、视频图像处理设备及信息采集设备等组成。车载 GPS 导航终端通过 GPS 模块接收导航信息，并可以通过无线模块实时更新地图。车载终端通过车辆信息采集设备收集车辆状况信息，并通过无线模块上传给管理系统。通过无线模块，车辆防盗系统可以实现与用户终端进行交互。

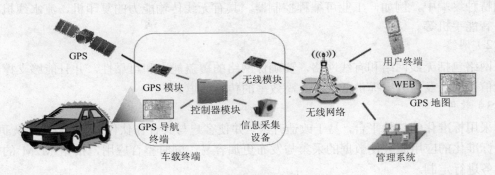

图 6-2　车载终端系统

3）智能交通系统

智能交通系统（见图 6-3）由 GPS/GLONASS 卫星定位系统、移动车载终端、无线网络和 ITS 控制中心组成。车载终端由控制器模块、GPS 模块、无线模块及视频图像处理设备等组成。控制器模块通过 RS-232 接口与 GPS 模块、无线模块、视频图像处理设备相连。车载终端通过 GPS 模块接收导航卫星网络的测距信息，将车辆的经度、纬度、速度、时间等信息传给微控制器，并通过视频图像设备采集车辆状态信息。微控制器通过 GPRS 模块与监控中心进行双向的信息交互，完成相应的功能。车载终端通过无线模块还可以支持车载语音功能。

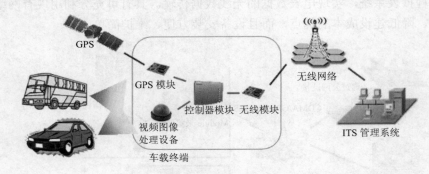

图 6-3　智能交通系统

4）安防视频监控系统

安防视频监控系统由（见图 6-4）图片和视频采集终端、无线网络和管理系统、WEB 服务器、用户终端组成。图片和视频采集终端由无线模块、图片、视频采集设备等组成。图片和视频采集终端可以通过 MMS、可视电话直接将信息上传到用户终端。图片和视频采集终端可以实时将信息上传到 WEB 服务器，用户可以通过 WEB 浏览器远程浏览信息。

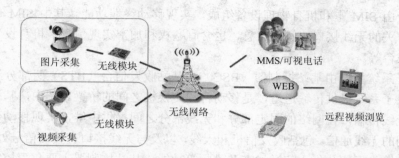

图 6-4　安防视频监控系统

6.2　GSM 技术

　　GSM（Global System for Mobile Communications）是全球移动通信系统，是一种起源于欧洲的移动通信技术标准，属于第二代移动通信技术。1982 年，欧洲邮电行政大会 CEPT 设立了"移动通信特别小组"即 GSM，以开发第二代移动通信系统为目标。1989 年，GSM 标准生效。1991 年，GSM 系统正式在欧洲问世，网络开通运行，移动通信跨入第二代。1994 年，GSM 系统在全世界范围运行。1996 年，引入微蜂窝的技术，GSM900/1800 双网运行。1997 年已有 109 个国家 239 个运营者运营着超过 4 400 万用户的 GSM 网络。目前 GSM 在中国有移动与联通两家运营商。到 2000 年底，全国移动用户超过 7 500 万，到 2005 年达 2 亿。2009 年 3G 牌照正式发放，国内的电信运营商完成重组，中国移动、中国联通、中国电信成为三家全业务运营商。其中，中国移动经营 GSM 和 TD-SCDMA 网络、中国联通经营 GSM 和 WCDMA 网络、中国电信经营 CDMA 和 CDMA2000 网络。目前，中国移动、中国联通各拥有一个 GSM 网，为世界最大的移动通信网络。

6.2.1　GSM 系统组成

　　1 个 GSM 系统可由 4 个子系统组成，即移动台（MS）、基站子系统（BSS）、网络子系统（NSS）和操作支持子系统（OSS），如图 6-5 所示。

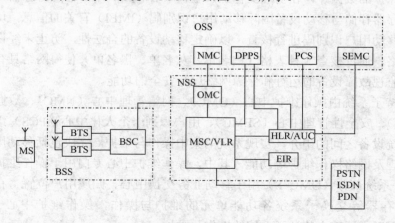

图 6-5　GSM 系统组成

　　移动台由 SIM 卡和机身物理设备组成，实现移动终端功能。其中 SIM 卡上包含所有与用户有关的无线接口一侧的信息，也含有鉴权和加密实现信息。机身设备可以是手持机或车载台等。

　　基站子系统主要由基站控制器（BSC）和基站收发信台（BTS）两部分组成，为移动台和交换子系统提供传输通道，是移动台和交换机之间的桥梁。其中，基站收发信台主要负责无线传输，在网络的固定部分和无线部分之间提供中继，实现移动通信系统与移动台之间的无线通信。包括收发信机和天线，以及与无线接口有关的信号处理电路等，实现无线传输、无线分集、信道加密及跳频等功能。基站控制器主要负责控制和管理，管理所有的无线接口，进行无线信道的分配、释放以及越区信道切换的管理等，在基站子系统中起着交换设备的作用。由基站收发信台控制部分、交换部分和公共处理器部分组成，对一个或多个基站收发信台进行控制，负责无线网络资源的管理、小区配置数据、功率控制、定位和切换等功能。

　　网络子系统由移动业务交换中心（MSC）、访问用户位置寄存器（VLR）、归属用户位置寄存器（HLR）、鉴权中心（AUC）、移动设备识别寄存器（EIR）组成。网络子系统是整个系统的核心，它对 GSM 移动用户之间及移动用户与其他通信网用户之间通信起着交换、连接与管理的作用。其中，移动业务交换中心是网络的核心，完成最基本的交换功能。实现移动用户与其他网络用户之间的通信连接，提供面向系统其他功能实体的接口和到其他网络的接口以及与其他 MSC 互联的接口。同时，为用户提供承载业务、基本业务与补充业务等一系列服务，并支持位置登记、越区切换和自动漫游等功能。访问用户位置寄存器存储进入覆盖区内所有用户的全部有关信息，并为移动用户提供建立呼叫接续的必要条件，并随时与相关的归属用户位置寄存器进行大量的数据交换，当用户离开覆盖区时即删除其相关信息。同时，为了避免与移动业务交换中心之间频繁联系所带来的接续时延，在物理实体上总是与移动业务交换中心一体。归属用户位置寄存器是系统的中央数据库，用于存放与用户有关的所有信息，包括漫游权限、基本业务、补充业务及当前位置信息等，为移动业务交换中心提供建立呼叫所需的路由信息等相关数据。鉴权中心用于存储用户的加密信息，保护用户在系统中的合法地位不受侵犯，是一个受到严格保护的数据库。在物理实体上，鉴权中心和归属用户位置寄存器共存。移动设备识别寄存器存储与移动设备国际移动用户识别码（IMEI）有关的信息，可以对移动设备的国际移动用户识别码进行核查，以确定移动设备的合法性，防止未经许可的移动设备使用网络。通过核查 3 种表格（白名单、灰名单、黑名单）使得网络具有防止无权用户接入、监视故障设备的运行和保障网络运行安全的功能。

　　操作支持子系统由操作维护中心（OMC）、网络管理中心（NMC）、数据后台处理系统（DPPS）、安全性管理中心（SEMC）、用户识别卡个人化中心（PCS）组成。是操作人员与系统设备之间的中介，实现系统的集中操作与维护，完成包括移动用户管理、移动设备管理及网络操作维护等功能。其中，操作维护中心专门用于操作维护设备，操作维护中心-系统部分（OMC-S）用于移动业务交换中心、归属用户位置寄存器、访问用户位置寄存器等交换子系统各功能单元的维护与操作，操作维护中心-无线部分（OMC-R）用于实现整个基站子系统的操作与维护。

6.2.2 GSM 系统接口

1. GSM 系统主要接口

GSM 系统主要接口包括 A 接口、Abis 接口和 Um 接口，如图 6-6 所示。

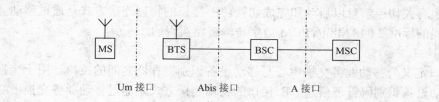

图 6-6   GSM 系统主要接口

各接口具体功能如下：

1）A 接口

A 接口定义为网络子系统与基站子系统之间的通信接口，在物理实体上表现为 MSC 与 BSC 之间的接口。其物理连接通过采用标准的 2.048 Mbit/s 的 PCM 数字传输链路来实现。该接口传递的信息包括移动台管理、基站管理、移动性管理、接续管理等。

2）Abis 接口

Abis 接口定义为基站子系统的两个功能实体基站控制器和基站收发信台之间的通信接口。物理连接通过采用标准的 2.048 Mbit/s 或 64 kbit/s 的 PCM 数字传输链路来实现。BS 接口作为 Abis 接口的一种特例，用于 BTS 与 BSC 之间的直接互联方式，此时 BTS 与 BSC 之间的距离小于 10 m。

3）Um 接口

Um 接口（空中接口）定义为移动台与基站收发信台之间的通信接口，用于移动台与 GSM 系统的固定部分之间的互通。其物理链接通过无线链路实现，传递的信息包括无线资源管理、移动性管理和接续管理等。

2. NSS 内部接口

1）B 接口

B 接口定义为访问用户位置寄存器与移动业务交换中心之间的内部接口。用于移动业务交换中心向访问用户位置寄存器询问有关移动台当前位置信息或者通知访问用户位置寄存器有关移动台的位置更新信息。

2）C 接口

C 接口定义为归属用户位置寄存器与移动业务交换中心之间的接口，用于传递路由选择和管理信息。在建立一个至移动用户的呼叫时，入口移动业务交换中心（GMSC）应向被叫用户所属的归属用户位置寄存器询问被叫移动台的漫游号码。C 接口的物理连接方式是标准的 2.048 Mbit/s 的 PCM 数字传输链路。

3）D 接口

D 接口定义为归属用户位置寄存器与访问用户位置寄存器之间的接口。用于交换有关移动台位置和用户管理的信息，为移动用户提供的主要服务是保证移动台在整个服务区内能建立和接收呼叫。实用化的 GSM 系统结构一般把访问用户位置寄存器综合于移动业务交换中心中，而把归属用户位置寄存器与鉴权中心综合在同一个物理实体内。D 接口的物理连接是通过移动业务交换中心与归属用户位置寄存器之间的标准 2.048 Mbit/s 的 PCM 数字传输链路实现的。

4）E 接口

E 接口定义为控制相邻区域的不同移动业务交换中心之间的接口。此接口用于切换过程中交换有关切换信息以启动和完成切换。E 接口的物理连接方式是通过移动业务交换中心之间的标准 2.048 Mbit/s PCM 数字传输链路实现的。

5）F 接口

F 接口定义为移动业务交换中心与移动设备识别寄存器之间的接口。用于交换相关的国际移动设备识别码管理信息。F 接口的物理连接方式是通过移动业务交换中心与移动设备识别寄存器之间的标准 2.048 Mbit/s 的 PCM 数字传输链路实现的。

6）G 接口

G 接口定义为访问用户位置寄存器之间的接口。此接口用于向分配临时移动用户识别码（TMSI）的访问用户位置寄存器询问此移动用户的国际移动用户识别码的信息。G 接口的物理连接方式是标准 2.048 Mbit/s 的 PCM 数字传输链路。

6.3　GPRS 技术

6.3.1　GPRS 网络概述

1. GPRS 产生与发展

GPRS（General Packet Radio Service）通用分组无线业务是在现有的 GSM 移动通信系统基础之上发展起来的一种移动分组数据业务。GPRS 系统可以看作是对原有的 GSM 移动通信系统进行的业务扩充，以满足用户利用移动终端接入 Internet 或其他分组数据网络的需求。GPRS 通过在原 GSM 网络基础上增加一系列的功能实体来完成分组数据功能，新增功能实体组成 GSM-GPRS 网络，作为独立的网络实体对 GSM 数据进行旁路，完成 GPRS 业务，原 GSM 网络则完成话音功能，尽量减少了对 GSM 网络的改动。GPRS 网络与 GSM 原网络通过一系列的接口协议共同完成对移动台的移动管理功能。

GPRS 新增了如下功能实体：服务 GPRS 支持结点 SGSN、网关 GPRS 支持结点 GGSN、一点对多点数据服务中心等及一系列原有功能实体的软件功能的增强。GPRS 大规模地借鉴及使用了数据通信技术及产品，包括帧中继、TCP/IP、X.25、X.75、路由器、接入网服务器、防火墙等。

2. GPRS 特点

GPRS 系统具有如下特点：

（1）采用分组交换技术传输数据和信令，优化了对网络资源和无线资源的利用，支持基于标准数据通信协议的应用，可以和 IP 网、X.25 网互联互通以实现特殊应用，如远程信息处理，也允许短消息业务（SMS）经 GPRS 无线信道传输。

（2）定义了新无线信道，分配方式灵活，各时隙能为用户共享，且上、下行链路分配彼此独立。

（3）支持中、高速率数据传输，可提供每个用户 9.05～171.2 kbit/s 的数据传输速率，定义了 CS-1、CS-2、CS-3 和 CS-4 共 4 种编码方案，网络接入速度快，既支持间歇的爆发式数据传输，又支持偶尔的大数据量传输，有 4 种不同的 QoS 级别，能在 0.5～1 s 内恢复数据传输。

（4）引入 2 个新网络结点，实现了安全功能和接入控制，并支持与外部分组交换网互通。核心网络层采用 IP 技术，可以很方便地实现与 IP 网的无缝连接。

（5）实现了基于数据流量、业务类型及服务质量等级（QoS）的计费功能，计费方式更合理，用户使用更加方便。

6.3.2　GPRS 网络结构

GPRS 网络引入了分组交换和分组传输的概念，这样使得 GSM 网络对数据业务的支持从网络体系上得到了加强。GPRS 其实是叠加在现有的 GSM 网络上的另一网络，GPRS 网络在原有的 GSM 网络的基础上增加了 SGSN（服务 GPRS 支持结点）、GGSN（网关 GPRS 支持结点）等功能实体，如图 6-7 所示。GPRS 共用现有的 GSM 网络的基站子系统，但要对软硬件进行相应的更新，同时 GPRS 和 GSM 网络各实体的接口必须作相应的界定。另外，移动台则要求提供对 GPRS 业务的支持。GPRS 支持通过 GGSN 实现的和 PSPDN 的互联，接口协议可以是 X.75 或者是 X.25，同时 GPRS 还支持和 IP 网络的直接互联。

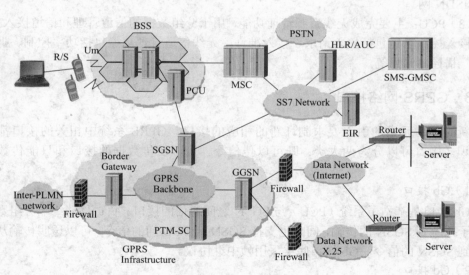

图 6-7　GPRS 网络结构

GPRS 在现有的 GSM 网络基础上叠加了一个新的网络，同时在网络上增加一些硬件设备和软件升级，形成了一个新的网络逻辑实体，提供端到端的、广域无线 IP 连接。因此，GPRS 以分组交换技术为基础，在移动用户和数据网之间提供了一种连接，使用户可以在移动状态下使用各种高速数据业务。每个 GPRS 用户可同时占用多个无线信道，而同一无线信道又可供多个用户共享，资源利用率高。构成 GPRS 系统的方法如下：

（1）在 GSM 系统中引入如下 3 个主要组件：GPRS 服务支持结点（Serving GPRS Supporting Node，SGSN）、GPRS 网关支持结点（Gateway GPRS Support Node，GGSN）、分组控制单元（Packet Control Unit，PCU）。

（2）对 GSM 的相关部件进行软件升级。ETSI 指定了 GSM900、GSM1800 和 GSM 1900 3 个工作频段用于 GSM，相应地，GPRS 也工作于这 3 个频段。现有的 GSM 移动台，不能直接在 GPRS 中使用，需要按 GPRS 标准进行改造（包括硬件和软件）才可以用于 GPRS 系统。GPRS 被认为是 2G 向 3G 演进的重要一步，不仅被 GSM 支持，同时也被北美的 IS-136 支持。

3 个主要组件的功能如下：

（1）SGSN：服务 GPRS 支持结点，SGSN 为移动台提供服务，和移动业务交换中心/访问用户位置寄存器/移动设备识别寄存器配合完成移动性管理功能，包括漫游、登记、切换、鉴权等，对逻辑链路进行管理，包括逻辑链路的建立、维护和释放，对无线资源进行管理。SGSN 为移动台主叫或被叫提供管理功能，完成分组数据的转发、地址翻译、加密及压缩功能。

（2）GGSN：网关 GPRS 支持结点，实际上就是网关或路由器，它提供 GPRS 和公共分组数据网以 X.25 或 X.75 协议互联，也支持 GPRS 和其他 GPRS 的互联。GGSN 和 SGSN 一样都具有 IP 地址，GGSN 和 SGSN 一起完成了 GPRS 的路由功能。网关 GPRS 支持结点支持 X.121 编址方案和 IP 协议，可以用 IP 协议接入 Internet，也可以接入 ISDN 网。

（3）PCU：主要完成无线资源管理功能，用于分组数据的信道管理和信道接入控制。信道接入控制功能包括接入请求、接入准许，无线信道管理功能包括功率控制、拥塞控制、广播控制消息等。

6.3.3　GPRS 网络接口

新的网络元素的引入要求制订新的相应的接口。GPRS 系统中相关的接口都用 G 来标识。接口可以分为两大类：既可以传信令，也可以传数据的接口和只能传数据的接口。

1）Gb 接口

Gb 接口是基站子系统（PCU）与 SGSN 之间通信的接口。负责移动终端分组数据经基站子系统到 SGSN 的传输，同时也支持 SGSN 和 PCU 间的信令，可以透明传输从移动终端到 SGSN 的信令。Gb 接口底层采用帧中继协议。

2）Gd 接口

Gd 接口是 SGSN 与短消息中心之间（SGSN 和 SMS-GMSC 之间，或者 SGSN 和 SMS-IWMSC 之间）的接口，通过 MAP 信令传输，以支持通过 GPRS 分组业务信道传送短消息。

3）Gr 接口

Gr 接口是 SGSN 与 HLR 间的接口，通过 MAP 信令传送用户数据和位置信息等。

HLR 中保存着 GPRS 的用户数据和路由信息，SGSN 通过 Gr 接口从 HLR 取得关于移动台的数据。当发生 SGSN 间的路由区更新时，SGSN 将更新 HLR 中相应的位置信息，当 HLR 中数据有变动时，也将通知 SGSN，SGSN 将进行相关处理。

4）Gn/Gp 接口

Gn/Gp 接口是 SGSN 与 GGSN 间的接口，其中，Gn 接口是 SGSN 和 GGSN 之间，或同一 PLMN 网中不同 SGSN 之间的接口；Gp 接口是不同运营商之间 SGSN 和 GGSN 之间互联的接口。Gn/Gp 接口都同时支持信令和数据信息的传输，底层采用 IP 协议，上层采用 GTP（GPRS 隧道协议），用于建立 SGSN 和外部数据网（X.25 网或 IP 网）之间通信的通道，实现移动终端和外部数据网的互联。Gp 接口除具有 Gn 接口的全部功能以外，还具有 PLMN 间相互通信所需的安全功能。

5）Gs 接口

Gs 接口是 SGSN 与 MSC/VLR 间的接口，采用 BSSAP 协议，它是用来支持联合的位置更新及利用分组信道传输寻呼消息。引入 Gs 接口一方面可以提高无线频率资源以及网络资源的利用率；另一方面可以协调分组业务和电路交换业务的实现，减少两个业务之间的相互影响。这是一个可选接口。

6）Gc 接口

Gc 接口是 GGSN 和 HLR 间的接口，以支持 GGSN 从 HLR 获得移动终端的位置信息，从而实现由网络发起的数据业务。这个接口也是可选接口。

7）Gi 接口

Gi 接口是 GGSN 与外部分组数据网间的接口，这个接口根据所互通的数据网不同而采用相应的协议。如果外部数据网是公共分组数据网（PSPDN），则 Gi 接口需支持 X.25 协议；如果外部数据网是 Internet，则 Gi 接口需支持 IP 协议。

8）Gf 接口

Gf 接口通过 MAP 协议实现，是 SGSN 和 EIR 之间的接口。SGSN 通过 Gf 接口访问 EIR 中存放的移动设备信息，EIR 中记录着 3 种不同的移动设备列表：

（1）黑名单：存放禁止使用的移动设备（如已被盗的设备）的信息。

（2）灰名单：存放使用受到监视的移动设备的信息。

（3）白名单：存放正常使用状态下的移动设备的信息。

6.3.4 GPRS 系统功能

GPRS 网络中需要实现多种独立的功能，这些功能可分为 6 类：网络接入控制功能、分组路由选择和传输功能、移动管理功能、逻辑链路管理功能、无线资源管理功能、网络管理功能。

1．网络接入控制功能

网络接入控制使用户能够连接到电信网中并且使用由这个网络所提供的服务或者设施。GPRS 规范中定义的网络接入控制功能可细分为 6 个基本功能：注册功能、身份鉴别和授权功能、允许接入控制功能、消息过滤功能、分组终端适配功能和计费数据采集功能。

2．分组路由选择和传输功能

GPRS 的路由管理是指 GPRS 网络如何进行寻址和建立数据传送路由。GPRS 的路由管理表现在以下 3 个方面：移动台发送数据路由建立、移动台接收数据路由建立以及移动台处于漫游时数据路由的建立。分组路由选择和传输功能可以划分为以下一些子功能：转发功能、路由选择功能、地址翻译和映射功能、封装功能、隧道功能、压缩功能、加密功能以及域名服务功能。

3．移动管理功能

移动管理（MM）功能用于跟踪本地 PLMN 或其他 PLMN 中移动台的当前位置。在 GPRS 网络中的移动管理涉及新增的网络结点和接口及参考点，这与 GSM 网中有很大不同。与 GPRS 用户相关的移动管理定义了空闲（Idle）、等待（Standby）及就绪（Ready）3 种不同的状态，每一种状态都规定了一定的功能级别和信息。移动管理功能用于跟踪移动终端的位置，对 GPRS 用户的移动管理体现为移动台在 3 种状态之间的相互转换。GPRS 的移动管理流程将使用 LLC 和 RLC/MAC 协议，经 Um 接口来传输信息。移动管理流程将为底层提供信息，使得移动管理消息在 Um 接口可靠传输。移动管理流程包括：业务接入功能、业务断开功能、清除功能、安全功能、位置管理功能。

4．逻辑链路管理功能

逻辑链路管理是指无论是否有数据传输，始终保持移动台和 SGSN 之间的逻辑无线连接（直到移动台或网络断开该连接为止），但只有在实际传输数据时才为用户分配无线资源，这样可以更加有效地利用无线接口资源。逻辑链路管理功能包括：逻辑链路建立功能、逻辑链路保持功能（用于监视和控制逻辑链路的连接状态）和逻辑链路释放功能。

5．无线资源管理功能

因为无线频率资源是非常有限的，因此必须对无线资源的分配，保持和释放进行合理的管理。可用的无线资源可以以动态或者静态方式分配给 GSM 或 GPRS 用户使用。无线资源管理功能包括：

1）Um 接口管理功能

用来管理在每一小区中所用的物理信道组，并决定分配给 GPRS 所使用的无线资源的数量。

2）小区选择功能

使用户选择最佳的小区建立通信连接，还可用于检测和避免候选小区内的呼叫阻塞。

3）Um-tranx 功能

提供通过在移动台和基站子系统之间的无线接口，进行分组数据传输的功能，主要包括以下几个方面：无线信道上的媒体接入控制；物理无线信道的分组多路传送；移动台内的分组识别；以及检错、纠错；流量控制。

4）路径管理功能

用于管理基站子系统与 SGSN 结点之间的分组数据通信路径。可根据数据流量动态建立和释放这些路径，又可根据每一小区中的最大负荷静态地建立和释放这些路径。

6．网络管理功能

网络管理功能用于实现 GPRS 网络中的各种运营和维护功能。

6.3.5　GPRS 的业务应用

GPRS 的业务主要有如下几类：

1）信息业务

传送给移动电话用户的信息内容广泛，如股票价格、体育新闻、天气预报、航班信息、新闻标题、娱乐、交通信息等。

2）交谈

人们更加喜欢直接进行交谈，而不是通过枯燥的数据进行交流。目前互联网聊天组是互联网上非常流行的应用。有共同兴趣和爱好的人们已经开始使用非语音移动业务进行交谈和讨论。由于 GPRS 与互联网的协同作用，GPRS 将允许移动用户完全参与到现有的互联网聊天组中，而不需要建立属于移动用户自己的讨论组。因此，GPRS 在这方面具有很大的优势。

3）网页浏览

由于电路交换传输速率比较低，因此数据从互联网服务器到浏览器需要很长的一段时间。GPRS 技术采用高速的分组传输技术，可以将数据以分组的形式快速的从互联网服务器传输到浏览器。另外，采用 GPRS 技术的网络连接建立时间要远远低于电路交换的网络连接建立时间，因此 GPRS 更适合于互联网浏览。

4）文件共享及协同性工作

移动数据使文件共享和远程协同性工作变得更加便利。这就可以使在不同地方工作的人们可以同时使用相同的文件工作。

5）分派工作

非语音移动业务能够用来给外出的员工分派新的任务并与他们保持联系，同时业务工程师或销售人员还可以利用它使总部及时了解用户需求的完成情况。

6）企业 E-mail

在一些企业中，往往由于工作的缘故需要大量员工离开自己的办公桌，因此通过扩展员工办公室里的 PC 上的企业 E-mail 系统使员工与办公室保持联系就非常重要。GPRS 能力的扩展，可使移动终端接转 PC 上的 E-mail，扩大企业 E-mail 应用范围。

7）互联网 E-mail

互联网 E-mail 可以转变成为一种能够存储信息的信箱业务。无线 E-mail 平台将信息从 SMTP 转化成 SMS，然后发送到 SMS 中心。

8）交通工具定位

该应用综合了无线定位系统，该系统告诉人们所处的位置，并且利用短消息业务转告其他人其所处的位置。任何一个具有 GPS 接收器的人都可以接收他们的卫星定位信息以确定他们的位置，且对被盗车辆进行跟踪。

9）静态图像

如照片、图片、明信片、贺卡和演讲稿等静态图像能在移动网络上发送和接收。使用 GPRS 可以将图像从与一个 GPRS 无线设备相连接的数字照相机直接传送到互联网站点或其他接收设备，并且可以实时打印。

10）远程局域网接入

当员工离开办公桌外出工作时，他们需要与自己办公室的局域网保持连接。远程局域网包括所有应用的接入。

11）文件传送

文件传送包括从移动网络下载量比较大的数据的所有形式。

6.3.6　实验 13——GPRS 通信实验

1. 实验目的和要求

（1）掌握 GPRS 通信原理。

（2）学习使用 ARM 嵌入式开发平台配置的 GPRS 扩展板。

（3）认识 GPRS 通信电路的主要构成，了解 GPRS 模块的控制接口和 AT 命令。

2. 实验设备

硬件：UP-CUPS2410 经典平台嵌入式实验仪、PC Pentium500 以上，硬盘 10 GB 以上。

软件：PC 操作系统 Redhat Linux 9.0＋MINICOM＋ARM Linux 开发环境。

3. 实验内容

通过对串口编程来控制 GPRS 扩展板，实现发送固定内容的短信、接打语音电话等通信模块的基本功能。利用开发平台的键盘和液晶屏实现人机交互。

4. 实验原理

1）SIM100-E GPRS 模块硬件

ARM 嵌入式开发平台的 GPRS 扩展板采用的 GPRS 模块型号为 SIM100-E，是 SIMCOM 公司推出的 GSM/GPRS 双频模块，主要为语音传输、短消息和数据业务提供无线接口。SIM100-E 集成了完整的射频电路和 GSM 的基带处理器，适合于开发一些 GSM/GPRS 的无线应用产品，如移动电话、PCMCIA 无线 MODEM 卡、无线 POS 机、无线抄表系统以及无线数据传输业务，应用范围十分广泛。

SIM100-E 模块为用户提供了功能完备的系统接口。60 针系统连接器是 SIM100-E 模块与应用系统的连接接口，主要提供外部电源、RS-232 串口、SIM 卡接口和音频接口。SIM100-E 模块使用锂电池、镍氢电池或者其他外部直流电源供电，电源电压范围为 3.3～4.6 V，电源应该具有至少 2 A 的峰值电流输出能力。注意 SIM100-E 的下列引脚：VANA 为模拟输出电压，可提供 2.5 V 的电压和 50 mA 的电流输出，用于给音频电路提供电源；VEXT 为数字输出电压，可提供 2.8 V 的电压和 50 mA 的电流输出；VRTC 为时钟供电输入，当模块断电后为内部 RTC 提供电源，可接一个 2.0 V 的纽扣充电电池。该扩展板需要单独的 5 V，2 A 的直流电源供电，经过芯片 MIC29302 稳压后得到 4.2 V 电压供给 GPRS 模块使用。

SIM100-E 提供标准的 RS-232 串口，用户可以通过串口使用 AT 命令完成对模块的操作。串口支持以下通信速率：300，1 200，2 400，4 800，9 600，19 200，38 400，57 600，115 200（起始默认）。当模块加电启动并报出 RDY 后，用户才可以和模块进行通信，用户可以首先使用模块默认速率 115200 与模块通信，并可通过 AT+IPR=<rate>命令自由切换至其他通信速率。在应用设计中，当 MCU 需要通过串口与模块进行通信时，可以只用 3 个引脚：TXD，RXD 和 GND，其他引脚悬空，建议 RTS 和 DTR 置低。该扩展板上采用 MAX3232 芯片完成 GPRS 模块的 TTL 电平到 RS-232 电平的转换，以便能和 ARM 开发平台的 RS-232 串口连接。

SIM100-E 模块提供了完整的音频接口，应用设计只需增加少量外围辅助元器件，主要是为 MIC 提供工作电压和射频旁路。音频分为主通道和辅助通道两部分，可以通过 AT+CHFA 命令切换主副通道。音频设计应该尽量远离模块的射频部分，以降低射频对音频的干扰。

该扩展板硬件支持两个语音通道，主通道可以插普通电话机的传声器（俗称"话筒"），辅助通道可以插带 MIC 受话器（俗称"耳麦"）。当选择为主通道时，有电话呼入时板载蜂鸣器将发出铃声以提示来电。但选择辅助通道时，来电提示音乐只能在受话器中听到。蜂鸣器是由 GPRS 模块的 BUZZER 引脚加驱动电路控制的。GPRS 模块的射频部分支持 GSM900/DCS1800 双频，为了尽量减少射频信号在射频连接线上的损耗，必须谨慎选择射频连接线。应采用 GSM900/DCS1800 双频段天线，天线应满足阻抗 50 Ω 和收发驻波比小于 2 的要求。为了避免过大的射频功率导致 GPRS 模块的损坏，在模块加电前请确保天线已正确连接。

模块支持外部 SIM 卡，可以直接与 3.0 V SIM 卡或者 1.8 V SIM 卡连接。模块自动监测和适应 SIM 卡类型。对用户来说，GPRS 模块实现的就是一个移动电话的基本功能，该模块正常的工作是需要电信网络支持的，需要配备一个可用的 SIM 卡，在网络服务计费方面和普通手机类似。

2）通信模块的 AT 命令集

GPRS 模块和应用系统是通过串口连接的，控制系统可以用发给 GPRS 模块 AT 命令的字符串来控制其行为。GPRS 模块具有一套标准的 AT 命令集，包括一般命令、呼叫控制命令、网络服务相关命令、电话本命令、短消息命令、GPRS 命令等。用户可以直接将扩展板和计算机串口相连，打开超级终端并正确设置端口和如下参数：

波特率设为 115 200，数据位为 8，关闭奇偶检验，数据流控制采用硬件方式，停止位为 1。

然后可以在超级终端里输入 AT 并回车，即可看到 GPRS 模块回显一个 AT，也可以使用以下 AT 命令子集。

（1）一般命令：

AT+CGMI 返回生产厂商标识。

AT+CGMM 返回产品型号标识。

AT+CGMR 返回软件版本标识。

ATI 发行的产品信息。

ATE <value>决定是否回显输入的命令。value=0 关闭回显；value=1 为打开回显。

AT+CGSN 返回产品序列号标识。

AT+CLVL？读取受话器音量级别。

AT+CLVL=<level>设置受话器音量级别，level 在 0～100 之间，数值越小则音量越小。

AT+CHFA=<state>切换音频通道。state=0 为主通道；state=1 为辅助通道。

AT+CMIC=<ch>,<gain>改变 MIC 增益，ch=0 为主 MIC；ch=1 为辅助 MIC；gain 在 0～15 之间。

（2）呼叫控制命令：

ATDxxxxxxxx 拨打电话号码 xxxxxxxx。

ATA 接听电话。

ATH 拒接电话或挂断电话。

AT+VTS=<dtmfstr>在语音通话中发送 DTMF 音，dtmfstr 举例："4，5，6"为 456 这 3 个字符。

（3）网络服务相关命令：

AT+CNUM=?读取本机号码。

AT+COPN 读取网络运营商名称。

AT+CSQ 信号强度指示，返回接收信号强度指示值和信道误码率。

（4）短消息命令：

AT+CMGF=<mode> 选择短消息格式。mode=0 为 PDU 模式；mode=1 为文本模式。建议文本模式。

AT+CSCA? 读取短消息中心地址。

AT+CMGL=<stat> 列出当前短消息存储器中的短信。stat 参数空白为收到的未读短信。

AT+CMGR=<index> 读取短消息。index 为所要读取短信的记录号。

AT+CMGS=xxxxxxxx'CR' Text 'CTRL+Z'发送短消息。xxxxxxxx 为对方手机号码，回车后接着输入短信内容，然后按 CTRL+Z 发送短信。CTRL+Z 的 ASCII 码是 26。

AT+CMGD=<index> 删除短消息，index 为所要删除短信的记录号。

在本实验中创建了两个线程：发送指令线程 keyshell 和 GPRS 反馈读取线程 gprs_read。

① Keyshell 线程启动后会在串口或者 LCD（输出设备可选择）提示如下的提示信息：

```
<gprs control shell>
[1] give a call
[2] respond a call
[3] hold a call
[4] send a msg
[**] help menu
```

② 循环采集键盘的信息，若为符合选项的内容就执行相应的功能函数。以按键按下 "1" 为例：

```
get_line(cmd);                        //采集按键
if(strncmp("1",cmd,1)==0){            //如果为"1"
printf("\nyou select to gvie a call, please input number:")
fflush(stdout);                       //立即输出串口缓冲区中的内容
get_line(cmd);                        //继续读取按键输入的电话号码
gprs_call(cmd, strlen(cmd));          //调用具体的实现函数
printf("\ncalling......");            //显示相应的提示信息
```

③ gprs_call 实现：

```
void gprs_call(char *number, int num)
{ //tty_ write 串口写函数
tty_write("atd", strlen("atd"));        //发送拨打命令 ATD
tty_write(number, num);                 //发送电话号码
tty_write(";\r", strlen(";\r"));        //发送结束字符
usleep(200000);                         //进行适当的延时
}
```

5．实验步骤

（1）确定试验平台处于断电状态。

（2）将 GPRS 天线连接到模块上，将任意可用 GSM 手机 SIM 卡插入模块背面 SIMCARD 插槽内，将模块插入 2410-S 扩展插槽。

（3）编译程序：

```
[root@localhost /]# cd /arm2410cl/exp/wireless/02_gprs/ //进入实验所在目录
[root@localhost 02_gprs]#make   //编译试验内容生成可执行文件

armv4l-unknown-linux-gcc -c -o main.o main.c

armv4l-unknown-linux-gcc -c -o tty.o tty.c

armv4l-unknown-linux-gcc -c -o gprs.o gprs.c

armv4l-unknown-linux-gcc -c -o keyshell.o keyshell.c

armv4l-unknown-linux-gcc -o ../bin/gprs main.o tty.o gprs.o keyshell.o ..
/keyboard/key

board.o ../keyboard/get_key.o -lpthread
```

（4）运行程序。启动 MINICOM，执行以下指令：

```
[/mnt/yaffs]mount -t nfs -o nolock 192.168.0.56:/arm2410cl /host
                               //挂载主机目录，IP 地址可变
[/mnt/yaffs]cd /host/exp/wireless/02_gprs/

[/mnt/yaffs/gps_gprs]./gprs_test.sh

Using ./i2c-tomega8.o

no PS/2 device found on PS/2 Port 0!

no PS/2 device found on PS/2 Port 1!

Using ./serial_8250.o
```

（5）观察试验结果：

```
<gprs control shell>

[1]give a call                      //拨号

[2]respond a call                   //接电话

[3]hold a call                      //挂断

[4]send a msg                       //发送短信（已定）

[**]help menu

Keyshell>
```

如要验证通话效果可连接受话器和传声器来实现。

习题

1. M2M 技术的概念和特点是什么？
2. M2M 技术的主要组成是什么？
3. GSM 系统的主要接口及各接口功能是什么？
4. GSM 系统的组成及各组成部分功能？
5. GPRS 系统的网络结构及在 GSM 系统下引入的 3 个主要组件的功能是什么？

第7章 互联网通信实验

　　物联网通常具有信息感知、信息传递和智能处理三大特征。物联网利用RFID、传感器、二维码等随时获取信息，并通过无线网络和互联网的融合，将物体的信息实时准确地传递给用户，最后利用云计算、数据挖掘等相关技术对信息进行分析和处理。物联网的发展与互联网是密切相关的，物联网的核心和基础仍然是互联网。从技术角度看，物联网技术是各类传感器和现有的互联网相互衔接的一种新技术。

7.1　互联网技术

7.1.1　互联网技术概述

1．互联网概述

计算机网络"互联"是指这些计算机网络应从功能上和逻辑上已经组成了一个大型的计算机网络，称为互联网。互联网是指将两台计算机或者是两台以上的计算机终端、客户端、服务端通过计算机信息技术的手段互相联系起来的结果，人们可以与远在千里之外的朋友相互发送邮件、共同完成一项工作、实现资源共享。

互联网起源于 20 世纪 60 年代的 ARPANET，1969 年到 1983 年是 Internet 的形成阶段，从 1983 年开始逐步进入实用阶段，20 世纪 90 年代以来在全世界得到了广泛应用。20 世纪 80 年代初，ARPA 和美国国防部通信局成功研制了 TCP/IP 协议并在 ARPANET 上得到实现，使得 TCP/IP 协议在世界流行起来，从而诞生了真正的 Internet。目前 Internet 最重要的应用有：万维网 WWW（World Wide Web）、电子邮件（E-mail）、远程登录（Telnet）、文件传输（FTP）、电子公告牌（BBS）等。

2．互联网协议体系结构

网络协议（Protocol），是使网络中的通信双方能顺利进行信息交换而双方预先约定好并遵循的规程和规则。一个网络协议主要由以下 3 个要素组成：

语义：规定通信双方彼此"讲什么"。

语法：规定通信双方彼此"如何讲"。

同步：语法同步规定事件执行的顺序。

互联网的协议体系结构采用层次化的体系结构。采用在协议中划分层次的方法，把要实现的功能划分为若干层次，较高层次建立在较低层次基础上，同时又为更高层次提供必要的服务功能。高层次只须调用低层次提供的功能，而无须了解低层次的技术细节，只要保证接口不变，低层次功能具体实现办法的变更也不会影响较高一层所执行的功能。

OSI 是 Open System Interconnection 的缩写，意为开放式系统互联参考模型（见图 7-1）。在 OSI 出现之前，计算机网络中存在众多的体系结构，其中以 IBM 公司的 SNA 和 DEC 公司的数字网络体系结构最为著名。为了解决不同体系结构的网络互联问题，国际标准化组织 ISO 于 1981 年制定了开放系统互联参考模型。

应用层（Application Layer）
表示层（Presentation Layer）
会话层（Session Layer）
传输层（Transport Layer）
网络层（Network Layer）
数据链路层（Data Link Layer）
物理层（Physical Layer）

图 7-1　OSI 参考模型

　　OSI 参考模型包括 7 层，分别是物理层、数据链路层、网络层、传输层、会话层、表示层和应用层，各层的主要功能如下：

　　（1）物理层：物理层的主要功能是利用物理传输介质为数据链路层提供物理连接，以便透明地传送比特流。

　　（2）数据链路层：在物理层提供比特流传输服务的基础上，在通信的实体之间建立数据链路连接，传送以"帧"（Frame）为单位的数据，采用差错控制、流量控制方法，使有差错的物理线路变成无差错的数据链路。

　　（3）网络层：其主要功能是要完成网络中主机间"分组"（Packet）的传输。

　　（4）传输层：其主要任务是向上一层提供可靠的端到端（End-to-End）的服务，确保"报文段"（Segment）无差错、有序、不丢失、无重复地传输。

　　（5）会话层：会话层的功能是建立、组织和协调两个互相通信的应用进程之间的交互（Interaction）。

　　（6）表示层：主要用于处理在两个通信系统中交换信息的表示方式。

　　（7）应用层：应用层确定进程间通信的性质，以满足用户的需要。

　　美国国防部高级研究计划局从 20 世纪 60 年代开始致力于研究不同类型计算机网络之间的互联问题，并成功开发出了著名的传输控制协议/网际协议（TCP/IP）。当前互联网采用的是 TCP/IP 参考模型，包含 5 层：物理层、网络接口层、互联网层、传输层和应用层。其中 TCP/IP 参考模型的应用层对应于 OSI 参考模型的会话层、表示层和应用层。TCP/IP 参考模型的各层功能如下：

　　（1）物理层：对应于低层网络的硬件和协议。如局域网的 Ethernet，X.25 的分组交换网，ATM 网等。

　　（2）网络接口层（网络访问层）：它是 TCP/IP 的最低层，该层的协议提供了一种数据传送的方法，将数据分成帧来传送，它必须知道低层次网络的细节，以便准确地格式化传送的数据。该层执行的功能还包括将 IP 地址映射为网络接口层使用的物理地址。

　　（3）互联网层（IP）：主要功能是负责将数据报送到目的主机。包括：处理来自传输层的分组发送请求，将分组装入 IP 数据报，选择路径，然后将数据报发送到相应数据线上；处理接收的数据报，检查目的地址，若需要转发，则选择发送路径转发，若目的地址为本结点 IP 地址，则除去报头后，将分组交送传输层处理；处理互联网路径选择、流量控制与拥塞控制问题。

　　（4）传输层：主要功能是负责应用进程之间的端到端的通信。该层中的两个最主要的协议是传输控制协议（TCP）和用户数据报协议（UDP）。TCP 协议是一种可靠的面向连接的协议，它允许将一台主机的字节流无差错地传送到目的主机。TCP 同时要完成流量控制功能，协调收发双方的发送与接收速度，达到正确传输的目的。UDP 是不可靠的无连接协议，它主要用于不要求分组顺序到达的传输中，分组传输顺序检查与排序由应用层实现。

　　（5）应用层：是 TCP/IP 协议簇的最高层，它规定了应用程序怎样使用互联网。它包括远程登录协议、文件传输协议、电子邮件协议（SMTP）、域名服务协议（DNS）以及HTTP 协议等。

　　3. 网络互联设备

　　网络互联的类型包括：局域网与局域网、局域网与广域网、广域网与广域网等的互联。网络互联要解决的两个主要问题是：一是网络之间至少要有一条通信链路；二是在保持原网络结构和服务内容的基础上提供协议转换的功能。在 OSI 参考模型中，由于网络间的通信是根据不同层划分的，同层间可相互通信，所以根据连接层不同，网间连接设备可以分为中继器、网桥、路由器和网关，如图 7-2 所示。

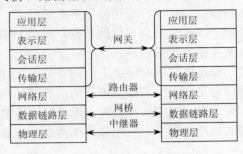

图 7-2　网络互联设备

1）中继器（Repeater）

中继器完成物理层的互联，具有信号再生与放大的作用。当一个网段已超过最大距离时，可用中继器来延伸，从而使整个网络的范围得到扩充。IEEE 802 标准规定最多允许 4 个中继器接 5 个网段。集线器（Hub）是一种特殊的中继器，有多个端口，作为多个网络电缆段的中间转接设备而将多个网段连接起来，能对信号起再生与放大作用。

2）网桥（Bridge）

网桥是一种在数据链路层实现两个局域网互联的存储转发设备。它从一个网段接收完整的数据帧，进行必要的比较和验证，然后决定是丢弃还是发送给另外一个网段。网桥具有隔离网段的功能，在网络上适当使用网桥可以起到调整网络的负载，提高整个网络传输性能的作用。

3）路由器（Router）

路由器是在网络层用来连接多种同类或不同类的网络（局域网或广域网）的一种存储转发设备。路由器具有选择路径的功能，当多于两个网络互联时，结点之间可供选择的路径往往不止一条，因此需要路由器为结点间传送的分组信息选择一条最佳路径。

4）网关（Gateway）

网关实现的网络互联发生在网络层之上，它是网络层以上的互联设施的总称。之所以称为设施，是因为网关不一定是一台设备，有可能是在一台主机中实现网关功能的一个软件。网关可用来连接不同类的网络，包括异种局域网的互联，局域网与广域网的互联。

7.1.2　IP 地址

1. IP 地址及其表示方法

IP 地址是网络上的通信地址。一个 IP 地址是用来标识网络中的一个通信实体，比如一台主机，或者是路由器的某一个端口。在基于 IP 协议网络中传输的数据包，必须使用 IP 地址来进行标识。在 Internet 上，每一个设备的 IP 地址就是该设备的身份标识，是唯一的、仅有的。网络号由因特网地址管理机构统一分配，目的是为了保证网络地址的全球唯一性，主机地址由各个网络的管理员统一分配。因此，网络地址的唯一性与网络内主机地址的唯一性确保了 IP 地址的全球唯一性。

IP 地址由 32 位二进制数组成，为了表示方便，一般写成由 4 个十进制数构成，每个十进制数取值 0～255，每个十进制数之间以"."相隔（称为点分十进制），例如将 10000000 00001010 00000011 00001111 记为 128.10.3.15。

2．IP 地址的分类

IP 地址分为 5 类，即 A 类到 E 类。地址的最前端是地址类别标识，接着是网络号字段和主机号字段，如图 7-3 所示。

（1）A 类 IP 地址的第 1 段数字范围为 1.0.0.0～126.255.255.255，每个 A 类地址可连接 2^{24}（16 777 214）台主机，Internet 上有 126 个 A 类地址。A 类 IP 地址的标准掩码为 255.0.0.0。

（2）B 类 IP 地址的第 1 段数字范围为 128.0.0.0～191.255.255.255，每个 B 类地址可连接 65 534 台主机，Internet 上有 16 384 个 B 类地址。B 类 IP 地址的标准掩码为 255.255.0.0。

（3）C 类 IP 地址的第 1 段数字范围为 192.0.0.0～223.255.255.255，每个 C 类地址可连接 254 台主机，Internet 上有 2 097 152 个 C 类地址。C 类 IP 地址的标准掩码为 255.255.255.0。

（4）D 类 IP 地址的第 1 段数字范围为 224～239，D 类地址用作多目的地信息的传输，用于因特网体系结构研究委员会（IAB）使用。

（5）E 类 IP 地址的第 1 段数字范围为 240～254，E 类地址保留，仅作为 Internet 的实验和开发之用。

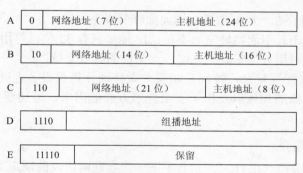

图 7-3　IP 地址分类

3．私有 IP 地址

Internet 管理委员会规定部分地址段为私有地址，私有地址可在自己组网时用，但不能在 Internet 网上使用。Internet 网没有这些地址的路由，使用私有地址的计算机与公网上的计算机通信时必须转换成为合法的 IP 地址，又称公网地址。使用私有 IP 地址可以解决 IP 地址不足的问题。下面是 A、B、C 类网络中的私有地址段。

（1）A 类网络私有地址：10.0.0.0～10.255.255.255

（2）B 类网络私有地址：172.16.0.0～172.31.255.255

（3）C 类网络私有地址：192.168.0.0～192.168.255.255

4．IP 地址与物理地址

IP 地址是主机的逻辑地址，物理地址是主机网卡的序列号，又称 MAC 地址。数据链路层使用主机的物理地址进行通信，网络层使用主机的 IP 地址进行通信。由 IP 地址到物理地址的转换由地址解析协议（ARP）完成。而由物理地址转换到 IP 地址使用 RARP 协议。

　　MAC 地址有 48 位，它可以转换成 12 位的十六进制数，分成 3 组，每组有 4 个数字，中间以点分开。MAC 地址有时又称点分十六进制数。为了确保 MAC 地址的唯一性，IEEE 对这些地址进行管理。每个地址由两部分组成，分别是供应商代码和序列号。供应商代码代表 NIC（网络接口卡）制造商的名称，它占用 MAC 的前 6 位十六进制数字，即 24 位二进制数字。序列号由供应商管理，它占用剩余的 6 位地址，或最后的 24 位二进制数字。

　　以太网的 MAC 地址可以分为 3 类，分别是单播地址、多播地址、广播地址。

　　1）单播地址

　　第 1 字节最低位为 0，例如：00e0.fc00.0006，用于网段中两个特定设备之间的通信，可以作为以太网帧的源和目的 MAC 地址。

　　2）多播地址

　　第 1 字节最低位为 1，例如：01e0.fc00.0006，用于网段中一个设备和其他多个设备通信，只能作为以太网帧的目的 MAC 地址。

　　3）广播地址

　　48 位全 1，例如：ffff.ffff.ffff，用于网段中一个设备和其他所有设备通信，只能作为以太网帧的目的 MAC 地址。

7.1.3　IPv6 技术

　　由于 IPv4 本身存在一些局限性，因而面临着以下问题：

　　（1）IP 地址的消耗引起地址空间不足：IP 地址只有 32 位，可用的地址有限。

　　（2）IPv4 缺乏对服务质量、优先级、安全性的有效支持。

　　（3）IPv4 协议配置复杂，特别是随着个人移动计算机设备上网、网上娱乐服务的增加、多媒体数据流的加入以及出于安全性等方面的需求，迫切要求新一代 IP 协议的出现。

1. IPv6 技术简介

　　互联网工程任务组（IETF）开始着手下一代互联网协议的制定工作。IETF 于 1991 年提出了请求说明，1994 年 9 月提出了正式草案，1995 年底确定了 IPng 的协议规范，称为 IPv6，1995 年 12 月开始进入 Internet 标准化进程。它的主要变化是，IPv6 使用了 128 bit 的地址空间，并使用了全新的数据报格式，简化了协议，加快了分组的转发，允许对网络资源的预分配和允许协议继续演变，并增加了新的功能等，具体特点如下：

　　（1）扩展了地址空间，IPv6 将 IP 地址从 IPv4 的 32 位提高到 128 位。

　　（2）简化了 IPv4 的头格式。IPv4 的分组头有 10 个字段，加上两个地址域及若干可能的选项；而 IPv6 的分组头只有 6 个字段，加上两个地址域及若干可能的扩展头。

　　（3）加强了加密功能以满足安全性传输的需求，增强了 IP 层的安全机制。

　　（4）采用 24 位流标记方式可追踪通信过程中的分组传送，采用扩展到 4 位的业务流类型优先级标识，以利于路由器进行调度处理，支持流媒体传输业务。

2. IPv4 向 IPv6 的过渡阶段

　　IPv6 技术虽然相比 IPv4 具有很大的优势，但是由于 IPv4 已相当成熟并部署广泛，无法在短期内将 IPv4 网络迁移到 IPv6 网络，因此注定 IPv4 和 IPv6 网络要共存相当长的一段时期。要完成 IPv4 网络向 IPv6 的过渡，主要分为以下 3 个阶段：

第 1 阶段，网络部分终端设备采用 IPv6，边缘网络部署 IPv6，而核心主干网以 IPv4 为主的 IPv6 孤岛阶段。该阶段的主要特征是，IPv6 孤岛要穿越 IPv4 主干网进行通信。

第 2 阶段，随着 IPv6 的部署，主干网逐渐完成向 IPv6 的迁移，但是边缘网络仍然存在部分的 IPv4 的孤岛。该阶段的主要特征是，IPv4 孤岛需要穿越 IPv6 的主干网进行通信。

第 3 阶段，随着 IPv6 的广泛应用，会逐步取代 IPv4 网络，使整个互联网成为 IPv6 网络。

在前两个阶段中，IPv4 和 IPv6 共存的网络通信中主要使用双栈技术、隧道技术和报文头部转换技术。

1）双栈技术

双栈技术是一种较简单的过渡技术，它要求结点是 IPv4/IPv6 双栈结点，这些结点既可以与 IPv4 结点通信，也可以与 IPv6 结点通信。通常情况，也要求网络中的路由器为双栈路由器。双栈策略的优点是容易部署、易于理解、网络规划简单、可以充分发挥 IPv6 协议的所有优点（如安全性、路由约束、流的支持等方面）；缺点主要是对网络设备的性能要求较高，其不但要支持 IPv4 路由协议，而且要支持 IPv6 路由协议，需要维护大量的协议和数据。双栈技术的升级改造将涉及网络中的所有网络设备，投资大、建设周期长。

2）隧道技术

隧道技术是指一种技术（协议）或者策略的两个或多个子网穿过另一种技术（协议）或者策略网络的互联技术。隧道技术可将 IPv6 孤岛或者 IPv4 孤岛互联起来，主要有两种情况：一种是隧道的两端是 IPv6 孤岛，需要穿越 IPv4 网络；另一种是隧道的两端是 IPv4 孤岛，需要穿越 IPv6 网络。对于这两种情况，都需要在隧道的入口对报文进行重新封装，然后把封装过的报文通过中间网络送到隧道出口，在隧道的出口对报文进行解封装，再将恢复后的报文转发到目的地。

常见的隧道技术有 GRE 隧道、IPv6 over IPv4 手工配置隧道、6PE/6VPE 隧道、6 to 4 隧道、ISATAP 隧道等几种。隧道技术能够充分利用现有的网络投资，因此在过渡初期是一种方便的选择。但是，在隧道的入口处会进行负载协议数据包的拆分，在隧道出口处会进行负载协议数据包的重组，这就增加了隧道出入口的实现复杂度，不利于大规模的应用。

3）报文头部转换技术（NAT-PT）

网络中必然存在纯 IPv4 主机和纯 IPv6 主机之间进行通信的需求，由于协议栈不同，因此很自然地需要对这些协议进行翻译转换。对应协议的翻译可以分为两个层面来进行：一方面是 IPv4 与 IPv6 协议层的翻译；另一方面是 IPv4 应用与 IPv6 应用之间的翻译。前者主要是通过 NAT-PT 技术实现的，后者则主要通过应用代理网关 ALG 来实现。NAT-PT 实现了网络层的协议翻译，应用代理网关则实现应用层的协议翻译，对于不同的应用，需要配置不同的应用代理网关。翻译技术的优点是不需要进行 IPv4、IPv6 结点的升级改造，缺点是 IPv4 结点访问 IPv6 结点的实现方法比较复杂，网络设备进行协议转换、地址转换的处理开销较大。因此，该技术一般是在其他互通方式无法使用的情况下使用。

7.2 局域网组网实验

7.2.1 交换技术原理

1. 交换机概述

互联多台计算机可构成计算机网络，常用的计算机接入互联设备有集线器、交换机。使用集线器组成的网络称为集中式网络，使用交换机组成的网络称为交换式网络。由于现在交换机的价格普遍便宜，所以在构建网络时，大多会选择交换机。交换机工作在数据链路层，用来汇聚接入层的主机。交换机收到数据帧后根据帧目的 MAC 地址进行转发。通过交换机对帧的过滤和转发，可以有效地减少冲突域。交换机在同一时刻可进行多个端口之间的数据传输，每一端口均可视为独立的网段，连接在该端口上的网络设备独自享有全部的带宽，无须同其他设备竞争使用。总之，交换机作为组建交换式局域网的主要连接设备，已经成为应用普及最快的网络设备之一。

交换机有多个端口，每个端口可以连接一个网段或一台主机。交换机是一个多端口的网桥，每个端口都有桥接功能，每个端口属于一个冲突域。交换机内部有一条高带宽的背板总线和内部交换矩阵，此背板总线带宽通常是交换机每个端口带宽的几十倍。交换机的所有端口都挂接在这条背板总线交换矩阵上，每个端口都有自己的固定带宽，同时具有两个信道，在同一时刻既可发送数据，又可接收其他端口发送来的数据。与共享带宽、泛洪数据帧的集线器不同，交换机可以在一段时间内同时为所有的网络结点服务，并可以定向发送数据，所以在带宽占用、减少阻塞、网络安全和全双工传输方面都是集线器不可相比的。

2. 交换技术原理简介

交换机的主要功能包括地址学习、帧转发、过滤数据帧、避免环路。交换机工作在数据链路层，可以隔离冲突域。交换机是基于收到的数据帧中的源 MAC 地址和目的 MAC 地址来进行工作的。交换机的作用主要有两个：一个是维护 CAM（Context Address Memory）表，又称 MAC 地址表，该表是计算机的 MAC 地址和交换端口的映射表；另一个是根据 CAM 表来进行数据帧的转发。交换机对数据帧的处理方式有 3 种：交换机收到帧后，查询 CAM 表，如果能查询到目的 MAC 地址所在的端口，并且目的 MAC 地址所在的端口不是交换机接收帧的源端口，交换机将把帧从这一端口转发出去（Forward）；如果该目的 MAC 地址所在的端口和交换机接收帧的源端口是同一端口，交换机将过滤掉该帧（Filter）；如果交换机不能查询到目的 MAC 地址所在的端口，交换机将把帧从除源端口以外的其他所有端口上发送出去，称为泛洪（Flooding）。另外，当交换机接收到的数据帧是广播帧或多播帧，交换机也会泛洪该帧。

交换机能够自动学习端口连接的终端设备的 MAC 地址，并且能根据 MAC 地址表进行数据帧的转发过滤，而且能通过生成树协议实施环路避免。交换机的 MAC 地址表存储的是交换机端口与其所连接的主机的 MAC 地址之间的对应关系。交换机从某一活动端口接收数据帧，交换机一方面将数据帧的源 MAC 地址加入到 MAC 地址表中，另一方面根据数据帧的目的 MAC 地址，查找内部的 MAC 地址表，确定数据帧的转发端口。

　　交换机初始情况下的 MAC 地址表是空的，如图 7-4 所示，当主机 A 向主机 C 发送数据帧时，交换机缓存主机 A 的 MAC 地址到 MAC 地址表中，由于此时在 MAC 地址表中没有 C 的 MAC 地址，交换机会向除了 E0 接口之外的所有其他接口扩散这个数据帧。默认情况下，MAC 地址在 MAC 地址表中保留 5 min。当主机 D 向主机 C 发送数据帧时，交换机缓存主机 D 的 MAC 地址到端口 E3 中，此时在 MAC 地址表中还没有主机 C 的 MAC 地址，交换机将向除了 E3 之外的所有端口扩散这个数据帧。如果主机 C 有回应帧，则交换机将缓存主机 C 的 MAC 地址到 MAC 地址表中。当主机 A 向主机 C 发送数据帧时，由于目的 MAC 地址已经存储在 MAC 地址表中，交换机不会扩散数据帧，而是按照 MAC 表中所指示的接口定向转发数据帧。

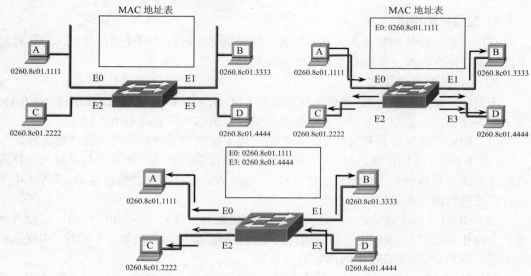

图 7-4　交换机学习 MAC 地址过程

3．交换机的数据帧转发方式

　　交换机的数据帧转发方式主要有两种：存储转发（Store-and-Forward）和直通交换（Cut-Through）。

　　1）存储转发

　　存储转发方式是先存储后转发，交换机把从端口接收的数据帧先全部存储起来，然后进行 CRC（循环冗余码）检验，把错误帧丢弃，最后取出数据帧目的 MAC 地址，查找 CAM 表后进行过滤和转发。存储转发方式的延迟较大，但它可以对进入交换机的数据帧进行较高级别的检测，该方式可以支持不同速度的端口间的转发。

　　2）直通交换

　　在直通交换中，交换机在收到数据时会立即处理数据，即使数据帧尚未接收完成。交换机只缓冲帧的一部分，缓冲的长度仅供读取目的 MAC 地址，以便确定转发数据时应使用的端口。目的 MAC 地址位于帧中前导码后面的前 6 字节。交换机在其交换表中查找目的 MAC 地址，确定转发端口，然后将帧转发到其目的地。交换机对该帧不执行任何错误检查。

直通交换又包含快速转发交换和无碎片交换（Fragment-Free）两种交换方式：

（1）快速转发交换。当交换机在输入端口检测到一个数据帧时，检查该帧的帧头，只要获取了帧的目的地址，就开始转发帧。它的优点是，开始转发前不需要读取整个完整的帧、延迟非常小；缺点是，不能提供检测功能。

（2）无碎片交换。这是改进后的直接转发，是一种介于存储转发和快速转发之间的解决方法。使用无碎片方法读取数据帧的前 64 字节后（如果帧长度大于 64 字节，说明该帧没有发生冲突），就开始转发该帧。这种方式虽然也不能提供数据检验，但是能够避免由转发冲突产生的碎片帧。它的数据处理速度比直接转发方式慢，但比存储转发方式快许多。

可将交换机配置为按端口执行直通交换，当达到用户定义的错误阈值时，端口自动切换为存储转发；当错误率低于该阈值时，端口自动恢复到直通交换。

4．交换机的组成

交换机是由硬件和软件两大部分构成，交换机是一种特殊用途的计算机，与计算机不同的是它没有键盘、鼠标和显示器等外设部分。

1）交换机的硬件组成

无论何种型号的交换机，硬件组成都包含 CPU、RAM、ROM、Flash Memory、NVRAM等。根据交换机的类型和型号，这些组件在交换机内部的位置会有所不同。

（1）CPU。提供控制和管理交换的功能，用于控制和管理所有网络通信的运行。

（2）RAM（随机存储器）。用于保存运行的操作系统软件，交换机与计算机一样需要操作系统。具体包括运行配置文件、MAC 地址表、排队缓冲的数据包等。RAM 中的内容在交换机断电和重启后会丢失。

（3）ROM（只读存储器）。用于保存交换机的启动代码。包括加电自检、启动程序和一个操作系统软件。ROM 中的启动代码是交换机启动时运行的第一个软件。当交换机断电或重新启动后，ROM 中的内容不会丢失。

（4）Flash Memory（闪存）。用于存储操作系统文件。在大部分 Cisco 交换机中，操作系统存储在闪存中，启动过程中复制到 RAM 中，然后由 CPU 执行。当交换机断电或重新启动后，闪存中的内容不会丢失。

（5）NVRAM（非易失性随机存储器）。用于存储交换机的启动配置文件，交换机启动时按照启动配置文件中的相应配置执行。NVRAM 与普通 RAM 不同，当交换机断电或重新启动后，NVRAM 中的内容不会丢失。

2）交换机的软件

交换机的运行与计算机一样需要操作系统，Cisco 交换机的操作系统是 Cisco IOS，称为互联网络操作系统。Cisco IOS 除了可以提供基本的路由和交换功能以外，还可以保证设备安全可靠地访问网络资源，提供较高的网络扩展性。Cisco IOS 存储在闪存（Flash Memory）中。通过更改或覆盖闪存中的 IOS 版本，可以升级路由器或交换机等设备的操作系统。

3）交换机启动过程

交换机的启动过程包括系统硬件自检、操作系统装载和配置文件实施等工作。当交换机加电时，首先进行开机自检（POST），即从 ROM 中运行诊断程序对包括 CPU，存储器和网络接口在内的硬件进行基本检测。硬件检测通过后，从 ROM 中调用和运行引导程序（BOOTSTRAP），再由默认或指定的途径装载交换机操作系统软件。一旦操作系统软件被装载并被运行，就可以发现所有的系统硬件与软件，并将结果从控制台终端上显示出来。操作系统软件装载完毕后定位配置文件的路径并装载与应用配置文件。

7.2.2　交换机的基本配置方法

1. 交换机的访问控制方法

1）通过控制台访问交换机

通过控制口（Console Port）访问交换机，需要在本地进行配置，主要用于交换机初次配置、远程访问不可行时的灾难恢复、故障排除和口令恢复等情况。初次安装配置交换机时，必须通过控制口进行登录，然后为交换机配置一个 IP 地址，才可以通过 Telnet 虚拟终端、TFTP 方式和网管工作站等其他 3 种方式对交换机进行远程管理。通过控制口登录交换机，要使用全反线（Rollover Cable）连接计算机的串口和交换机的 Console 口。

2）通过 Telnet 虚拟终端访问交换机

在为交换机配置了一个 IP 地址之后，可以通过 Telnet 协议远程登录和管理交换机。Telnet 协议对应的 TCP 端口号为 23，是早期对远程设备进行配置和管理的常用网络协议。但是由于使用 Telnet 协议传输数据时是明文传输，安全性不高，所以现在很多网络设备的远程管理都使用安全外壳（SSH）方式来进行管理。

3）通过 TFTP 方式管理交换机

使用 TFTP 方式来配置管理交换机，可以备份或者恢复路由器上的配置文件。首先需要将 PC 的网口与路由器的以太网口互联，并在 PC 上运行 TFTP 服务器软件，PC 作为 TFTP 服务器，路由器作为 TFTP 客户端，然后在路由器上使用相应的命令将当前的配置文件上传至 TFTP 服务器并保存，或者也可以从 TFTP 服务器上将配置文件加载至路由器运行。使用 TFTP 方式也可以保存或升级路由器的 IOS 文件。

4）通过网管工作站访问交换机

通过 Web 方式管理网络设备，是目前大部分网络设备采用的方式。交换机内操作系统内嵌了 Web 服务器，客户端可使用浏览器通过 HTTP 协议来进行通信。另外，在大中型的网络管理中，经常使用网络管理软件通过 SNMP 协议来管理网络设备。

2. 交换机的用户接口模式

交换机通常有 5 种用户接口模式，每种用户接口模式的类型与作用不同，具体如下：

1）用户模式

只能提供非常小的交换机查看功能，不能对交换机做任何的配置和修改。

2）特权模式

对交换机拥有完全的控制权，可以进行配置和修改，可以进入全局配置模式。

3）全局配置模式

对交换机的任何配置都必须进入全局配置模式。

4）接口配置模式

完成对交换机的各种接口的配置，包括接口 IP 地址、子网掩码、接口描述等。

5）VLAN 模式

可以进行 VLAN 的创建、修改、删除等配置。

3．交换机常用的帮助命令

交换机常用的在线帮助命令如下：

```
?                        //可显示当前提示符下所能提供的全部命令集
字母+?                    //可显示当前提示符下以字母打头的所有命令集
命令名+空格+?              //可显示当前提示符下此命令的命令子集
Ctrl+p                   //向后查看命令
Ctrl+n                   //向前查看命令
Ctrl+A                   //移到命令行的行首
Ctrl+E                   //移到命令行的行尾
Ctrl+B                   //后移一个字符
Ctrl+F                   //前移一个字符
```

4．交换机基本配置方法

1）配置标识（名称）

全局模式下输入：hostname 主机名

2）配置交换机的特权模式口令和密码

全局模式下输入 enable password 和 enable secret（它们的区别是前者口令是明文的，可以通过 Show 命令查看的；后者是 MD5 加密的，如果同时设置，最后设置的密码生效）。

3）配置交换机的 Console 终端控制密码

```
Switch (config)#line console 0
Switch (config-line)#password  AAA  //AAA 为控制线密码
```

4）配置交换机的虚拟终端（VTY）密码

```
Switch (config)#line vty 0 15
Switch (config-line)#password  BBB  //BBB 为虚拟终端密码
```

5）设置交换机本地时间

在特权模式下输入：Clock set {hh:mm:ss day month year}

例：16：16：16 21 February 2006

6）配置交换机管理地址和网关地址

```
Switch(config)#interface vlan 1
Switch(config-if)#ip address 192.168.1.1 255.255.255.0
Switch(config-if)#no shutdown
Switch(config-if)#exit
Switch(config)#ip default-gateway 192.168.1.254
```

7）查看当前交换机信息

```
Show  history            //查看历史命令
Show  version            //查看交换机软件的版本
Show  flash              //查看交换机快速闪存及其内容
Show  clock              //查看交换机的时钟
Show  running-config     //查看交换机当前正在运行的配置信息
Show  startup-config     //查看交换机备份的启动配置信息
```

7.2.3　实验 14——交换机的基本配置实验

1．实验目的和要求
（1）理解交换机的工作原理。
（2）掌握交换机的基本配置步骤和方法。

2．实验设备
交换机 Cisco Catalyst 2960，1 台；带有网卡的工作站 PC，1 台；控制台电缆，1 条。

3．实验内容
（1）配置交换机主机名、使能密码、虚拟终端口令以及管理 IP 地址和默认网关等。
（2）查看交换机的配置文件，验证相关配置内容。

4．实验原理
交换机配置实验拓扑图，如图 7-5 所示。

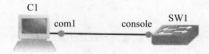

图 7-5　交换机配置实验拓扑图

5．实验步骤
（1）按图 7-5 连接交换机和 PC。
（2）配置交换机主机名为 SW1，配置使能密码为 CISCO，虚拟终端口令 TELNET，超时时间为 5 min，并禁止主机名解析。
```
Switch>enable
Switch#configure terminal
Switch(config)#hostname SW1
SW1(config)#enable password CISCO
SW1(config)#line vty 0 4
SW1(config-line)#login
SW1(config-line)#password TELNET
SW1(config-line)#line consol 0
SW1(config-line)#exec-timeout 5
SW1(config-line)#no ip domain-lookup
```
（3）配置交换机管理 IP 地址为 192.168.1.1、子网掩码 255.255.255.0、默认网关地址192.168.1.254。
```
SW1(config)#interface vlan 1
SW1(config-vlan)#ip address 192.168.1.1 255.255.255.0
SW1(config-vlan)#no shutdown
SW1(config-vlan)#exit
SW1(config)#ip default-gateway 192.168.1.254
```
（4）配置交换机端口速度为 100 Mbit/s，配置端口的双工方式为全双工。
```
SW1(config)#interface FastEthernet0/1
SW1(config-if)#speed 100
SW1(config-if)#duplex full
```
（5）检查交换机运行配置文件内容。
```
SW1#sh run
```

```
Building configuration...
Current configuration : 1156 bytes
!
version 12.2
no service timestamps log datetime msec
no service timestamps debug datetime msec
no service password-encryption
!
hostname SW1
!
enable password CISCO
!
no ip domain-lookup
!
!
interface FastEthernet0/1
 duplex full
 speed 100
......
interface Vlan1
 ip address 192.168.1.1 255.255.255.0
!
ip default-gateway 192.168.1.254
!
!
line con 0
 exec-timeout 5 0
!
line vty 0 4
 password TELNET
 login
line vty 5 15
 login
!
!
end
```

7.2.4　生成树协议

1. 生成树协议的概念

组建局域网时，通常采用冗余方法提高网络的健壮性、稳定性。常见的冗余方法有链路冗余和设备冗余。不过，网络中的冗余链路会造成网络中的环路，而在第二层的网络环路会带来广播风暴、多帧复制以及 MAC 地址表的不稳定等问题。为了解决第二层的网络环路问题，同时又要保证网络的稳定性和健壮性，引入了链路动态管理的策略。首先通过阻塞某些链路避免环路的产生，当正常工作的链路由于故障断开时，阻塞的链路会立刻被激活，从而迅速取代故障链路的位置，保证网络的正常运行。

生成树协议（Spanning Tree Protocol，STP）是一种工作在 OSI 第二层的网络协议，通过链路冗余来提高局域网的健壮性和稳定性，被广泛应用于局域网组建中。STP 通过阻塞某些端口来解决环路带来的广播风暴等问题。STP 通过使用生成树算法，将原来存在环路的网络拓扑变成树形网络。当正常工作的链路出现故障时，原来被阻塞的端口会快速启用转发报文，实现冗余的功能。

2．相关术语

1）根网桥（Root Bridge）

网桥 ID 最低。网络中，所有决定（如哪一个端口要被阻塞，哪一个端口要被置为转发模式）都是根据根网桥的判断来做出选择的。首先判断网桥优先级，优先级最低的网桥将成为根网桥。如果网桥优先级相同，则比较网桥 MAC 地址，具有最低 MAC 地址的交换机或网桥将成为根网桥。

2）网桥协议数据单元（BPDU）

交换机之间交换的信息，利用这些信息选出根交换机以及进行网络的后续配置。交换机必须能够相互了解它们之间的连接情况，为了让其他的交换机知道它的存在，每台交换机向网络中发送 BPDU（Bridge Protocol Data Unit）的数据帧，如果某台交换机能够从两条或多条链路上收到同一台交换机的 BPDU，则说明它们之间存在着冗余路径，就会产生环路。当存在环路时，交换机则使用生成树算法选择一条链路传递数据，并把某些相关的端口置于阻塞（Blocking）状态以将其他的链路虚拟地断开，一旦当前正在使用的链路出现故障，就会把某个阻塞的端口打开以接替原来的链路工作。

3）网桥 ID

利用它来标识网络中的所有交换机。

4）根端口（Root Port）

指直接连到根网桥的链路所在的端口，或者到根网桥的路径最短的端口。如果有多条链路连接到根网桥，就通过检查每条链路的带宽来决定端口的开销，开销最低的端口就称为根端口。

5）指定端口

根端口或者有最低开销的端口就是指定端口，指定端口被标记为转发端口，能够转发帧。

6）端口开销

取决于链路的带宽。

7）非指定端口

将被置为阻塞状态，不能转发帧。

3．生成树协议工作过程

为了在网络中形成一个没有环路的拓扑，运行 STP 的交换机要进行以下 4 个步骤的工作：

（1）选举一个根网桥。

（2）在每个非根网桥上选举一个根端口。

（3）在每个网段上选举一个指定端口。

（4）阻塞非根、非指定端口。

STP 刚启动时，每台交换机都认为自己是根网桥，向外泛洪 BPDU。默认情况下每 2 s 发送一次，使用组播地址 01-80-C2-00-00-00 发送。当交换机的一个端口收到高优先级的 BPDU（更小的 Root BID 或者更小的 Root Path Cost 等等）就在该端口保存这些信息，同时向所有端口更新并传播信息。如果收到比自己低优先级的 BPDU，交换机就丢弃该信息。通过 BPDU 的传播，网络最终选择了一个交换机为根网桥。接下来每个交换机都计算到根网桥的最短路径。除根网桥外的每个交换机都有一个根端口，即提供最短路径到根网桥的端口。路径成本的计算和链路的带宽相关联，例如 10Mbit/s 的成本为 100，100Mbit/s 的成本为 19。根路径成本就是到根网桥的路径中所有链路的路径成本的累计和。在非根交换机上选举根端口时，首选根路径成本最小的端口，其次选择发送网桥 ID 最小，最后选择发送端口 ID 最小。每个网段中选取一个指定端口，用于向根交换机发送流量和从根交换机接收流量。选举依据依次为根路径成本最小、所在交换机的网桥 ID 最小、端口 ID 最小。每个 LAN 都有指定交换机（Designated Bridge），位于该 LAN 与根交换机之间的最短路径中。指定交换机和 LAN 相连的端口称为指定端口（Designated Port）。根端口和指定端口进入转发状态，其他的冗余端口就处于阻塞状态，形成逻辑上无环路的拓扑结构。

4．STP 端口状态

1）阻塞状态（Blocking）

不能接收或者传输数据，也不能把 MAC 地址加入地址表，只能接收 BPDU。

2）监听状态（Listening）

不能接收或者传输数据，也不能把 MAC 地址加入地址表，但可以接收和发送 BPDU。

3）学习状态（Learning）

不能传输数据，但可以发送和接收 BPDU，也可以学习 MAC 地址。

4）转发状态（Forwarding）

能够发送和接收数据，学习 MAC 地址，发送和接收 BPDU。

7.2.5　实验 15——验证生成树协议

1．实验目的和要求

（1）掌握生成树协议的基本原理。

（2）掌握交换机上生成树协议的诊断方法。

2．实验设备

交换机 Cisco Catalyst 2960，2 台；PC，2 台；控制台电缆，2 条；网线若干。

3．实验内容

（1）将两台交换机端口互联，形成回路，观察生成树协议的运行过程。

（2）查看生成树协议状态，查看交换机端口状态。

4．实验原理

验证生成树协议实验拓扑图，如图 7-6 所示。

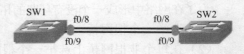

图 7-6　验证生成树协议实验拓扑图

5. 实验步骤

（1）按图 7-6 连接交换机 SW1、SW2。

（2）将交换机 SW1 和 SW2 的第 8、9 号端口设置成为主干道接口。以 SW1 为例，具体设置如下：

```
SW1(config)#int f0/8
SW1(config-if)#switchport mode trunk
SW1(config-if)#exit
SW1(config)#int f0/9
SW1(config-if)#switchport mode trunk
```

（3）用双绞线连接 SW1 和 SW2 的 f0/8 端口。

（4）用双绞线连接 SW1 和 SW2 的 f0/9 端口。

（5）在 SW1 和 SW2 上查看运行的生成树协议，观察 STP 的端口状态，根端口和阻塞端口。

① 在 SW1 上查看生成树协议可以看到：根网桥和 SW1 的优先级均为 32769，SW1 的地址为 00E0.B08C.0C97，根网桥地址为 0060.2F25.14DE，SW1 的根端口 F0/8 为转发状态，F0/9 为阻塞状态。

```
SW1#show spanning-tree
VLAN0001
  Spanning tree enabled protocol ieee
  Root ID    Priority    32769
             Address     0060.2F25.14DE
             Cost        19
             Port        8(FastEthernet0/8)
             Hello Time  2 sec  Max Age 20 sec  Forward Delay 15 sec
  Bridge ID  Priority    32769  (priority 32768 sys-id-ext 1)
             Address     00E0.B08C.0C97
             Hello Time  2 sec  Max Age 20 sec  Forward Delay 15 sec
             Aging Time  20
Interface        Role Sts Cost     Prio.Nbr Type
---------------- ---- --- -------- -------- ----------------------------
Fa0/8            Root FWD 19       128.8    P2p
Fa0/9            Altn BLK 19       128.9    P2p
```

② 在 SW2 上查看生成树协议可以看到：SW2 是根网桥，因此 SW2 的端口 F0/8 和 F0/9 均为转发状态。

```
SW2#show spanning-tree
VLAN0001
  Spanning tree enabled protocol ieee
  Root ID    Priority    32769
             Address     0060.2F25.14DE
             This bridge is the root
             Hello Time  2 sec  Max Age 20 sec  Forward Delay 15 sec
  Bridge ID  Priority    32769  (priority 32768 sys-id-ext 1)
```

```
                    Address        0060.2F25.14DE
                    Hello Time   2 sec  Max Age 20 sec  Forward Delay 15 sec
                    Aging Time   20
Interface           Role Sts Cost           Prio.Nbr Type
---------------- ---- --- --------- -------- --------------------------------
Fa0/9               Desg FWD 19              128.9   P2p
Fa0/8               Desg FWD 19              128.8   P2p
```

7.2.6 VLAN 技术原理

1. VLAN 技术概述

虚拟局域网（VLAN）是一种通过将局域网内的设备从逻辑上划分成多个网段从而实现虚拟工作组的技术。VLAN 允许一组处在不同物理位置的用户共享一个广播域，可以在一个或多个物理网络中划分多个 VLAN，使得不同的用户群属于不同的广播域，这种逻辑划分与物理位置无关，同时可以控制广播的范围。IEEE 于 1999 年颁布了 VLAN 的标准化方案 802.1Q。

VLAN 对广播域的划分是通过交换机软件完成的，每一个 VLAN 都包含着一组具有相同需求的用户。用户可以自行分类规划用户群，例如，可以按照项目组、部门或者管理权限等进行 VLAN 的划分。例如，在交换机 A 中划分两个 VLAN：VLAN1 和 VLAN2。主机 A、主机 B 和主机 C 被划分到 VLAN1 中，主机 D、主机 E 和主机 F 被划分到 VLAN2 中。VLAN1 和 VLAN2 分别是不同的广播域，两个 VLAN 内部的任何流量都不会被转发到另外一个 VLAN。如果两个 VLAN 之间需要通信，需要利用 3 层设备来完成。

VLAN 技术有如下优点：

1）控制广播

按需将网络划分成多个广播域，缩小了广播域的范围，使得网络中由于广播所消耗的带宽比率大大降低，有效地减少了广播风暴的发生。

2）灵活的网络结构

在传统网络中，主机的增加、删除和移动，都需要在物理位置上对网络设备进行设置。使用 VLAN 技术，主机的变更通常不需要重新设置，不受物理位置的限制，使网络管理更加方便。

3）网络的安全性

使用 VLAN 技术，可以通过划分不同的 VLAN 来控制用户之间的通信，不同 VLAN 之间的用户不能直接访问，即使在物理上处于相邻的位置。通过划分 VLAN，使各个 VLAN 内部的信息得到保护，从而增强了网络的安全性。

2. VLAN 的分类

VLAN 一般可分为静态 VLAN、动态 VLAN。

1）静态 VLAN

静态 VLAN 是基于交换机端口的 VLAN，网络管理员将交换机端口分别划分到不同的 VLAN。例如，将交换机的 5、8、10 端口划分到 VLAN1，将 4、6、9 端口划分到 VLAN2 等。同一 VLAN 可以跨越多台交换机，即当网络中有多台交换机相连时，可以将一台交换机的任意端口和另一台交换机的任意端口划入同一个 VLAN。

基于端口的 VLAN 划分方法的优点在于定义 VLAN 时很简单，只需要将交换机端口指定到某一个 VLAN 即可；缺点是，如果 VLAN 用户更改连接端口，则必须重新定义。

2）动态 VLAN

动态 VLAN 可以通过用户设备的 MAC 地址或者是 IP 地址等来进行划分。基于 MAC 地址划分 VLAN 的方法需要网络中建立一个 VLAN 成员策略服务器（VMPS），当主机连接至交换机端口时，交换机识别该主机的 MAC 地址，并向 VMPS 发出请求，检索 VMPS 中的 MAC 地址与 VLAN 对应关系数据库，如果找到匹配的 MAC 地址，交换机将该端口分配给指定的 VLAN，否则，将端口分配给默认的 VLAN。

动态 VLAN 的优点是更加灵活，当用户物理位置发生改变时，比如从一个交换机移动到另外一个交换机，不需要重新进行 VLAN 的配置；缺点是管理开销较大，创建和更新数据库的开销较大。

3．中继技术

由于 VLAN 的设置是按照逻辑功能而非物理位置进行划分的，因此通常有同一 VLAN 的用户跨越多个交换机的现象。在这种情况下，不同的 VLAN 数据帧都共享同一条链接进行传输，需要采用一定的技术对这些数据帧进行区分和标识。这个共享的链接通常称为主干链接，通过一个链接传送多个 VLAN 通信量的方法称为中继（Trunk）技术。

中继技术可以在交换机间进行多个 VLAN 数据的传输，每一个通过中继传输的数据帧都要被标记上 VLAN ID，传输路径中的交换机收到这些帧后，对标识符进行检查以识别这个数据帧所在的 VLAN。当数据帧通过接入链路（非中继链路）传输出去之前，交换机将 VLAN 标识符删除。IEEE 802.1Q 定义了标准化的 VLAN 标识方法，使得 VLAN 中继链路可以在不同厂商设备之间运行。

对于以太网数据帧，IEEE 802.1Q 在帧格式中的源地址字段后面插入一个 4 字节的标识符，称为 VLAN 标记，或者 tag 域，主要用于指明发送该数据帧的主机属于哪一个 VLAN。TPID（标记协议标识符）是 VLAN 标记的前 2 字节，其值固定为 0x8100，称为 802.1Q 标记。当数据链路层检测到 MAC 帧源地址字段后面的值是 0x8100 时，即可知道该区域为 VLAN 标记。标记控制信息（TCI）字段位于 VLAN 标记的后 2 字节。TCI 包括 3 位的用户优先级字段（用于实现 802.1Q 中的服务类别功能），1 位 CFI（规范格式指示符，用于指示 MAC 地址位是以太网还是令牌环格式）和 12 位的 VLAN ID（用于标识该以太网帧所属的 VLAN）。

4．VLAN 数据帧的传输

由于主机只能收发标准的以太网数据帧，不能识别带有 tag 标记的数据帧，所以支持 VLAN 的交换机在与主机和交换机通信的过程有所区别：当交换机接收到数据帧时，交换机检查数据帧的 tag 域或者根据接收端口的默认 VLAN ID 来判断数据帧的转发端口，如果目标端口连接的是主机，则删除 tag 域后再发送数据帧；如果目标端口连接的是交换机，则添加 tag 域再发送数据帧。因此，根据交换机处理数据帧方式，可以将交换机端口分为两类：访问端口和中继端口。访问端口只传送标准的以太网数据帧，用于连接主机、服务器等终端设备；中继端口既可以传送有 tag 标记的数据帧也可以传送标准以太网数据帧，用于连接交换机等网络设备。

5．VLAN 基本配置方法

配置静态 VLAN：

1）创建 VLAN

```
Switch#vlan database
Switch(vlan)#vlan vlan_number {name vlan_name}
Switch(vlan)#exit
```

2）将接口指定到 VLAN 中

```
Switch(config)#interface fastethernet 0/9
Switch(config-if)#switchport access vlan vlan_number
```

7.2.7　实验 16——VLAN 配置实验

1．实验目的和要求

（1）理解 VLAN 基本原理。

（2）掌握交换机上创建 VLAN、分配静态 VLAN 成员的方法。

2．实验设备

Cisco 交换机 Cisco Catalyst 2960，1 台；PC，3 台；控制台电缆，1 条；网线若干。

3．实验内容

（1）配置 2 个 VLAN：VLAN 2 和 VLAN 3 并为其分配静态成员。

（2）验证 VLAN 配置结果。

4．实验原理

VLAN 配置实验拓扑图，如图 7-7 所示。

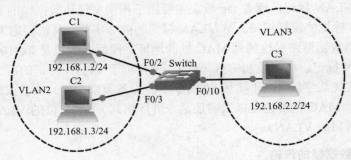

图 7-7　VLAN 配置实验拓扑图

5．实验步骤

（1）按图 7-7 连接 PC 和交换机，并查看交换上的 VLAN 信息，可以看到初始情况下所有接口属于 VLAN1。

```
Switch#show vlan
VLAN Name                             Status    Ports
---------------------------------- --------- -------------------------------
```

```
1    default                  active    Fa0/1, Fa0/2, Fa0/3, Fa0/4
                                        Fa0/5, Fa0/6, Fa0/7, Fa0/8
                                        Fa0/9, Fa0/10, Fa0/11, Fa0/12
                                        Fa0/13, Fa0/14, Fa0/15, Fa0/16
                                        Fa0/17, Fa0/18, Fa0/19, Fa0/20
                                        Fa0/21, Fa0/22, Fa0/23, Fa0/24
                                        Gig1/1, Gig1/2
......
```

（2）在交换机上创建 2 个 VLAN：VLAN 2 和 VLAN 3，并查看交换机的 VLAN，可以看到已经创建了 VLAN 2 和 VLAN 3，2 个 VLAN 不包含任何接口。

```
Switch#conf t
Switch(config)#vlan 2
Switch(config)#vlan 3
Switch#sh vlan
VLAN Name                     Status    Ports
---- ------------------------ --------- -------------------------
1    default                  active    Fa0/1, Fa0/2, Fa0/3, Fa0/4
                                        Fa0/5, Fa0/6, Fa0/7, Fa0/8
                                        Fa0/9, Fa0/10, Fa0/11, Fa0/12
                                        Fa0/13, Fa0/14, Fa0/15, Fa0/16
                                        Fa0/17, Fa0/18, Fa0/19, Fa0/20
                                        Fa0/21, Fa0/22, Fa0/23, Fa0/24
                                        Gig1/1, Gig1/2
2    VLAN0002                 active
3    VLAN0003                 active
......
```

（3）分配接口至相应 VLAN。将交换机上的端口 F0/1～F0/8 分配成 VLAN 2 的成员，将交换机上的端口 F0/9～F0/16 分配成 VLAN 3 的成员。

```
Switch(config)#int range f0/1 - f0/8
Switch(config-if-range)#switchport access vlan 2
Switch(config-if-range)#exit
Switch(config)#int range f0/9 - f0/16
Switch(config-if-range)#switchport access vlan 3
```

（4）查看交换机的 VLAN，可以看到此时 VLAN 2 包含端口 F0/1～F0/8，VLAN 3 包含端口 F0/9～F0/16。

```
Switch#sh vlan
VLAN Name                     Status    Ports
---- ------------------------ --------- -------------------------
1    default                  active    Fa0/17, Fa0/18, Fa0/19, Fa0/20
                                        Fa0/21, Fa0/22, Fa0/23, Fa0/24
                                        Gig1/1, Gig1/2
2    VLAN0002                 active    Fa0/1, Fa0/2, Fa0/3, Fa0/4
                                        Fa0/5, Fa0/6, Fa0/7, Fa0/8
```

| 3 | VLAN0003 | active | Fa0/9, Fa0/10, Fa0/11, Fa0/12 |
| | | | Fa0/13, Fa0/14, Fa0/15, Fa0/16 |

......

（5）工作站 C1 连接交换机端口 f0/2，工作站 C2 连接交换机端口 f0/3，工作站 C3 连接交换机端口 f0/10。C1 的 IP 地址为 192.168.1.2/24，C2 的 IP 地址为 192.168.1.3/24，C3 的 IP 地址为 192.168.2.2/24。

（6）测试同一 VLAN 内工作站的连通性。在 C1 上 ping C2，结果显示成功。

```
PC>ping 192.168.1.3
Pinging 192.168.1.3 with 32 bytes of data:
Reply from 192.168.1.3: bytes=32 time=63ms TTL=128
Reply from 192.168.1.3: bytes=32 time=63ms TTL=128
Reply from 192.168.1.3: bytes=32 time=62ms TTL=128
Reply from 192.168.1.3: bytes=32 time=47ms TTL=128
Ping statistics for 192.168.1.3:
    Packets: Sent = 4, Received = 4, Lost = 0 (0% loss),
Approximate round trip times in milli-seconds:
    Minimum = 47ms, Maximum = 63ms, Average = 58ms
```

（7）测试不同 VLAN 间工作站的连通性。在 C1 上 ping C3，结果显示超时。

```
PC>ping 192.168.2.2
Pinging 192.168.2.2 with 32 bytes of data:
Request timed out.
Request timed out.
Request timed out.
Request timed out.
Ping statistics for 192.168.2.2:
    Packets: Sent = 4, Received = 0, Lost = 4 (100% loss),
```

7.2.8 实验 17——VLAN 主干道配置实验

1. 实验目的和要求

（1）理解 VLAN 的基本原理。

（2）掌握交换机上创建主干道的方法，利用主干道实现跨交换机 VLAN 内的通信。

2. 实验设备

Cisco 交换机 Cisco Catalyst 2960，2 台；工作站 PC，4 台；控制台电缆，2 条；网线若干。

3. 实验内容

（1）在两个交换机上分别创建两个 VLAN：VLAN 2 和 VLAN 3 并为其分配静态成员。

（2）创建两个交换机间的主干道并测试主干道的工作情况。

4. 实验原理

VLAN 主干道配置实验拓扑图，如图 7-8 所示。

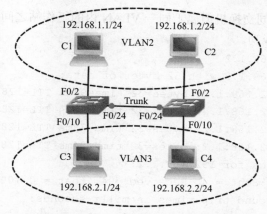

图 7-8　VLAN 主干道配置实验拓扑图

5．实验步骤

（1）按图 7-8 连接工作站和交换机。

（2）在交换机 SW1 和 SW2 上各自创建 2 个 VLAN：VLAN 2 和 VLAN 3。并将交换机上的端口 F0/1～F0/8 分配为 VLAN 2 的成员，将交换机上的端口 F0/9～F0/16 分配为 VLAN 3 的成员。以 SW1 为例，具体设置如下：

```
SW1#conf t
SW1(config)#vlan 2
SW1(config)#vlan 3
SW1(config)#int range f0/1 - f0/8
SW1(config-if-range)#switchport access vlan 2
SW1(config-if-range)#exit
SW1(config)#int range f0/9 - f0/16
SW1(config-if-range)#switchport access vlan 3
```

（3）将工作站 C1 接入交换机 SW1 上的端口 F0/2，将工作站 C2 接入交换机 SW2 上的端口 F0/2，将工作站 C3 接入交换机 SW1 上的端口 F0/10，将工作站 C4 接入交换机 SW2 上的端口 F0/10，并将交换机 SW1 上的端口 F0/24 与 SW2 的 F0/24 相连。C1 的 IP 地址为 192.168.1.1/24，C2 的 IP 地址为 192.168.1.2/24，C3 的 IP 地址为 192.168.2.1/24，C4 的 IP 地址为 192.168.2.2/24。在 C1 上 ping C2，由于此时未在交换机间设置干道，结果显示超时。

```
PC>ping 192.168.1.2
Pinging 192.168.1.2 with 32 bytes of data:
Request timed out.
Request timed out.
Request timed out.
Request timed out.
Ping statistics for 192.168.1.2:
    Packets: Sent = 4, Received = 0, Lost = 4 (100% loss),
```

（4）将交换机 SW1 和 SW2 的端口 F0/24 设置为干道接口。以 SW1 为例，具体设置如下：

```
SW1(config)#int f0/24
SW1(config-if)#switch mode trunk
```

（5）测试位于不同交换机但属于同一 VLAN 内的工作站之间的连通性。在 C1 上 ping C2，此时结果显示成功。

```
PC>ping 192.168.1.2
Pinging 192.168.1.2 with 32 bytes of data:
Reply from 192.168.1.2: bytes=32 time=94ms TTL=128
Reply from 192.168.1.2: bytes=32 time=79ms TTL=128
Reply from 192.168.1.2: bytes=32 time=78ms TTL=128
Reply from 192.168.1.2: bytes=32 time=94ms TTL=128
Ping statistics for 192.168.1.2:
    Packets: Sent = 4, Received = 4, Lost = 0 (0% loss),
Approximate round trip times in milli-seconds:
    Minimum = 78ms, Maximum = 94ms, Average = 86ms
```

（6）测试位于同一交换机但属于不同 VLAN 内的工作站之间的连通性。在 C1 上 ping C3，此时结果显示超时。

```
PC>ping 192.168.2.1
Pinging 192.168.2.1 with 32 bytes of data:
Request timed out.
Request timed out.
Request timed out.
Request timed out.
Ping statistics for 192.168.2.1:
    Packets: Sent = 4, Received = 0, Lost = 4 (100% loss),
```

（7）查看交换机上的 VLAN 相关信息。

```
SW1#sh vlan
VLAN Name                       Status    Ports
---- -------------------------- --------- -------------------------
1    default                    active    Fa0/17, Fa0/18, Fa0/19, Fa0/20
                                          Fa0/21, Fa0/22, Fa0/23, Gig1/1
                                          Gig1/2
2    VLAN0002                   active    Fa0/1, Fa0/2, Fa0/3, Fa0/4
                                          Fa0/5, Fa0/6, Fa0/7, Fa0/8
3    VLAN0003                   active    Fa0/9, Fa0/10, Fa0/11, Fa0/12
                                          Fa0/13, Fa0/14, Fa0/15, Fa0/16
……
```

（8）查看交换机上的主干道相关信息。

```
Switch#sh int trunk
Port      Mode         Encapsulation  Status        Native vlan
Fa0/24    on           802.1q         trunking      1
Port      Vlans allowed on trunk
Fa0/24    1-1005
Port      Vlans allowed and active in management domain
Fa0/24    1,2,3
Port      Vlans in spanning tree forwarding state and not pruned
Fa0/24    1,2,3
```

7.3　路由器基础实验

7.3.1　路由技术概述

1. 路由概念及其分类

路由器工作在 TCP/IP 参考模型的第 3 层网络层,路由器通常根据收到的数据包的目的 IP 地址做出转发决定,这一转发过程称为路由。路由器转发数据包的依据是路由表,路由表中包含了到达各个目的网络的路由信息。路由可以分为直连路由、静态路由、动态路由 3 种。

1）直连路由

直连路由通常指向直连在路由器某一接口的网络。当路由器接口配置好 IP 地址和子网掩码后,该接口对应的网络地址和子网掩码及接口编号等信息都将出现在路由表中。生成直连路由的两个条件包括:一个是路由器接口配置了 IP 地址;另一个是这个接口的物理链路是连通的。

2）静态路由

静态路由通常是由网络管理员手工配置的路由信息。当网络拓扑发生变化时,需要手工修改路由信息以适应网络的变化。静态路由适合网络拓扑结构比较简单的环境,网络管理员能够清楚地了解网络结构,能够正确手工配置静态路由。相对于动态路由,静态路由有更高的优先级,当到达同一目的网络既有静态路由又有动态路由时,通常首选静态路由。

3）动态路由

动态路由是由动态路由协议自动生成的路由条目。通常在大型网络中,包含成百上千台路由器,路由条目更加繁杂,网络拓扑的变化更加频繁,此时静态路由已经不能适应网络需求。当网络拓扑发生变化时,使用动态路由协议可以自动增加和删除网络,扩展性较好。动态路由协议由一组处理进程、算法和消息组成,主要用于发现远程网络、维护最新的路由信息,选择最佳路径并将其添加到路由表中。

2. 路由协议

路由协议是路由器之间运行的通信协议,通过动态学习产生全网相应的路由信息,从而实现数据包的转发,例如 RIP、OSPF。可路由协议是指能够在网络层地址中提供足够的信息,使得一个分组能够基于该寻址方案从一台主机转发到另外一台主机,根据可路由协议里的标识信息,进行数据的转发,例如 IP、IPX。动态路由是指利用路由器上运行的动态路由协议定期和其他路由器交换路由信息,而从其他路由器上学习到的路由信息,自动建立起自己的路由。常用的动态路由协议包括:RIP(路由信息协议)、IGRP(内部网关路由协议)、OSPF(开放式最短路径优先)、IS-IS(中间系统-中间系统)、EIGRP(增强型内部网关路由协议)、BGP(边界网关协议)。

根据路由协议的工作范围可以分内部网关协议和外部网关协议,根据路由协议所使用的算法可以分为距离矢量和链路状态路由协议。

1）内部网关协议和外部网关协议

一个自治系统就是处于一个管理机构控制之下的路由器和网络群组,在自治系统之间交换路由选择信息的路由选择协议称为外部网关协议（EGP），例如 BGP。在自治系统内交换路由选择信息的路由协议称为内部网关协议（IGP），例如 OSPF、RIP、IGRP、EIGRP 和 IS-IS。EGP 和 IGP 运行位置示意图如图 7-9 所示。

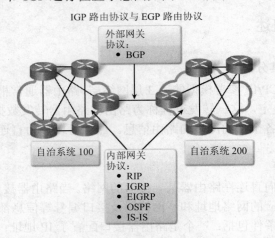

图 7-9　EGP 和 IGP 运行位置示意图

2）距离矢量和链路状态路由协议

距离矢量（Distance Vector）路由算法路由器只向邻居发送路由信息报文，路由器将更新后完整路由信息报文发送给邻居，路由器根据接收到的信息报文计算产生路由表。典型的距离矢量路由协议包括 RIP、BGP、IGRP 等。

链路状态（Link-State）路由协议向全网扩散链路状态信息，链路状态路由协议当网络结构发生变化立即发送更新信息，链路状态路由协议只发送需要更新的信息。典型的链路状态路由协议包括 OSPF、IS-IS 等。

7.3.2　路由器基本原理

1. 路由器的功能

路由器是一种典型的网络层设备。网络层属于 OSI 中的第 3 层，从它的名字可以看出，它解决的是网络与网络之间，即网际的通信问题。网络层的主要功能是提供路由，即选择到达目标主机的最佳路径，并沿该路径传送数据包。除此之外，网络层还要能够消除网络拥挤，具有流量控制和拥塞控制的能力。

路由器的具体功能如下：

1）协议转换

路由器能对网络层及其以下各层的协议进行转换。

2）路由选择

当分组从互联的网络到达路由器时，路由器能根据分组的目的地址按某种路由策略，选择最佳路由，将分组转发出去，并能随网络拓扑的变化，自动调整路由表。

3）能支持多种协议的路由选择

路由器与协议有关，不同的路由器支持不同的路由协议，支持不同的网络层协议。如果互联的局域网采用了两种不同的协议，例如，一种是 TCP/IP 协议，另一种是 SPX/IPX 协议（即 NetWare 的传输层/网络层协议），由于这两种协议有许多不同之处，分布在互联网中的 TCP/IP（或 SPX/IPX）主机上，只能通过 TCP/IP（或 SPX/IPX）路由器与其他互联网中的 TCP/IP（或 SPX/IPX）主机通信，但不能与同一局域网中的 SPX/IPX（或 TCP/IP）主机通信。多协议路由器能支持多种协议，如 IP，IPX 及 X.25 协议，能为不同类型的协议建立和维护不同的路由表。这样不仅能连接同一类型的网络，还能用它连接不同类型的网络。

4）流量控制

路由器不仅具有缓冲区，而且还能控制收发双方数据流量，使两者更加匹配。

5）分段和组装

当多个网络通过路由器互联时，各网络传输的数据分组的大小可能不相同，这就需要路由器对分组进行分段或组装。即路由器能将接收的大分组分段并封装成小分组后转发，或将接收的小分组组装成大分组后转发。如果路由器没有分段组装功能，那么整个互联网就只能按照所允许的某个最短分组进行传输，大大降低了其他网络的效能。

6）网络管理

路由器是连接多种网络的汇聚点，负责不同网络间的分组转发。因此，在路由结点处便于对网络进行分组、设备进行监视和管理。目前，大多路由器都配置了网络管理功能，以便提高网络的运行效率、可靠性和可维护性。

2．路由器的工作过程

Internet 是由众多相对独立的子网连接起来的互联网络，各子网内部又由许多主机组成。子网内部主机间的通信按照数据链路层协议进行，子网之间的通信则要通过路由器实现。路由器的最基本功能是分组转发功能，路由器工作于网络层，其主要任务是接收来自网络接口的分组，根据分组的目的地址，查找路由表，决定转发端口。

源主机将目的主机的 IP 地址、源地址、数据等信息封装到数据包中，然后查看目的主机是否在本网段内，如果目的主机位于其他网段，源主机将数据包发送至源主机网关路由器。路由器收到源主机的数据包后，查看数据包的目的地址，然后检索路由表，在路由表的相应条目找到与目的地址对应的转发信息。路由器将通过路由表指示的转发端口将数据包发送至下一个路由结点。如果路由器在路由表中检索不到对应目的网络的路由条目，路由器将向源主机返回一个信息，并丢弃该数据包。

路由技术就是学习路由，对路由进行控制，并维护路由的完整、无差错的技术。路由器完成路由工作必须具备以下条件：

1）明确的目的地址

数据包中必须有明确的可路由的目的地址。

2）生成路由的资源

路由器需要通过网络管理员手工配置静态路由或通过动态路由协议从相邻路由器学习路由。

3）选择最佳路由

通常有多条路径可以到达目的网络，路由器需要从中选择一条或多条最佳路径作为路由。

4）管理和维护路由信息

路由器能够根据网络拓扑的变化实时收发路由更新信息，并根据收到的信息及时调整路由表。

3．路由器的组成

1）路由器的接口

路由器通常用于不同网络之间互联，外观与交换机相似，接口比交换机少。路由器主要包含 Console 接口（控制台接口）、AUX 接口（辅助端口）、USB 接口、PCMCIA 接口。路由器常见接口的主要功能如下：

（1）Console 接口。用于路由器的初始化连接以及配置，使用全反线连接。

（2）AUX 接口。用于通过 Modem 拨号远程接入，当 Console 出现故障时，也可以通过 AUX 接入。

（3）USB 接口。用于存储的扩展。

（4）PCMCIA 接口。可支持 IOS 系统的热插拔。

路由器的后板主要包括了网络连接接口，包括以太网接口、广域网接口及可以进行语音扩展的扩展插槽等。最早的路由器设备类似于一台多网络接口的计算机，报文的转发使用软件来实现，但是现在的路由器在设计和外形上和普通的计算机有较大的区别，不过人们也可以把它当成一台特殊的计算机，路由器的 IOS 源自 UNIX 操作系统。

2）路由器的硬件组成

路由器的硬件部分主要包括 CPU（中央处理器）、Flash（闪存）、ROM（只读存储器）、RAM（随机存储器）、NVRAM（非易失性随机存储器）、I/O 接口和线缆等。路由器的各个组成部分的功能如下：

（1）CPU（中央处理器）执行 IOS 指令，决定路由器的性能。

（2）Flash。主要用于保存路由器的 IOS 映像。

（3）ROM（只读存储器）包含开机诊断程序、引导程序和 IOS 系统软件。

（4）RAM（随机存储器）用于存放路由表、ARP 缓存、数据缓存等，关机后内容被清除。

（5）NVRAM（非易失性随机存储器）关电时内容不会丢失，通常用于保存路由器的配置文件。

（6）I/O 接口。分组进入路由器的通道。

3）路由器的软件组成

路由器的软件部分主要分为 IOS 和配置文件。IOS（Internetwork Operating System，网络互联操作系统），指路由器运行的操作系统，决定路由器的功能和相关特性，存放在 Flash 存储中。配置文件指对路由器进行配置之后保存配置信息的文件，路由器启动后会自动加载，存放在 NVRAM 存储中。

7.3.3　路由器的配置方法

1．路由器的基本配置模式

1）用户模式

路由器处于用户命令状态，这时用户可以看到路由器的连接状态，访问其他网络和主机，但不能看到和更改路由器的设置内容，用户模式的命令提示符为 router>。

2）特权模式

在 router>提示符下键入 enable，路由器进入特权命令状态 router#，这时不但可以执行所有的用户命令，还可以看到和更改路由器的设置内容。

3）全局模式

在 router#提示符下键入 configure terminal，出现提示符 router(config)#，此时路由器处于全局设置状态，这时可以设置路由器的全局参数。

4）线路配置模式

在全局模式下可以进一步进入线路模式，配置路由器远程登录密码等参数，线路配置模式的命令提示符为 router(config-line)#。

5）路由配置模式

在全局模式下可以进一步进入路由模式，配置路由器的动态路由协议相关参数，路由配置模式的命令提示符为 router(config-router)#。

6）接口配置模式

在全局模式下可以进一步进入接口模式，配置路由器的接口类型、接口 IP 地址、接口带宽的参数，接口配置模式的命令提示符为 router(config-if)#。

2. 路由器的基本配置方法

1）配置端口地址

```
Router#configure terminal
Router(config)#interface fastethernet 0/0
Router(config-if)#ip address 192.168.1.1 255.255.255.0
Router(config-if)#no shutdown
```

2）配置远程登录密码

```
Router(config)#line vty 0 4
Router(config-line)#login
Router(config-line)#password CISCO
```

3）配置路由器特权模式密码

```
Router(config)#enable secret CISCO
Router(config)#enable password CISCO
```

4）查看版本及引导信息

```
Router#show version
```

5）查看运行配置

```
Router#show running-config
```

6）查看用户保存在 NVRAM 中的配置文件

```
Router#show startup-config
```

7）保存配置文件

```
Router#copy running-config startup-config
Router#write memory
Router#write
```

8）删除配置文件

```
Router#delete flash:config.text
Router#erase flash:config.text
```

9）查看路由信息

```
Router#show ip route
```

3．路由表

路由器的主要工作就是为经过路由器的每个数据包寻找一条最佳传输路径，并将该数据包有效地传送到目的站点。故选择最佳路径的策略，即路由算法，是路由器的关键所在。在路由器中保存着各种传输路径的相关数据：路由表（Routing Table），供路由选择时使用。路由表中保存着路由信息来源、目的网络地址、下一跳路由器地址、输出接口等内容。以路由条目 O 192.168.1.0/24[110/20] via 172.16.7.2 00:00:23 Serial 1/2 为例，路由表详细内容如下：

O	路由信息的来源（O 代表 OSPF）
192.168.1.0/24	目的网络（或子网）
110	管理距离（路由的可信度）
20	度量值（用于在多条路径中选择最优路径）
172.16.7.2	下一跳地址（下一路由器接口地址）
00:00:23	路由的存活的时间（时、分、秒）
Serial 1/2	输出接口

1）管理距离

标识路由信息源的可信度，管理距离可以用来选择使用哪一种 IP 路由协议学习到的路由，管理距离值越低，学到的路由越可信。通常静态配置路由优先于动态协议学到的路由，采用复杂度量的路由协议优先于简单度量的路由协议。常见的路由信息源及其管理距离如表 7-1 所示。

如果路由器接收到两个对于同一远程网络的更新内容，路由器首先比较管理距离。带有最低管理距离值的路由将会被放置在路由表中。管理距离相同，则路由协议的度量值（如跳计数或链路的带宽值）将被用作选择到达远程网络最佳路径的依据，最低度量值的路由将被放置在路由表中。管理距离相同及度量相同，负载均衡（即它所发送的数据包会平分到每个链路上）。

表 7-1　管理距离

路　由	管理距离	路　由	管理距离
直连	0	ISIS	115
静态路由（接口）	0	RIPv1/v2	120
静态路由（IP 地址）	1	EGP	140
EBGP	20	IBGP	200
OSPF	110	Unknown	255

2）度量值

度量值用于判别最优的路径，路由协议为学习到的每条路由产生一个度量值，度量值可以是跳数、带宽、延时、负载、可靠性以及开销中的一个或几个综合值。

（1）跳数（hop count）。分组从源结点到达目的结点经过的路由器的个数。

（2）带宽（bandwidth）。链路的传输速率。

（3）延时（delay）。分组从源结点到达目的结点花费的时间。

（4）负载（load）。通过路由器或线路的单位时间通信量。

（5）可靠性（reliability）。网络链路的可信度（通常指单位时间内链路的失效次数）。

（6）开销（cost）。传输过程中的耗费，与所使用的链路带宽相关。

7.3.4　实验 18——路由器的基本配置实验

1．实验目的和要求

（1）理解路由器的基本原理。

（2）掌握路由器的基本配置方法。

2．实验设备

路由器 Cisco 3640，1 台；PC，1 台；控制台电缆，1 条。

3．实验内容

（1）设置路由器的特权口令、特权加密口令、主机名、控制线密码、远程登录密码和接口地址。

（2）查看路由器的当前配置文件，并将当前配置文件保存至启动配置文件。

4．实验原理

路由器基本配置实验拓扑图，如图 7-10 所示。

图 7-10　路由器基本配置实验拓扑图

5．实验步骤

（1）使用控制台电缆，按照图 7-10 将路由器 Router 的 Console 口和 PC 工作站的 COM1 口连接。

（2）在 PC 上启动超级终端程序，并设置相关参数。

（3）打开路由器电源，待路由器启动完毕出现"Press RETURN to get started!"提示后，按"回车"键，超级终端界面最终出现用户模式提示符 router>。

（4）练习常用路由器基本配置命令。

① 设置路由器特权密码：

```
router>enable                          //进入特权模式
router#config terminal                 //进入全局配置模式
router(config)#enable password 111     //设置特权非加密口令为 111
router(config)#enable secret 222       //设置特权加密口令为 222
router(config)#exit                    //返回特权模式
```

② 设置路由器主机名：

```
router(config)#hostname R1             //设置路由器的主机名 R1
```

③ 设置路由器控制线密码：

```
router(config)#line console 0          //进入控制台口
router(config-line)#password 333       //设置控制线密码为 333
```

④ 设置虚拟终端登录密码：

```
router(config-line)#line vty 0 4          //进入虚拟终端线路
router(config-line)#login                 //允许登录
router(config-line)#password 444          //设置虚拟终端登录密码为 444
```

⑤ 设置路由器接口地址：

```
router# (config)#int e0/0                 //进入接口配置模式
router# (config-if)#ip address 192.168.1.1 255.255.255.0
                                          //设置接口的 IP 地址和子网掩码
router# (config-if)#no shutdown           //开启接口
```

⑥ 复制路由器配置文件：

```
router#copy running-config startup-config
                                     //将当前配置文件复制到启动配置文件
router#copy startup-config  running-config
                                     //将启动配置文件复制到当前配置文件
```

（5）查看路由器当前配置文件。

```
R1#sh run
Building configuration...
Current configuration : 921 bytes
!
version 12.4
service timestamps debug datetime msec
service timestamps log datetime msec
no service password-encryption
!
hostname R1
!
boot-start-marker
boot-end-marker
!
enable secret 5 $1$KV.S$vlpNHJDxkBl/cuHwrNCZb.
enable password 111
!
……
interface Ethernet0/0
 ip address 192.168.1.1 255.255.255.0
 half-duplex
……
line con 0
 exec-timeout 0 0
 privilege level 15
 password 333
 logging synchronous
line aux 0
```

```
exec-timeout 0 0
privilege level 15
logging synchronous
line vty 0 4
password 444
login
!
!
end
```

7.3.5　实验 19——路由器直连路由实验

1．实验目的和要求

（1）理解 IP 地址的含义，理解直连路由的概念。

（2）掌握路由器接口 IP 地址的配置方法，掌握路由器的直连路由的配置方法。

2．实验设备

路由器 Cisco 3640，1 台；带有网卡的工作站 PC，2 台；控制台电缆，1 条；网线，2 条。

3．实验内容

（1）配置路由器的 IP 地址，主机的 IP 地址及默认网关地址。

（2）测试两台主机的连通性。

4．实验原理

路由器直连路由实验拓扑图，如图 7-11 所示。

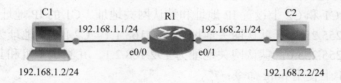

图 7-11　路由器直连路由实验拓扑图

5．实验步骤

（1）在路由器上配置两个以太接口的 IP 地址。

```
R1>enable
R1#conf ter
R1(config)#int e0/0
R1(config-if)#ip ad 192.168.1.1 255.255.255.0
R1(config-if)#no shut
R1(config-if)#exit
R1(config)#int e0/1
R1(config-if)#ip ad 192.168.2.1 255.255.255.0
R1(config-if)#no sh
```

配置成功以后在路由器 R1 上使用命令：show running-config 显示配置文件如下：

```
......
interface Ethernet0/0
ip address 192.168.1.1 255.255.255.0
 half-duplex
!
interface Ethernet0/1
 ip address 192.168.2.1 255.255.255.0
 half-duplex
!
......
```

此时，在 R1 上使用命令：show ip route 显示 R1 上的路由表，可以看到 R1 上已经有两条指向直连网络 192.168.1.0/24 和 192.168.2.0/24 的直连路由，输出接口分别为 Ethernet0/0 和 Ethernet0/1。

```
R1#sh ip rout
Codes: C - connected, S - static, I - IGRP, R - RIP, M - mobile, B - BGP
       D - EIGRP, EX - EIGRP external, O - OSPF, IA - OSPF inter area
       N1 - OSPF NSSA external type 1, N2 - OSPF NSSA external type 2
       E1 - OSPF external type 1, E2 - OSPF external type 2, E - EGP
       i - IS-IS, L1 - IS-IS level-1, L2 - IS-IS level-2, ia - IS-IS inter area
       * - candidate default, U - per-user static route, o - ODR
       P - periodic downloaded static route
Gateway of last resort is not set
C    192.168.1.0/24 is directly connected, Ethernet0/0
C    192.168.2.0/24 is directly connected, Ethernet0/1
```

（2）在主机 C1 和 C2 上设置 IP 地址和默认网关地址。C1 的 IP 地址为 192.168.1.2，子网掩码为 255.255.255.0，默认网关地址为 192.168.1.1。C2 的 IP 地址为 192.168.2.2，子网掩码为 255.255.255.0，默认网关地址为 192.168.2.1。并测试主机和其默认网关之间的连通性，在 C1 上使用 ping 命令：

```
C1> ping 192.168.1.1
192.168.1.1 icmp_seq=1 ttl=255 time=46.875 ms
192.168.1.1 icmp_seq=2 ttl=255 time=15.625 ms
192.168.1.1 icmp_seq=3 ttl=255 time=15.625 ms
192.168.1.1 icmp_seq=4 ttl=255 time=15.625 ms
192.168.1.1 icmp_seq=5 ttl=255 time=0.000 ms
```

可以看到 C1 和其默认网关之间是连通的。在 C2 上使用 ping 命令：

```
C2> ping 192.168.2.1
192.168.2.1 icmp_seq=1 ttl=255 time=62.500 ms
192.168.2.1 icmp_seq=2 ttl=255 time=31.250 ms
192.168.2.1 icmp_seq=3 ttl=255 time=0.000 ms
192.168.2.1 icmp_seq=4 ttl=255 time=15.625 ms
192.168.2.1 icmp_seq=5 ttl=255 time=15.625 ms
```

同理，可以看到 C2 和其默认网关之间是连通的。

（3）测试两台 PC 的连通性。在 C1 上 ping C2 的 IP 地址：

```
C1> ping 192.168.2.2
192.168.2.2 icmp_seq=1 ttl=63 time=78.125 ms
192.168.2.2 icmp_seq=2 ttl=63 time=62.500 ms
192.168.2.2 icmp_seq=3 ttl=63 time=15.625 ms
192.168.2.2 icmp_seq=4 ttl=63 time=46.875 ms
192.168.2.2 icmp_seq=5 ttl=63 time=15.625 ms
```

可以看到 C1 和 C2 之间是连通的，即通过路由器 R1 直连的两个网络是连通的。

7.3.6 实验 20——路由器静态路由实验

1．实验目的和要求

（1）掌握路由器静态路由基本原理。

（2）掌握路由器静态路由的配置方法。

2．实验设备

路由器 Cisco 3640，2 台；带有网卡的工作站 PC，2 台；控制台电缆，2 条；直通网线若干。

3．实验内容

通过在路由器 R1 和路由器 R2 的路由表里添加静态路由，使路由器 R1 和路由器 R2 所连的各个网络能够互相通信。

4．实验原理

路由器静态路由实验拓扑图，如图 7-12 所示。

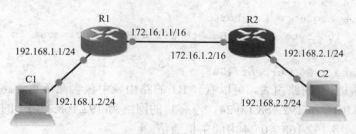

图 7-12　路由器静态路由实验拓扑图

5．实验步骤

（1）按图 7-12 连接路由器和各工作站。

（2）按图 7-12 配置路由器和各工作站 IP 地址等参数。

在路由器 R1 上输入：

```
R1>en
R1#conf t
R1(config)#int e0/0
R1(config-if)#ip ad 172.16.1.1 255.255.0.0
```

```
R1(config-if)#no sh
R1(config-if)#exit
R1(config)#int e0/1
R1(config-if)#ip ad 192.168.1.1 255.255.255.0
R1(config-if)#no sh
R1(config-if)#exit
```

在路由器 R2 上输入：

```
R2>en
R2#conf t
R2(config)#int e0/0
R2(config-if)#ip ad 172.16.1.2 255.255.0.0
R2(config-if)#no sh
R1(config-if)#exit
R2(config)#int e0/1
R2(config-if)#ip ad 192.168.2.1 255.255.255.0
R2(config-if)#no sh
R2(config-if)#exit
```

（3）在路由器 R1 上 ping 路由器 R2 的接口 e0/0，结果显示可以 ping 通。

```
R1#ping 172.16.1.2
Type escape sequence to abort.
Sending 5, 100-byte ICMP Echos to 172.16.1.2, timeout is 2 seconds:
!!!!!
Success rate is 100 percent (5/5), round-trip min/avg/max = 16/24/36 ms
```

然后，在路由器 R1 上 ping 路由器 R2 的接口 e0/1，结果显示超时。

```
R1#ping 192.168.2.1
Type escape sequence to abort.
Sending 5, 100-byte ICMP Echos to 192.168.2.1, timeout is 2 seconds:
.....
Success rate is 0 percent (0/5)
```

此时，查看 R1 上的路由表，可以看到 R1 的路由表中包含两条直连路由，目的网络分别为 172.16.0.0/16 和 192.168.1.0/24，没有目的网络为 192.168.2.0/24 的路由条目。因此，R1 无法与网络 192.168.2.0/24 内的主机通信。

```
R1#sh ip rout
Codes: C - connected, S - static, I - IGRP, R - RIP, M - mobile, B - BGP
       D - EIGRP, EX - EIGRP external, O - OSPF, IA - OSPF inter area
       N1 - OSPF NSSA external type 1, N2 - OSPF NSSA external type 2
       E1 - OSPF external type 1, E2 - OSPF external type 2, E - EGP
       i - IS-IS, L1 - IS-IS level-1, L2 - IS-IS level-2, ia - IS-IS inter area
       * - candidate default, U - per-user static route, o - ODR
       P - periodic downloaded static route
Gateway of last resort is not set
C    172.16.0.0/16 is directly connected, Ethernet0/0
C    192.168.1.0/24 is directly connected, Ethernet0/1
```

（4）配置路由器 RouterR1 和 RouterR2 上的静态路由。

首先，在路由器 R1 上配置静态路由，目的网络为 192.168.2.0/24，下一跳地址为 172.16.1.2。

```
R1 (config)#ip route 192.168.2.0 255.255.255.0 172.16.1.2
```

在 R1 上查看路由表，可以看到增加了一条目的网络为 192.168.2.0/24 静态路由，管理距离为 1。

```
R1#sh ip rout
Codes: C - connected, S - static, I - IGRP, R - RIP, M - mobile, B - BGP
       D - EIGRP, EX - EIGRP external, O - OSPF, IA - OSPF inter area
       N1 - OSPF NSSA external type 1, N2 - OSPF NSSA external type 2
       E1 - OSPF external type 1, E2 - OSPF external type 2, E - EGP
       i - IS-IS, L1 - IS-IS level-1, L2 - IS-IS level-2, ia - IS-IS inter area
       * - candidate default, U - per-user static route, o - ODR
       P - periodic downloaded static route
Gateway of last resort is not set
C    172.16.0.0/16 is directly connected, Ethernet0/0
C    192.168.1.0/24 is directly connected, Ethernet0/1
S    192.168.2.0/24 [1/0] via 172.16.1.2
```

然后，在路由器 R2 上配置静态路由，目的网络为 192.168.1.0/24，下一跳地址为 172.16.1.1。

```
R2(config)#ip route 192.168.1.0 255.255.255.0 172.16.1.1
```

在 R2 上查看路由表，可以看到增加了一条目的网络为 192.168.1.0/24 静态路由，管理距离为 1。

```
R2#sh ip rout
Codes: C - connected, S - static, I - IGRP, R - RIP, M - mobile, B - BGP
       D - EIGRP, EX - EIGRP external, O - OSPF, IA - OSPF inter area
       N1 - OSPF NSSA external type 1, N2 - OSPF NSSA external type 2
       E1 - OSPF external type 1, E2 - OSPF external type 2, E - EGP
       i - IS-IS, L1 - IS-IS level-1, L2 - IS-IS level-2, ia - IS-IS inter area
       * - candidate default, U - per-user static route, o - ODR
       P - periodic downloaded static route
Gateway of last resort is not set
C    172.16.0.0/16 is directly connected, Ethernet0/0
S    192.168.1.0/24 [1/0] via 172.16.1.1
C    192.168.2.0/24 is directly connected, Ethernet0/1
```

（5）测试在路由器 R1 上是否能 ping 通路由器 R2 的接口 e0/1，结果显示成功。

```
R1#ping 192.168.2.1
Type escape sequence to abort.
Sending 5, 100-byte ICMP Echos to 192.168.2.1, timeout is 2 seconds:
!!!!!
Success rate is 100 percent (5/5), round-trip min/avg/max = 12/24/40 ms
```

（6）测试两个工作站 C1、C2 之间的连通性，结果显示成功。

```
C1> ping 192.168.2.2
```

```
192.168.2.2 icmp_seq=1 ttl=62 time=62.500 ms
192.168.2.2 icmp_seq=2 ttl=62 time=46.875 ms
192.168.2.2 icmp_seq=3 ttl=62 time=46.875 ms
192.168.2.2 icmp_seq=4 ttl=62 time=93.750 ms
192.168.2.2 icmp_seq=5 ttl=62 time=62.500 ms
```

7.4　动态路由协议实验

7.4.1　RIP 原理

路由信息协议（Routing Information Protocol，RIP）是最早的距离矢量型 IP 路由选择协议，也是路由器生产商之间使用的第一个开放标准。RIP 协议有两个版本：版本 1 和版本 2。两者的区别在于版本 2 中加入了一些现在的大型网络中所要求的特性，如认证、路由汇总、无类域间路由和变长子网掩码（VLSM）。这些高级特性都不被 RIP 版本 1 支持。

1．RIP 概述

RIP 是一种典型的距离矢量路由选择协议，是推出时间最长同时也是最简单的路由协议。RIP 协议使用跳数作为度量值，支持的最大跳数是 15 跳。RIP 周期性地向相邻结点发送自己的路由表，并根据收到的相邻结点的路由表更新自己的路由表。RIP 为了防止路由环路，使用抑制定时器、水平分割、路由中毒和毒性反转、触发更新等方法。RIP 可以支持等开销链路的负载均衡，默认支持 4 条，最大可以支持 6 条等开销链路的负载均衡。RIP 运行简单，适用于小型网络。

2．RIP 特点

RIP 是一种适用于小型网络的动态路由协议，采用距离矢量算法，通过相邻的路由器定期交换路由表信息，并使用跳数作为度量值来进行路由选择，从而产生新的路由表。RFC1058 文档中定义了 RIP 协议的相关标准。RIP 位于 TCP/IP 参考模型的应用层，报文通过传输层的 UDP 协议来进行传输，使用的源端口和目的端口号都为 520。在网络层，RIPvl 使用广播地址 255.255.255.255 作为目的地址，RIPv2 则使用组播地址 224.0.0.9 作为目的地址。

路由器启动 RIP 后，平均每隔 30 s 向邻居发送一次更新消息，更新消息包含了该路由器的整个路由表。路由器为每条 RIP 的路由设置一个超时定时器，默认情况下，如果路由器经过 180 s 内还没有收到来自对端路由器关于该路由项的更新，则将这条路由设置为不可达，发往该路由的报文会被路由器全部丢掉。如果在 240 s 内仍未收到更新报文，则将该路由直接从路由表中删除。

RIP 使用跳数作为度量值来衡量到达目的网络的距离。RIP 规定跳数的取值为 0～15 之间的整数，跳数等于 16 代表不可达。在大多数路由器中，直连网络的跳数为 0，每经过一个路由器跳数加 1。如果存在两条到达相同网络的 RIP 路由项，则取跳数最小的路由项加入路由表。

RIP 收敛时间较长，因此只能适用于小型的网络。收敛是指采用特定路由协议的所有路由器对整个网络拓扑具有一致性的认识，收敛时间指路由器从不一致到一致所经历的时间。由于 RIP 通过相邻结点之间交换路由表实现路由更新，网络中路由器数目越多，路由更新的传递时间就越长。所以，为了限制收敛时间，在 RIP 中，跳数的最大值为 15。

3．RIP 工作原理

RIP 是典型的距离矢量算法，每个 RIP 路由器将自己的路由表传送给相邻的路由器。当路由器接收到更新的路由信息时，首先将更新的信息与原有的路由表中的信息相比较，遇到下述情况之一时，需要修改本地路由表以反映最新的网络变化，以路由器 A 收到路由器 B 的路由信息为例，具体过程如下：

（1）路由器 A 收到路由器 B 的路由表中列出的某条路由在路由器 A 的路由表中没有，则路由器 A 在路由表中增加相应表项，其目标网络为路由器 B 的路由表中的目标网络，其路径开销为路由器 B 的路由表中的路径开销加 1（假设以跳数计算路径开销），其下一跳地址为路由器 B 的地址。

（2）路由器 B 的路由表中去往某目的网络的路径开销比路由器 A 的路由表中去往该目的网络的路径开销减 1 还小，路由器 A 修改相应的路由条目，将下一跳改为路由器 B 的地址，路径开销为路由器 B 的路由表中的路径开销加 1。

（3）路由器 A 的路由表中去往某目的网络的下一跳为路由器 B，而路由器 B 的路由表中去往该目的网络的路径开销发生了变化，则 RouterA 修改相应的路由条目的路径开销，以路由器 B 的更新后的路径开销加 1 取代原来的路径开销。

（4）路由器 A 的路由表中去往某目的网络的下一跳为路由器 B，而路由器 B 的路由表中不再包含去往该目的网络的路径，则路由器 A 删除路由表中相应路由条目。

4．路由环路及解决方法

在运行距离矢量路由协议的网络中，由于网络故障可能会引起路径与实际网络拓扑结构不一致，从而导致网络不能快速收敛。此时，可能会发生路由环路现象。RIP 通过定义最大值、水平分割、路由中毒和抑制时间、触发更新等方法避免路由环路产生。

1）定义最大值

通过定义最大值，距离矢量路由协议可以解决发生环路时路由权值无限增大的问题，同时也校正了错误的路由信息。但是，在最大权值到达之前，路由环路还是会存在。

2）水平分割

水平分割是在距离矢量路由协议中最常用的避免环路发生的解决方案之一。产生路由环路的原因之一，就是因为路由器将从某个邻居学到的路由信息又再次发送给这个邻居。因此，水平分割的思想就是在路由信息传送过程中，不再把路由信息发送给接收此路由信息的接口上。

3）路由中毒和抑制时间

两者结合起来，可以在一定程度上避免路由环路产生，同时也可以抑制因复位接口等原因引起的网络动荡。这种方法在网络故障或接口复位时，使相应路由中毒，同时启动抑制时间，控制路由器在抑制时间内不要轻易更新自己的路由表，从而避免环路产生，抑制网络动荡。

4）触发更新

触发更新机制是在路由信息产生某些改变时，立即发送给相邻路由器一种称为触发更新的路由信息。路由器检测到网络拓扑变化，立即依次发送触发更新信息给相邻路由器，如果每个路由器都这样做，这个更新会很快传播到整个网络。使用触发更新方法能够在一定程度上避免路由环路发生。但是，仍然可能存在两个问题：一是包含有更新信息的数据包可能会被丢弃或损坏；二是在触发更新信息发送之前，路由器接收到相邻路由器的周期性路由更新信息，将使路由器更新了错误的路由信息。为解决以上的问题，可以将抑制时间和触发更新相结合。抑制时间方法有一个规则就是，当到某一目的网络的路径出现故障，在一定时间内，路由器不轻易接收到这一目的网络的路径信息。因此，将抑制时间和触发更新相结合就可以确保触发更新信息有足够的时间在网络中传播。

7.4.2　实验 21——RIP 路由配置实验

1．实验目的和要求
（1）掌握 RIP 的基本原理。
（2）掌握 RIP 的基本配置方法。

2．实验设备
路由器 Cisco 3640，2 台；带有网卡的工作站 PC，2 台；控制台电缆，1 条；直通网线，2 条；交叉网线，1 条。

3．实验内容
（1）在两台路由器上配置 RIP，使两台路由器所连接的网络中的主机能够互相通信。
（2）查看运行中的 RIP 的路由信息的交换过程，理解路由信息的含义。

4．实验原理
RIP 路由配置实验拓扑图，如图 7-13 所示。

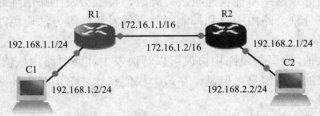

图 7-13　RIP 路由配置实验拓扑图

5．实验步骤
（1）按图 7-13 连接路由器和各工作站。
（2）按图 7-13 配置路由器和各工作站 IP 地址等参数。
（3）配置路由器 RouterR1 和 RouterR2 上的 RIP。
① 路由器 R1 的 RIP 配置：

```
R1(config)#router rip
R1(config-router)#net 172.16.0.0
R1(config-router)#net 192.168.1.0
```

② 路由器 R2 的 RIP 配置：

```
R2(config)#router rip
R2(config-router)#net 172.16.0.0
R2(config-router)#net 192.168.2.0
```

③ 查看 R1 的路由表，可以看到通过 RIP 学习到一条目的网络为 192.168.2.0/24 的路由，管理距离为 120（RIP 的默认管理距离），跳数为 1 跳。

```
R1#sh ip rout
Codes: C - connected, S - static, I - IGRP, R - RIP, M - mobile, B - BGP
       D - EIGRP, EX - EIGRP external, O - OSPF, IA - OSPF inter area
       N1 - OSPF NSSA external type 1, N2 - OSPF NSSA external type 2
       E1 - OSPF external type 1, E2 - OSPF external type 2, E - EGP
       i - IS-IS, L1 - IS-IS level-1, L2 - IS-IS level-2, ia - IS-IS inter area
       * - candidate default, U - per-user static route, o - ODR
       P - periodic downloaded static route
Gateway of last resort is not set
C    172.16.0.0/16 is directly connected, Ethernet0/0
C    192.168.1.0/24 is directly connected, Ethernet0/1
R    192.168.2.0/24 [120/1] via 172.16.1.2, 00:00:03, Ethernet0/0
```

同理，查看 R2 的路由表，可以看到通过 RIP 学习到一条目的网络为 192.168.1.0/24 的路由，管理距离为 120（RIP 的默认管理距离），跳数为 1 跳。

```
R2#sh ip rout
Codes: C - connected, S - static, I - IGRP, R - RIP, M - mobile, B - BGP
       D - EIGRP, EX - EIGRP external, O - OSPF, IA - OSPF inter area
       N1 - OSPF NSSA external type 1, N2 - OSPF NSSA external type 2
       E1 - OSPF external type 1, E2 - OSPF external type 2, E - EGP
       i - IS-IS, L1 - IS-IS level-1, L2 - IS-IS level-2, ia - IS-IS inter area
       * - candidate default, U - per-user static route, o - ODR
       P - periodic downloaded static route
Gateway of last resort is not set
C    172.16.0.0/16 is directly connected, Ethernet0/0
R    192.168.1.0/24 [120/1] via 172.16.1.1, 00:00:07, Ethernet0/0
C    192.168.2.0/24 is directly connected, Ethernet0/1
```

（4）测试各工作站 C1、C2 之间的连通性，结果显示成功。

```
C1> ping 192.168.2.2
192.168.2.2 icmp_seq=1 ttl=62 time=78.125 ms
192.168.2.2 icmp_seq=2 ttl=62 time=31.250 ms
192.168.2.2 icmp_seq=3 ttl=62 time=78.125 ms
192.168.2.2 icmp_seq=4 ttl=62 time=62.500 ms
192.168.2.2 icmp_seq=5 ttl=62 time=46.875 ms
```

（5）观察有关 RIP 的输出：

① 显示路由器上配置的动态路由协议信息。在 R1 上输入 show ip protocols，输出结果显示在 R1 上已经开启了 RIP，RIP 每 30 s 发送一次更新，保持时间为 180 s，接口 e0/0、e0/1 发送版本 1 的更新，可以接收版本 1 和版本 2 的更新，以及 RIP 通告的网络信息等。

```
R1#sh ip prot
Routing Protocol is "rip"
```

```
    Sending updates every 30 seconds, next due in 28 seconds
    Invalid after 180 seconds, hold down 180, flushed after 240
    Outgoing update filter list for all interfaces is not set
    Incoming update filter list for all interfaces is not set
    Redistributing: rip
    Default version control: send version 1, receive any version
      Interface          Send  Recv  Triggered RIP  Key-chain
      Ethernet0/0         1     1 2
      Ethernet0/1         1     1 2
    Automatic network summarization is in effect
    Maximum path: 4
    Routing for Networks:
      172.16.0.0
      192.168.1.0
    Routing Information Sources:
      Gateway          Distance       Last Update
      172.16.1.2         120          00:00:01
    Distance: (default is 120)
```

② 使用 debug ip rip 显示 RIP 的所有路由更新活动，可以看到 R1 的 e0/0 接口收到来自 172.16.1.2 的版本 1 的更新信息，路由更新的内容是目的网络为 192.168.2.0，跳数为 1 跳。同时，R1 通过接口 e0/0、e0/1 使用广播地址 255.255.255.255 发送版本 1 的路由更新。

```
    R1#debug ip rip
    RIP protocol debugging is on
    04:39:10: RIP: received v1 update from 172.16.1.2 on Ethernet0/0
    04:39:10:     192.168.2.0 in 1 hops
    ……
    04:39:21: RIP: sending v1 update to 255.255.255.255 via Ethernet0/0
    (172.16.1.1)
    04:39:21: RIP: build update entries
    04:39:21:     network 192.168.1.0 metric 1
    04:39:21: RIP: sending v1 update to 255.255.255.255 via Ethernet0/1
    (192.168.1.1)
    04:39:21: RIP: build update entries
    04:39:21:     network 172.16.0.0 metric 1
    04:39:21:     network 192.168.2.0 metric 2
    ……
```

7.4.3　OSPF 协议原理

1. 链路状态路由选择协议

链路状态路由选择协议不同于距离矢量路由协议依照传闻进行路由选择的工作方式，每台路由器产生相关的链路状态信息，链路状态信息从一台路由器传递到另一台路由器，最终网络中的每台路由器都有相同的链路状态信息库，并根据该数据库独立地进行最短路径的计算，得出路由表。链路状态路由选择协议，通常采用 Dijkstra 算法。常用的链路状态路由选择协议包括：开放式最短路径优先协议（OSPF），中间系统到中间系统（ISIS）等。

链路状态路由选择协议具体工作过程如下：

（1）每台路由器与它的相邻路由器之间建立邻接关系。

（2）每台路由器生成用于标识链路、链路状态等相关信息的链路状态通告（LSA）数据单元，并向它的邻居发送链路状态通告（LSA），每个邻居收到 LSA 后将依次向它的邻居转发这些数据单元。

（3）每台路由器在数据库中保存一份收到的 LSA 备份，构成链路状态数据库。正常情况下，网络内的路由器的拓扑数据库是相同的。路由器使用 Dijkstra 算法对相同的拓扑数据库进行计算，得出最优路径，并将相关信息输入到路由表中。

2．OSPF 路由协议概述

OSPF 是一种典型的链路状态路由选择协议。OSPF 是一种内部网关协议（IGP），适用于同一个自治域系统（AS）内部。OSPF 路由收敛快、占用网络资源少，适用于大中型网络。常用的 OSPF 路由协议术语如下：

1）链路

运行 OSPF 路由协议的路由器所连接的网络线路称为链路。

2）链路状态信息

OSPF 路由器收集其所在网络区域上各路由器的连接状态信息，称为链路状态信息，并生成链路状态数据库。

3）区域

OSPF 可以将大型网络划分为多个区域，每个区域类似一个独立的网络。区域内的路由器只需要保存区域内的链路状态信息，实现层次化的路由选择。

4）邻居

同一区域内的两台相邻 OSPF 路由器可以形成相邻关系。只有建立邻居关系的路由器之间才可以交换链路状态信息。

5）链路开销

用于选择最优路径，OSPF 链路开销值越小，链路越优，开销值与链路带宽相关。

6）邻居表

OSPF 路由器将与其有邻居关系的路由器保存在一张表中，称为邻居表。邻居表中会列出所有与该路由器有邻居关系的路由器，只有形成了邻居关系，路由器才能进一步学习到链路状态信息。

7）路由器标识（Router ID）

路由器标识用于在 OSPF 区域内唯一标识一台路由器，每台运行 OSPF 路由器都有一个路由器标识。路由器标识可以通过配置命令指定，如果没有手工配置的路由器标识，路由器会自动选择环回接口的最高 IP 地址作为路由器 ID。如果路由器没有配置环回接口，路由器将选择物理接口的最高 IP 地址作为路由器 ID。

8）OSPF 网络类型

由于路由器所连接的物理网络类型不同，OSPF 网络可以分为广播多路访问型网络、非广播多路访问型、点到点型和点到多点型网络。

9）OSPF 数据包

OSPF 路由器使用 5 种不同的数据包：Hello 数据包、数据库描述数据包、链路状态请求数据包、链路状态更新数据包、链路状态确认数据包。Hello 数据包用于与邻居建立和维护毗邻关系；数据库描述数据包用于描述 OSPF 路由器链路状态数据内容；链路状态请求数据包用于请求相邻路由器发送链路状态数据库中的具体条目；链路状态更新数据包用于向邻居发送链路状态通告；链路状态确认数据包用于确认收到邻居的链路状态通告包。

10）指定路由器（DR）和备份指定路由器（BDR）

如果在多路访问型网络中存在多个路由器，多台路由器之间建立完全邻接关系需要交换大量的数据包，引起大量的开销。因此，OSPF 要求在多路访问型网络中选举一个 DR，其他路由器都与 DR 建立邻接关系，DR 负责收集所有的链路状态通告信息，并转发给与之建立邻接关系的路由器。在选举 DR 的同时也选举出一个 BDR，BDR 在 DR 失效时完成 DR 的功能。

3．OSPF 工作原理

运行 OSPF 协议的路由器首先会从所有启动 OSPF 的接口上发送 Hello 数据包，如果连接同一链路的两台路由器能够成功协商 Hello 数据包的指定参数，那么它们之间可以成为邻居（Neighbor）。每台路由器向所有与其形成邻接关系的路由器发送链路状态通告（LSA）。LSA 描述路由器的所有链路、接口、邻居以及相关的链路状态信息。路由器收到邻居发出的 LSA 后，将这些 LSA 记录在链路状态数据库中，同时发送 LSA 的复制给当前路由器的所有其他邻居。通过 LSA 泛洪扩散到整个区域，区域内的所有路由器得到相同的链路状态数据库。链路状态数据库同步后，每一台路由器都运行 SPF 算法，计算到达目的网络的最短路径，并根据计算结果生成路由表。当网络中有新的路由器或网段加入，或者某条链路断开时，发现网络拓扑发生改变的路由器会向其他路由器发送包含发生变化网段信息的触发更新包，又称链路状态更新包（LSU）。收到 LSU 的路由器，会继续向其邻居路由器发送更新，同时根据收到的信息，修改链路状态数据库，重新运行 SPF 算法，并根据结果更新路由表。

1）Hello 协议

Hello 协议用于发现 OSPF 邻居并建立相邻关系，通告两台路由器建立相邻关系所必需统一的参数，在以太网和帧中继网络等多路访问网络中选举 DR 和 BDR。OSPF 路由器将通过所有启用了 OSPF 的接口发送 Hello 数据包，以确定相应链路上是否存在邻居。

Hello 数据包包含的信息主要包括源路由器的 RID、源路由器的 Area ID、源路由器接口的掩码、源路由器接口的认证类型和认证信息、源路由器接口的 Hello 包发送的时间间隔、源路由器接口的无效时间间隔、优先级、DR/BDR 接口 IP 地址、源路由器的所有邻居的 RID 等内容。两台路由器在建立 OSPF 相邻关系之前，必须统一 3 个值：Hello 间隔、Dead 间隔和区域 ID。OSPF Hello 数据包使用组播地址 224.0.0.5（代表 ALLSPFRouters）发送。

2）DR/BDR

在多路访问网络中，当路由结点较多时，可能面临两个方面的问题：创建多边相邻关系和 LSA 的大量泛洪。链路状态路由器会在 OSPF 初始化以及拓扑更改时泛洪链路状态数据包，多路访问网络中的每台路由器都需要向其他所有路由器泛洪 LSA 并为收到的所有 LSA 发出确认，网络通信将变得非常混乱。在多路访问网络中，通过选举 DR 和 BDR，将其他所有路由器作为 DRother，可以实现管理相邻关系数量和减少 LSA 泛洪的数量。

在多路访问网络中，路由器会选举出一个 DR 和一个 BDR，DRother 仅与网络中的 DR 和 BDR 建立完全的相邻关系。DRother 只需使用组播地址 224.0.0.6 将其 LSA 发送给

DR 和 BDR，DR 使用组播地址 224.0.0.5，将 LSA 转发给其他所有路由器。通常，具有最高 OSPF 接口优先级的路由器被选举为 DR，具有第二高 OSPF 接口优先级的路由器被选举为 BDR。如果 OSPF 接口优先级相等，则取路由器 ID 最高者。当多路访问网络中第一台启用了 OSPF 接口的路由器开始工作时，DR 和 BDR 选举过程随即开始。DR 一旦选出，将保持 DR 地位，直到 DR 上的 OSPF 进程发生故障或 DR 上的多路访问接口发生故障。可以通过更改 OSPF 优先级来控制 DR/BDR 选举。

3）OSPF 状态

Down。此状态还没有与其他路由器交换信息。从其 OSPF 接口向外发送 Hello 分组，此时并不了解 DR（若为广播网络）和网络内的任何其他路由器。

（1）Init。表明在实效间隔时间内收到了来自邻居路由器的 Hello 包，但是双向通信仍然没有建立起来。

（2）two-way。表明本地路由器已经在来自邻居路由器的 Hello 包中的邻居字段中看到了自己的路由器 ID，双向通信会话已经建立。

（3）ExStart。信息交换初始状态，在这个状态下，本地路由器和邻居将建立 Master/Slave 关系，并确定 DD Sequence Number，路由器 ID 大的称为 Master。

（4）Exchange。信息交换状态，本地路由器和邻居交换一个或多个 DBD 分组（又称 DDP）。DBD 包含有关 LSDB 中 LSA 条目的摘要信息。

（5）Loading。信息加载状态，收到 DBD 后，将收到的信息同 LSDB 中的信息进行比较。如果 DBD 中有更新的链路状态条目，则向对方发送一个 LSR，用于请求新的 LSA。

（6）Full。完全邻接状态，邻居间的链路状态数据库同步完成，通过邻居链路状态请求列表为空且邻居状态为 Loading 判断。

4）OSPF 度量值

Cisco IOS 使用从路由器到目的网络沿途的输出接口的累积带宽作为开销值。开销值越低，该接口越可能被用于转发数据流量。开销值计算公式：10^8/接口带宽，参考带宽默认值为 100 Mbit/s，也可以使用 OSPF 命令 auto-cost reference-bandwidth 修改。

4．OSPF 基本配置方法

（1）启用 OSPF 使用以下命令：

```
Router(config)#router ospf process-id
```

process id 是一个介于 1～65 535 之间的数字，由网络管理员选定。process-id 仅在本地有效，这意味着路由器之间建立相邻关系时无须匹配该值。

（2）设置 OSPF 网络地址，此网络（或子网）将被包括在 OSPF 路由更新中。

```
Router(config-router)#network network-address wildcard-mask area area-id
```

wildcard-mask（通配符掩码）。网络地址和通配符掩码一起，用于指定此 network 命令启用的接口或接口范围。

area。OSPF 区域是共享链路状态信息的一组路由器。OSPF 网络也可配置为多区域。

area-id。如果所有路由器都处于同一个 OSPF 区域，则必须在所有路由器上使用相同的 area-id 来配置 network 命令，在单区域 OSPF 中通常使用区域 0。

（3）验证 OSPF 相邻关系：

```
Router#show ip ospf neighbor
```

该命令可用于验证该路由器是否已与其相邻路由器建立相邻关系，如果未显示相邻路由器的路由器 ID，或未显示 FULL 状态，则表明两台路由器未建立 OSPF 相邻关系。两台路由器未建立相邻关系，则不会交换链路状态信息。

（4）检查路由表：

```
Router#show ip route
```

该命令可用于检验路由器是否正在通过 OSPF 发送和接收路由。"O"表示路由来源为 OSPF。OSPF 不会自动在主网络边界总结。

（5）修改链路开销：

修改路由器接口的带宽值：

```
Router(config-if)#bandwidth bandwidth-kbps
```

或者直接指定接口开销：

```
Router(config-if)#ip ospf cost 100
```

7.4.4 实验 22——点到点链路 OSPF 配置实验

1．实验目的和要求

（1）掌握 OSPF 协议的基本原理。

（2）掌握点到点链路 OSPF 的配置方法。

2．实验设备

路由器 Cisco 3640，3 台；工作站 PC，3 台；控制台电缆，3 条；网线若干。

3．实验内容

配置点到点链路上的 OSPF 协议，查看 OSPF 邻居列表、OSPF 数据库、路由表等信息，对运行中的 OSPF 进行诊断。

4．实验原理

点到点链路 OSPF 配置实验拓扑图，如图 7-14 所示。

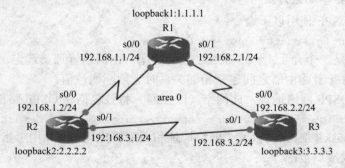

图 7-14 点到点链路 OSPF 配置实验拓扑图

5．实验步骤

（1）按图 7-14 连接各路由器。

（2）按图 7-14 配置各路由器的各个接口 IP 地址等参数。

（3）配置路由器 R1、R2 和 R3 上的 OSPF 协议，3 个路由器都处于区域 0，在 R1 上的配置如下：

```
R1(config)#router ospf 1
R1(config-router)#net 192.168.1.0 0.0.0.255 area 0
R1(config-router)#net 192.168.2.0 0.0.0.255 area 0
```

（4）查看各路由器的路由表。可以看到，在 R1 的路由表中有一条通过 OSPF 学习到的路由，目的网络为 192.168.3.0/24，下一跳地址分别为 192.168.1.2 和 192.168.2.2（两条路由实现负载分担），管理距离为 110（OSPF 默认的管理距离），开销为 128。

```
R1#sh ip rout
Codes: C - connected, S - static, I - IGRP, R - RIP, M - mobile, B - BGP
       D - EIGRP, EX - EIGRP external, O - OSPF, IA - OSPF inter area
       N1 - OSPF NSSA external type 1, N2 - OSPF NSSA external type 2
       E1 - OSPF external type 1, E2 - OSPF external type 2, E - EGP
       i - IS-IS, L1 - IS-IS level-1, L2 - IS-IS level-2, ia - IS-IS inter area
       * - candidate default, U - per-user static route, o - ODR
       P - periodic downloaded static route
Gateway of last resort is not set
     1.0.0.0/24 is subnetted, 1 subnets
C       1.1.1.0 is directly connected, Loopback1
C    192.168.1.0/24 is directly connected, Serial0/0
C    192.168.2.0/24 is directly connected, Serial0/1
O    192.168.3.0/24 [110/128] via 192.168.1.2, 00:01:41, Serial0/0
                    [110/128] via 192.168.2.2, 00:01:41, Serial0/1
```

（5）测试各网络之间的连通性。在路由器 R1 上 ping 路由器 R2 上的各接口，显示结果成功。

```
R1#ping 192.168.1.2
Type escape sequence to abort.
Sending 5, 100-byte ICMP Echos to 192.168.1.2, timeout is 2 seconds:
!!!!!
Success rate is 100 percent (5/5), round-trip min/avg/max = 20/33/60 ms
R1#ping 192.168.3.1
Type escape sequence to abort.
Sending 5, 100-byte ICMP Echos to 192.168.3.1, timeout is 2 seconds:
!!!!!
Success rate is 100 percent (5/5), round-trip min/avg/max = 4/33/52 ms
```

在路由器 R1 上 ping 路由器 R3 的各接口，显示结果成功。

```
R1#ping 192.168.2.2
Type escape sequence to abort.
Sending 5, 100-byte ICMP Echos to 192.168.2.2, timeout is 2 seconds:
!!!!!
Success rate is 100 percent (5/5), round-trip min/avg/max = 16/34/64 ms
R1#ping 192.168.3.2
Type escape sequence to abort.
```

```
Sending 5, 100-byte ICMP Echos to 192.168.3.2, timeout is 2 seconds:
!!!!!
Success rate is 100 percent (5/5), round-trip min/avg/max = 16/34/60 ms
```

（6）显示路由器上配置的动态路由信息。可以看到，在 R1 上配置的 OSPF 协议的进程 ID 为 1，路由器 ID 为 1.1.1.1，OSPF 网络 192.168.1.0 和 192.168.2.0 均位于区域 0，默认管理距离为 110。

```
R1#sh ip pro
Routing Protocol is "ospf 1"
  Outgoing update filter list for all interfaces is not set
  Incoming update filter list for all interfaces is not set
  Router ID 1.1.1.1
  Number of areas in this router is 1. 1 normal 0 stub 0 nssa
  Maximum path: 4
  Routing for Networks:
    192.168.1.0 0.0.0.255 area 0
    192.168.2.0 0.0.0.255 area 0
  Routing Information Sources:
    Gateway         Distance      Last Update
    3.3.3.3           110         00:15:09
    2.2.2.2           110         00:15:09
    1.1.1.1           110         00:15:09
  Distance: (default is 110)
```

（7）显示 OSPF 的邻居列表。在 R1 上使用 show ip ospf neighbor 查看 R1 的邻居列表，可以看到 R1 有两个邻居，路由器 ID 分别是 3.3.3.3（R3）和 2.2.2.2（R2），优先级为 1，状态均为 FULL。

```
R1#sh ip ospf nei
Neighbor ID     Pri  State        Dead Time   Address        Interface
3.3.3.3          1   FULL/ -      00:00:34    192.168.2.2    Serial0/1
2.2.2.2          1   FULL/ -      00:00:34    192.168.1.2    Serial0/0
```

（8）显示 OSPF 的数据库信息。在 R1 上输入 show ip ospf database，查看 R1 的区域 0 的 OSPF 数据库，可以看到数据库包含 3 条 Link，并列出了每条 Link 的通告路由器 ID、老化时间、序列号等信息。

```
R1# sh ip ospf data
        OSPF Router with ID (1.1.1.1) (Process ID 1)
            Router Link States (Area 0)
Link ID         ADV Router      Age     Seq#        Checksum Link count
1.1.1.1         1.1.1.1         1399    0x80000004 0x005ADE 4
2.2.2.2         2.2.2.2         1410    0x80000003 0x00D55D 4
3.3.3.3         3.3.3.3         1401    0x80000004 0x00C565 4
```

（9）查看 OSPF 事件。在 R1 上输入 show ip ospf events，可以看到在 01:03:03 从接口 s0/1 收到来自 3.3.3.3 的 Hello 包，在 01:03:04 从接口 s0/0 收到来自 2.2.2.2 的 Hello 包。

```
R1#debug ip ospf events
```

```
OSPF events debugging is on
01:03:03: OSPF: Rcv hello from 3.3.3.3 area 0 from Serial0/1 192.168.2.2
01:03:03: OSPF: End of hello processing
01:03:04: OSPF: Rcv hello from 2.2.2.2 area 0 from Serial0/0 192.168.1.2
01:03:04: OSPF: End of hello processing
……
```

7.4.5　实验 23——广播多路访问 OSPF 配置实验

1．实验目的和要求

（1）掌握 OSPF 广播多路访问网络的工作原理。

（2）掌握 OSPF 广播多路访问网络的配置方法。

2．实验设备

路由器 Cisco 3640，3 台；二层以太网交换机，1 台；带有网卡的工作站 PC，3 台；控制台电缆，3 条；网线若干。

3．实验内容

配置广播多路访问网络的 OSPF 协议，查看 OSPF 邻居列表、OSPF 数据库、路由表等信息，对运行中的 OSPF 进行诊断。

4．实验原理

广播多路访问网络实验拓扑图，如图 7-15 所示。

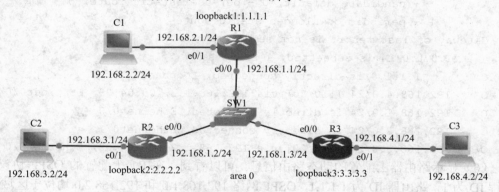

图 7-15　广播多路访问网络实验拓扑图

5．实验步骤

（1）按图 7-15 连接各路由器。

（2）按图 7-15 配置各路由器和工作站的 IP 地址等参数。

（3）配置路由器 R1、R2 和 R3 上的 OSPF 协议，3 个路由器都处于区域 0，在 R1上的配置如下：

```
R1(config)#router ospf 1
R1(config-router)#net 192.168.1.0 0.0.0.255 area 0
R1(config-router)#net 192.168.2.0 0.0.0.255 area 0
```

（4）测试各网络之间的连通性。在 C1 上 ping C2 和 C3，结果显示成功。

```
C1> ping 192.168.3.2
192.168.3.2 icmp_seq=1 ttl=62 time=46.875 ms
192.168.3.2 icmp_seq=2 ttl=62 time=109.375 ms
192.168.3.2 icmp_seq=3 ttl=62 time=46.875 ms
192.168.3.2 icmp_seq=4 ttl=62 time=62.500 ms
192.168.3.2 icmp_seq=5 ttl=62 time=46.875 ms
C1> ping 192.168.4.2
192.168.4.2 icmp_seq=1 ttl=62 time=78.125 ms
192.168.4.2 icmp_seq=2 ttl=62 time=46.875 ms
192.168.4.2 icmp_seq=3 ttl=62 time=31.250 ms
192.168.4.2 icmp_seq=4 ttl=62 time=46.875 ms
192.168.4.2 icmp_seq=5 ttl=62 time=78.125 ms
```

（5）显示 OSPF 路由表。在 R1 上输入 show ip route，可以看到 2 条通过 OSPF 学习到的路由，目的网络为 192.168.4.0/24 和 192.168.3.0/24，管理距离为 110，开销为 20，，下一跳地址分别为 192.168.1.3 和 192.168.1.2。

```
R1#sh ip rout
Codes: C - connected, S - static, I - IGRP, R - RIP, M - mobile, B - BGP
       D - EIGRP, EX - EIGRP external, O - OSPF, IA - OSPF inter area
       N1 - OSPF NSSA external type 1, N2 - OSPF NSSA external type 2
       E1 - OSPF external type 1, E2 - OSPF external type 2, E - EGP
       i - IS-IS, L1 - IS-IS level-1, L2 - IS-IS level-2, ia - IS-IS inter area
       * - candidate default, U - per-user static route, o - ODR
       P - periodic downloaded static route
Gateway of last resort is not set
     1.0.0.0/24 is subnetted, 1 subnets
C       1.1.1.0 is directly connected, Loopback1
O    192.168.4.0/24 [110/20] via 192.168.1.3, 00:04:09, Ethernet0/0
C    192.168.1.0/24 is directly connected, Ethernet0/0
C    192.168.2.0/24 is directly connected, Ethernet0/1
O    192.168.3.0/24 [110/20] via 192.168.1.2, 00:04:09, Ethernet0/0
```

（6）显示路由器上配置的动态路由信息。可以看到，在 R1 上配置的 OSPF 协议的进程 ID 为 1，路由器 ID 为 1.1.1.1，OSPF 网络 192.168.1.0 和 192.168.2.0 均位于区域 0，默认管理距离为 110。

```
R1#sh ip pro
Routing Protocol is "ospf 1"
  Outgoing update filter list for all interfaces is not set
  Incoming update filter list for all interfaces is not set
  Router ID 1.1.1.1
  Number of areas in this router is 1. 1 normal 0 stub 0 nssa
  Maximum path: 4
  Routing for Networks:
    192.168.1.0 0.0.0.255 area 0
```

```
    192.168.2.0 0.0.0.255 area 0
  Routing Information Sources:
    Gateway        Distance       Last Update
    3.3.3.3          110           00:10:26
    1.1.1.1          110           00:10:26
    2.2.2.2          110           00:10:26
  Distance: (default is 110)
```

（7）显示 OSPF 的邻居列表。在 R1 上使用 show ip ospf neighbor 查看 R1 的邻居列表，可以看到 R1 有 2 个邻居，路由器 ID 分别是 3.3.3.3（R3）和 2.2.2.2（R2），优先级为 1，状态均为 FULL，其中 3.3.3.3 为 DROTHER，2.2.2.2 为备份指定路由器。

```
R1#sh ip ospf nei
Neighbor ID     Pri  State          Dead Time    Address         Interface
3.3.3.3          1   FULL/DROTHER   00:00:35     192.168.1.3     Ethernet0/0
2.2.2.2          1   FULL/BDR       00:00:38     192.168.1.2     Ethernet0/0
```

（8）显示 OSPF 的数据库信息。在 R1 上输入 show ip ospf database，查看 R1 的区域 0 的 OSPF 数据库，可以看到数据库中包含两种类型的 LSA：由各个路由器通告的路由器 LSA 和 DR 通告的网络 LSA。

```
R1#sh ip ospf data
            OSPF Router with ID (1.1.1.1) (Process ID 1)
               Router Link States (Area 0)
Link ID         ADV Router       Age       Seq#        Checksum Link count
1.1.1.1         1.1.1.1          417       0x80000004 0x00645E 2
3.3.3.3         3.3.3.3          131       0x80000004 0x00129C 2
2.2.2.2         2.2.2.2          1388      0x80000005 0x00CD1F 2
               Net Link States (Area 0)
Link ID         ADV Router       Age       Seq#        Checksum
192.168.1.1     1.1.1.1          172       0x80000003 0x0092B4
```

（9）查看 OSPF 事件。在 R1 上输入 show ip ospf hello，查看 OSPF 路由器之间交换 hello 信息的过程，可以看到 R1 在 01:05:17 从 e0/0 收到来自 3.3.3.3 的 hello 包，在 01:05:20 从 e0/0 收到来自 2.2.2.2 的 hello 包。

```
R1#debug ip ospf hello
OSPF hello events debugging is on
01:05:17: OSPF: Rcv hello from 3.3.3.3 area 0 from Ethernet0/0 192.168.1.3
01:05:17: OSPF: End of hello processing
01:05:20: OSPF: Rcv hello from 2.2.2.2 area 0 from Ethernet0/0 192.168.1.2
01:05:20: OSPF: End of hello processing
```

7.4.6　实验 24——多区域 OSPF 配置实验

1. 实验目的和要求

（1）掌握多区域 OSPF 网络基本原理。

（2）掌握多区域 OSPF 的配置方法。

2. 实验设备

路由器 Cisco 3640，6 台；工作站 PC 若干；控制线若干；网线若干。

3. 实验内容

将 OSPF 网络划分为 3 个区域，配置 OSPF 路由协议，查看 OSPF 邻居列表、OSPF 数据库、路由表等信息，对运行中的 OSPF 进行诊断。

4. 实验原理

多区域下 OSPF 的配置实验拓扑图，如图 7-16 所示。

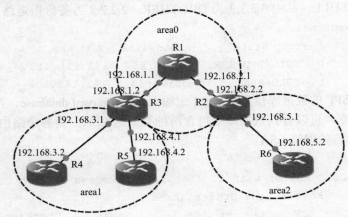

图 7-16　多区域下 OSPF 的配置实验拓扑图

5. 实验步骤

（1）按图 7-16 连接各路由器。

（2）按图 7-16 配置各路由器的 IP 地址等参数。

（3）配置路由器 R1、R2、R3、R4 和 R5、R6 上的 OSPF 协议。在区域内部路由器 R1 上的配置如下：

```
R1(config)#router ospf 1
R1(config-router)#net 192.168.1.0 0.0.0.255 area 0
R1(config-router)#net 192.168.2.0 0.0.0.255 area 0
```

在区域边界路由器 R2 上的配置如下：

```
R2(config)#router ospf 1
R2(config-router)#net 192.168.2.0 0.0.0.255 area 0
R2(config-router)#net 192.168.5.0 0.0.0.255 area 2
```

在区域边界路由器 R3 上的配置如下：

```
R3(config)#router ospf 1
R3(config-router)#net 192.168.1.0 0.0.0.255 area 0
R3(config-router)#net 192.168.3.0 0.0.0.255 area 1
R3(config-router)#net 192.168.4.0 0.0.0.255 area 1
```

（4）测试各网络之间的连通性。在 R1 上 ping 路由器 R4，结果显示成功。

```
R1#ping 192.168.3.2
```

```
Type escape sequence to abort.
Sending 5, 100-byte ICMP Echos to 192.168.3.2, timeout is 2 seconds:
!!!!!
Success rate is 100 percent (5/5), round-trip min/avg/max = 32/61/92 ms
```

在 R1 上 ping R6，结果显示成功。

```
R1#ping 192.168.5.2
Type escape sequence to abort.
Sending 5, 100-byte ICMP Echos to 192.168.5.2, timeout is 2 seconds:
!!!!!
Success rate is 100 percent (5/5), round-trip min/avg/max = 20/50/72 ms
```

（5）观察各路由器的路由表条目。在 R1 上显示路由表，可以看到路由表中包含 2 条直连路由，3 条通过 OSPF 学习到的区域间路由。

```
R1#sh ip rout
Codes: C - connected, S - static, I - IGRP, R - RIP, M - mobile, B - BGP
       D - EIGRP, EX - EIGRP external, O - OSPF, IA - OSPF inter area
       N1 - OSPF NSSA external type 1, N2 - OSPF NSSA external type 2
       E1 - OSPF external type 1, E2 - OSPF external type 2, E - EGP
       i - IS-IS, L1 - IS-IS level-1, L2 - IS-IS level-2, ia - IS-IS inter area
       * - candidate default, U - per-user static route, o - ODR
       P - periodic downloaded static route
Gateway of last resort is not set
O IA 192.168.4.0/24 [110/20] via 192.168.1.2, 00:38:52, Ethernet0/0
O IA 192.168.5.0/24 [110/20] via 192.168.2.2, 00:38:52, Ethernet0/1
C    192.168.1.0/24 is directly connected, Ethernet0/0
C    192.168.2.0/24 is directly connected, Ethernet0/1
O IA 192.168.3.0/24 [110/20] via 192.168.1.2, 00:38:52, Ethernet0/0
```

（6）查看 IP 路由协议。在 R3 上可以看到，动态路由协议为 OSPF，进程 ID 为 1，R3 的路由器 ID 为 192.168.4.1，并且 R3 是区域边界路由器。

```
R3#sh ip pro
Routing Protocol is "ospf 1"
  Outgoing update filter list for all interfaces is not set
  Incoming update filter list for all interfaces is not set
  Router ID 192.168.4.1
  It is an area border router
  Number of areas in this router is 2. 2 normal 0 stub 0 nssa
  Maximum path: 4
  Routing for Networks:
    192.168.1.0 0.0.0.255 area 0
    192.168.3.0 0.0.0.255 area 1
    192.168.4.0 0.0.0.255 area 1
  Routing Information Sources:
    Gateway         Distance      Last Update
    192.168.5.1       110         00:03:06
```

```
      192.168.4.1            110        00:03:06
      192.168.4.2            110        00:03:06
   Distance: (default is 110)
```

（7）查看区域内部路由器的链路状态数据库。在 R1 上可以看到，链路状态数据库包含 3 种类型的 LSA：由各路由器产生的路由器 LSA、由指定路由器产生的网络 LSA 和由 2 台区域边界路由器 R3 和 R2 产生的网络汇总 LSA。

```
R1#sh ip ospf data
          OSPF Router with ID (192.168.2.1) (Process ID 1)
              Router Link States (Area 0)
   Link ID          ADV Router       Age        Seq#        Checksum Link count
   192.168.2.1      192.168.2.1      788        0x80000004 0x00285C 2
   192.168.4.1      192.168.4.1      747        0x80000003 0x0078F8 1
   192.168.5.1      192.168.5.1      761        0x80000003 0x0072FB 1
              Net Link States (Area 0)
   Link ID          ADV Router       Age        Seq#        Checksum
   192.168.1.2      192.168.4.1      747        0x80000002 0x00AFD3
   192.168.2.1      192.168.2.1      788        0x80000002 0x00D1B2
              Summary Net Link States (Area 0)
   Link ID          ADV Router       Age        Seq#        Checksum
   192.168.3.0      192.168.4.1      747        0x80000004 0x00E66E
   192.168.4.0      192.168.4.1      747        0x80000004 0x00DB78
   192.168.5.0      192.168.5.1      761        0x80000004 0x00C988
```

（8）查看区域边界路由器的链路状态数据库。在 R3 上可以看到，R3 作为区域边界路由器分别为区域 0 和区域 1 维护着链路状态数据库。

```
R3#sh ip ospf data
          OSPF Router with ID (192.168.4.1) (Process ID 1)
              Router Link States (Area 0)
   Link ID          ADV Router       Age        Seq#        Checksum Link count
   192.168.2.1      192.168.2.1      26         0x80000003 0x003450 2
   192.168.4.1      192.168.4.1      29         0x80000002 0x007AF7 1
   192.168.5.1      192.168.5.1      32         0x80000002 0x007EEF 1
              Net Link States (Area 0)
   Link ID          ADV Router       Age        Seq#        Checksum
   192.168.1.2      192.168.4.1      29         0x80000001 0x00B1D2
   192.168.2.2      192.168.5.1      32         0x80000001 0x00A8D8
              Summary Net Link States (Area 0)
   Link ID          ADV Router       Age        Seq#        Checksum
   192.168.3.0      192.168.4.1      19         0x80000003 0x00E86D
   192.168.4.0      192.168.4.1      9          0x80000003 0x00DD77
   192.168.5.0      192.168.5.1      23         0x80000003 0x00CB87
              Router Link States (Area 1)
   Link ID          ADV Router       Age        Seq#        Checksum Link count
```

```
192.168.3.2     192.168.3.2     29      0x80000002 0x009BD4 1
192.168.4.1     192.168.4.1     26      0x80000003 0x0085F2 2
192.168.4.2     192.168.4.2     31      0x80000002 0x00A9C1 1
                Net Link States (Area 1)
Link ID         ADV Router      Age     Seq#       Checksum
192.168.3.1     192.168.4.1     31      0x80000001 0x00C0C0
192.168.4.2     192.168.4.2     31      0x80000001 0x00AECE
                Summary Net Link States (Area 1)
Link ID         ADV Router      Age     Seq#       Checksum
192.168.1.0     192.168.4.1     22      0x80000003 0x00FE59
192.168.2.0     192.168.4.1     27      0x80000001 0x005CF2
192.168.5.0     192.168.4.1     17      0x80000001 0x009FA28.
```

（9）在区域边界路由器设置路由汇总：

① 在 R4 上增加 4 个环回接口 loopback0～3，IP 地址依次为 172.16.0.1/24，172.16.1.1/24，172.16.2.1/24 和 172.16.3.1/24，并通过 OSPF 通告网络 172.16.0.0./24、172.16.1.0./24、172.16.2.0./24 和 172.16.3.0./24 在 R4 上查看配置文件。

```
R4#sh run
……
interface Loopback0
 ip address 172.16.0.1 255.255.255.0
interface Loopback1
 ip address 172.16.1.1 255.255.255.0
interface Loopback2
 ip address 172.16.2.1 255.255.255.0
interface Loopback3
 ip address 172.16.3.1 255.255.255.0
……
router ospf 1
 log-adjacency-changes
 network 172.16.0.0 0.0.0.255 area 1
 network 172.16.1.0 0.0.0.255 area 1
 network 172.16.2.0 0.0.0.255 area 1
 network 172.16.3.0 0.0.0.255 area 1
 network 192.168.3.0 0.0.0.255 area 1
……
```

② 查看路由器的路由表。此时，在 R1 上查看路由表，可以看到通过 OSPF 协议学习到 4 条区域间路由，目的网络为 R4 所连接的 4 个网络，下一跳地址均为 192.168.1.2。

```
R1#sh ip rout
Codes: C - connected, S - static, I - IGRP, R - RIP, M - mobile, B - BGP
       D - EIGRP, EX - EIGRP external, O - OSPF, IA - OSPF inter area
       N1 - OSPF NSSA external type 1, N2 - OSPF NSSA external type 2
       E1 - OSPF external type 1, E2 - OSPF external type 2, E - EGP
```

```
        i - IS-IS, L1 - IS-IS level-1, L2 - IS-IS level-2, ia - IS-IS inter area
        * - candidate default, U - per-user static route, o - ODR
        P - periodic downloaded static route
Gateway of last resort is not set
     172.16.0.0/32 is subnetted, 4 subnets
O IA    172.16.1.1 [110/21] via 192.168.1.2, 00:00:09, Ethernet0/0
O IA    172.16.0.1 [110/21] via 192.168.1.2, 00:00:09, Ethernet0/0
O IA    172.16.3.1 [110/21] via 192.168.1.2, 00:00:09, Ethernet0/0
O IA    172.16.2.1 [110/21] via 192.168.1.2, 00:00:09, Ethernet0/0
O IA 192.168.4.0/24 [110/20] via 192.168.1.2, 00:22:21, Ethernet0/0
O IA 192.168.5.0/24 [110/20] via 192.168.2.2, 00:22:21, Ethernet0/1
C    192.168.1.0/24 is directly connected, Ethernet0/0
C    192.168.2.0/24 is directly connected, Ethernet0/1
O IA 192.168.3.0/24 [110/20] via 192.168.1.2, 00:22:22, Ethernet0/0
```

③ 在区域边界设置路由汇总。在区域边界路由器 R3 上使用路由汇总。

```
R3(config)#router ospf 1
R3(config-router)#area 1 rang 172.16.0.0 255.255.252.0
```

④ 查看使用路由汇总后的区域内部路由器 R1 的路由，可以看到原来的四条路由汇总为一条区域间路由。

```
R1#sh ip rout
Codes: C - connected, S - static, I - IGRP, R - RIP, M - mobile, B - BGP
        D - EIGRP, EX - EIGRP external, O - OSPF, IA - OSPF inter area
        N1 - OSPF NSSA external type 1, N2 - OSPF NSSA external type 2
        E1 - OSPF external type 1, E2 - OSPF external type 2, E - EGP
        i - IS-IS, L1 - IS-IS level-1, L2 - IS-IS level-2, ia - IS-IS inter area
        * - candidate default, U - per-user static route, o - ODR
        P - periodic downloaded static route
Gateway of last resort is not set
     172.16.0.0/22 is subnetted, 1 subnets
O IA    172.16.0.0 [110/21] via 192.168.1.2, 00:00:17, Ethernet0/0
O IA 192.168.4.0/24 [110/20] via 192.168.1.2, 00:26:36, Ethernet0/0
O IA 192.168.5.0/24 [110/20] via 192.168.2.2, 00:26:36, Ethernet0/1
C    192.168.1.0/24 is directly connected, Ethernet0/0
C    192.168.2.0/24 is directly connected, Ethernet0/1
O IA 192.168.3.0/24 [110/20] via 192.168.1.2, 00:26:36, Ethernet0/0
```

7.5 访问控制列表实验

7.5.1 访问控制列表

访问控制列表（Access Control List，ACL）是根据报文字段对报文进行过滤的一种安全技术。访问控制列表通过过滤报文达到流量控制、攻击防范及用户接入控制等功能，在现实中应用广泛。ACL 根据功能的不同分为标准 ACL 和扩展 ACL。标准 ACL 只能过滤报文的源 IP；扩展 ACL 可以过滤源 IP、目的 IP、协议类型、端口号等。

访问控制列表是一种路由器配置脚本，它根据从数据包报头中的内容与列表的匹配条件来控制路由器应该允许还是拒绝数据包通过。通常访问控制列表可以在路由器、三层交换机上进行网络安全属性配置，实现对路由器和三层交换机的输入/输出数据流进行过滤，但它对路由器自身产生的数据包不起作用。

当每个数据包经过关联有 ACL 的接口时，都会与 ACL 中的语句从上到下一行一行地进行比对，以便发现与该数据包相应的条件语句。ACL 使用允许或拒绝规则来决定数据包转发或丢弃，通过此方式来执行一条或多条安全策略，还可以配置 ACL 来控制对网络或子网的访问。另外，也可以在 VTY 线路接口上使用访问控制列表，来保证 Telnet 的连接安全性。

1．访问控制列表功能

默认情况下，路由器上没有配置任何 ACL，不会过滤流量。进入路由器的流量根据路由表进行路由。如果路由器上没有使用 ACL，则所有可以被路由器路由的数据包都会经过路由器到达下一跳。在路由器上使用 ACL，主要实现以下功能：

1）限制网络流量以提高网络性能

例如，如果公司政策不允许在网络中传输视频流量，那么就应该配置和应用 ACL 以阻止视频流量，这可以显著降低网络负载并提高网络性能。

2）提供流量控制

ACL 可以限制路由更新的传输。如果网络状况不需要更新，便可从中节约带宽。

3）提供基本的网络访问安全性

ACL 可以允许一台主机访问部分网络，同时阻止其他主机访问同一区域。例如，"人力资源"网络仅限选定的用户进行访问。

4）决定在路由器接口上转发或阻止哪些类型的流量

例如，ACL 可以允许电子邮件流量，但阻止所有 Telnet 流量。

5）屏蔽主机以允许或拒绝对网络服务的访问

ACL 可以允许或拒绝用户访问特定网络协议类型，例如 FTP 或 HTTP。

2．访问控制列表工作原理

ACL 可以用于入站流量控制，也可以用于出站流量控制。入站 ACL 传入数据包并经过处理之后才会被路由到输出接口。入站 ACL 非常高效，如果数据包被丢弃，则节省了执行路由查找的开销。当经过入站 ACL 处理，表明应允许该数据包后，路由器才会进一步开始为该数据包查找路由的工作。

当 ACL 处理数据包时，一旦数据包与某条 ACL 语句匹配，则会跳过列表中剩余的其他语句，根据该条匹配的语句内容决定允许或者拒绝该数据包。如果数据包内容与 ACL 语句不匹配，那么将依次使用 ACL 列表中的下一条语句测试数据包。该匹配过程会一直继续，直到抵达列表末尾。最后一条隐含的语句适用于不满足之前任何条件的所有数据包。这条最后的测试条件与这些数据包匹配，通常会隐含拒绝一切数据包的指令。此时路由器不会让这些数据进入或送出接口，而是直接丢弃。最后这条语句通常称为隐式的"deny any"语句。由于该语句的存在，所以在 ACL 中应该至少包含一条 permit 语句，否则，默认情况下，ACL 将阻止所有流量。

路由器接收的数据包转发到输出接口时，将由出站 ACL 进行处理。在数据包转发到出站接口之前，路由器检查路由表以查看是否可以路由该数据包。如果该数据包不可路由，则丢弃；否则，将该数据包按照路由表的指示转发至输出接口。如果输出接口没有配置 ACL，那么数据包可以发送到输出缓冲区，否则，将按照输出接口配置的 ACL 列表进行处理，具体处理过程与入站 ACL 相同。

3．访问控制列表配置原则

在路由器上应用 ACL 的一般规则要为每种协议（Per Protocol）、每个方向（Per Direction）、每个接口（Per Interface）配置一个 ACL。

1）每种协议一个 ACL

要控制接口上的流量，必须为接口上启用的每种协议定义相应的 ACL。

2）每个方向一个 ACL

一个 ACL 只能控制接口上一个方向的流量。如果要同时控制入站流量和出站流量，必须定义两个 ACL。

3）每个接口一个 ACL

一个 ACL 只能控制一个接口上的流量。

4．访问控制列表的放置位置

每一个路由器接口的每一个方向，每一种协议只能创建一个 ACL。在适当的位置放置 ACL 可以过滤掉不必要的流量，使网络更加高效。ACL 可以充当防火墙来过滤数据包，并去除不必要的流量。ACL 的放置位置决定了是否能有效减少不必要的流量。例如，会被远程目的地拒绝的流量应尽量不消耗通往该目的地的路径上的网络资源。每个 ACL 都应该放置在最能发挥作用的位置。基本的规则如下：

（1）将扩展 ACL 尽可能靠近要拒绝流量的源，这样才能在不需要的流量流经网络之前将其过滤掉。

（2）因为标准 ACL 不会指定目的地址，所以其位置应该尽可能靠近目的地。

5．标准 ACL 的配置命令

标准 ACL 是通过使用 IP 包中的源 IP 进行过滤，使用访问控制列表号 1～99 来创建相应的 ACL。标准 ACL 占用的路由器资源很少，是一种最基本、最简单的访问控制列表。其应用比较广泛，经常在要求控制级别较低的情况下使用。

要配置标准 ACL，首先在全局配置模式中执行以下命令：

```
Router(config)# access-list access-list-number {remark | permit | deny}
protocol source source-wildcard [log]
```

命令参数说明如下：

（1）access-list-number。标准 ACL 号码，范围为 1～99。

（2）remark。添加备注，增强 ACL 的易读性。

（3）permit。条件匹配时允许访问。

（4）deny。条件匹配时拒绝访问。

（5）protocol。指定协议类型，例如 IP、TCP、UDP、ICMP 等。

（6）source。发送数据包的网络地址或主机地址。

（7）source-wildcard。通配符掩码，应与源地址对应。

（8）log。对符合条件的数据包生成日志消息，该消息将发送到控制台。

其次，配置标准 ACL 之后，可以在接口模式下使用 ip access-group 命令将其关联到具体接口：

```
Router(config-if)# ip access-group access-list-number {in | out}
```

命令参数说明如下：

（1）access-list-number。标准 ACL 号码，范围为 1~99。

（2）in。用于过滤输入该接口的数据包。

（3）out。用于过滤输出该接口的数据包。

7.5.2　实验 25——标准访问控制列表实验

1．实验目的和要求

（1）理解访问控制列表的含义。

（2）掌握标准访问控制列表的配置方法。

2．实验设备

路由器 Cisco 3640，1 台；二层以太网交换机，1 台；PC，3 台；控制线，3 条；网线若干。

3．实验内容

在路由器 R1 上配置标准访问控制列表，禁止主机 C2 访问位于 192.168.1.0 网段的主机，而主机 C3 对网段 192.168.1.0 的访问不受限制，并验证访问控制列表的作用。

4．实验原理

标准访问控制列表实验拓扑图，如图 7-17 所示。

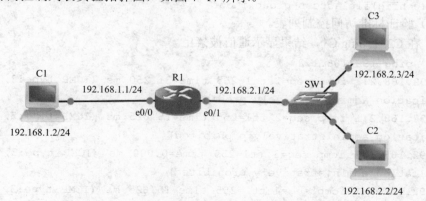

图 7-17　标准访问控制列表实验拓扑图

5．实验步骤

（1）配置路由器两个以太网接口 e0/0，e0/1 的 IP 地址。

```
R1(config)#int e0/0
R1(config-if)#ip ad 192.168.1.1 255.255.255.0
R1(config-if)#no sh
```

```
R1(config-if)# int e0/1
R1(config-if)#ip ad 192.168.2.1 255.255.255.0
R1(config-if)#no sh
```

（2）配置主机 C1、C2、C3 的 IP 地址及网关地址，C1 的主机地址为 192.168.1.2/24，网关地址为 192.168.1.1；C2 的主机地址为 192.168.2.2/24，网关地址为 192.168.2.1；C3 的主机地址为 192.168.2.3/24，网关地址为 192.168.2.1。

（3）测试网络的连通性。在 C2 上 ping C3 和 C1，结果显示成功。

```
C2> ping 192.168.2.3
192.168.2.3 icmp_seq=1 ttl=64 time=0.036 ms
192.168.2.3 icmp_seq=2 ttl=64 time=0.048 ms
192.168.2.3 icmp_seq=3 ttl=64 time=15.625 ms
192.168.2.3 icmp_seq=4 ttl=64 time=0.054 ms
192.168.2.3 icmp_seq=5 ttl=64 time=0.036 ms
C2> ping 192.168.1.2
192.168.1.2 icmp_seq=1 ttl=63 time=15.625 ms
192.168.1.2 icmp_seq=2 ttl=63 time=46.875 ms
192.168.1.2 icmp_seq=3 ttl=63 time=15.625 ms
192.168.1.2 icmp_seq=4 ttl=63 time=46.875 ms
192.168.1.2 icmp_seq=5 ttl=63 time=78.125 ms
```

（4）配置标准的访问列表，禁止 C2 访问网段 192.168.1.0 的主机。在 R1 上建立标准访问控制列表 1，并将该访问控制列表应用到接口 e0/0 的 out 方向。

```
R1(config)#access-list 1 deny 192.168.2.2 0.0.0.0
R1(config)#access-list 1 permit any
R1(config)#int e0/0
R1(config)#ip access-group 1 out
```

（5）验证标准访问控制列表。

① 在 C2 上 ping C1，结果显示通信被禁止。

```
C2> ping 192.168.1.2
*192.168.2.1 icmp_seq=1 ttl=255 time=31.250 ms (ICMP type:3, code:13,
Communication administratively prohibited)
*192.168.2.1 icmp_seq=2 ttl=255 time=15.625 ms (ICMP type:3, code:13,
Communication administratively prohibited)
*192.168.2.1 icmp_seq=3 ttl=255 time=0.000 ms (ICMP type:3, code:13,
Communication administratively prohibited)
*192.168.2.1 icmp_seq=4 ttl=255 time=15.625 ms (ICMP type:3, code:13,
Communication administratively prohibited)
*192.168.2.1 icmp_seq=5 ttl=255 time=15.625 ms (ICMP type:3, code:13,
Communication administratively prohibited)
```

② 在 C3 上 ping C1，结果显示依然能够 ping 通。

```
C3> ping 192.168.1.2
192.168.1.2 icmp_seq=1 ttl=63 time=62.500 ms
192.168.1.2 icmp_seq=2 ttl=63 time=46.875 ms
```

```
192.168.1.2 icmp_seq=3 ttl=63 time=62.500 ms
192.168.1.2 icmp_seq=4 ttl=63 time=46.875 ms
192.168.1.2 icmp_seq=5 ttl=63 time=46.875 ms
```
③ 在 C1 上 ping C2，结果显示超时。
```
C1> ping 192.168.2.2
192.168.2.2 icmp_seq=1 timeout
192.168.2.2 icmp_seq=2 timeout
192.168.2.2 icmp_seq=3 timeout
192.168.2.2 icmp_seq=4 timeout
192.168.2.2 icmp_seq=5 timeout
```

7.5.3　实验 26——访问控制列表综合实验

1．实验目的和要求

（1）理解标准访问控制列表和扩展访问控制列表。

（2）掌握标准访问控制列表和扩展访问控制列表的配置与应用。

2．实验设备

路由器 Cisco 3640，2 台；PC，3 台；控制线，2 条；网线若干。

3．实验内容

在路由器上配置动态路由协议，使整个网络互联。建立访问控制列表，测试访问控制列表的应用。

4．实验原理

访问控制列表综合实验拓扑图，如图 7-18 所示。

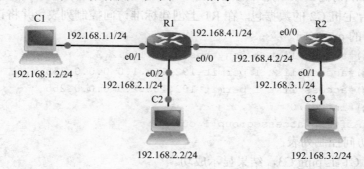

图 7-18　访问控制列表综合实验拓扑图

5．实验步骤

（1）在路由器上配置 IP 地址并启动动态路由协议 RIP。以 R1 为例，具体设置如下：
```
R1(config)#int e0/0
R1(config-if)#ip add 192.168.4.1 255.255.255.0
R1(config-if)#no sh
R1(config-if)#exit
```

```
R1(config)#int e0/1
R1(config-if)#ip add 192.168.1.1 255.255.255.0
R1(config-if)#no sh
R1(config-if)#exit
R1(config)#int e0/2
R1(config-if)#ip add 192.168.2.1 255.255.255.0
R1(config-if)#no sh
R1(config-if)#exit
R1(config)#route rip
R1(config-router)# network 192.168.1.0
R1(config-router)#network 192.168.2.0
R1(config-router)#network 192.168.4.0
```

（2）测试网络连通性。在 C1 上分别 ping C2 和 C3，结果显示成功。

```
C1> ping 192.168.2.2
192.168.2.2 icmp_seq=1 ttl=63 time=15.625 ms
192.168.2.2 icmp_seq=2 ttl=63 time=15.625 ms
192.168.2.2 icmp_seq=3 ttl=63 time=31.250 ms
192.168.2.2 icmp_seq=4 ttl=63 time=46.875 ms
192.168.2.2 icmp_seq=5 ttl=63 time=46.875 ms
C1> ping 192.168.3.2
192.168.3.2 icmp_seq=1 ttl=62 time=62.500 ms
192.168.3.2 icmp_seq=2 ttl=62 time=31.250 ms
192.168.3.2 icmp_seq=3 ttl=62 time=62.500 ms
192.168.3.2 icmp_seq=4 ttl=62 time=62.500 ms
192.168.3.2 icmp_seq=5 ttl=62 time=109.375 ms
```

（3）建立标准访问列表。允许源地址为 192.168.1.0 和 192.168.2.0 的数据包通过，但拒绝其中的一台主机 C2 的数据包。在 R1 上创建标准访问控制列表，并将该列表应用在 R1 的接口 e0/0 的 out 方向。

```
R1(config)#access list 1 deny host 192.168.2.2
R1(config)#access list 1 permit 192.168.1.0 0.0.0.255
R1(config)#access list 1 permit 192.168.2.0 0.0.0.255
R1(config)#int e0/0
R1(config-if)#ip access-group 1 out
```

（4）验证访问控制列表：

① 在主机 C1 上 ping C3，结果显示成功。

```
C1> ping 192.168.3.2
192.168.3.2 icmp_seq=1 ttl=62 time=156.250 ms
192.168.3.2 icmp_seq=2 ttl=62 time=62.500 ms
192.168.3.2 icmp_seq=3 ttl=62 time=140.625 ms
192.168.3.2 icmp_seq=4 ttl=62 time=78.125 ms
192.168.3.2 icmp_seq=5 ttl=62 time=46.875 ms
```

② 在主机 C2 上 ping C3，结果显示被禁止。

```
C2> ping 192.168.3.2
```

```
     *192.168.2.1 icmp_seq=1 ttl=255 time=46.875 ms (ICMP type:3, code:13,
Communication administratively prohibited)
     *192.168.2.1 icmp_seq=2 ttl=255 time=0.000 ms (ICMP type:3, code:13,
Communication administratively prohibited)
     *192.168.2.1 icmp_seq=3 ttl=255 time=15.625 ms (ICMP type:3, code:13,
Communication administratively prohibited)
     *192.168.2.1 icmp_seq=4 ttl=255 time=15.625 ms (ICMP type:3, code:13,
Communication administratively prohibited)
     *192.168.2.1 icmp_seq=5 ttl=255 time=0.000 ms (ICMP type:3, code:13,
Communication administratively prohibited)
```

（5）删除访问控制列表。在路由器 R1 上删除标准访问控制列表 1。

```
R1(config)#no access-list 1
```

或者也可以在接口上不应用标准访问控制列表 1。

```
R1(config-if)#no ip access-group 1 out
```

二者都可能实现去掉访问列表的目的。前者是从列表号角度删除，后者是从接口的输入和输出角度删除。

（6）利用扩展访问控制列表，禁止主机 C1 远程登录路由器 R2。在 R1 上进行如下设置：

```
R1(config)#access-list 110 deny tcp host 192.168.1.2 host 192.168.3.1 eq telnet
R1(config)#access-list 110 permit ip any any
R1(config)#int e0/0
R1(config-if)#ip access-group 110 out
```

（7）验证扩展访问控制列表 110：

① 在主机 C1 上远程登录路由器 R2，结果显示目的地不可达。

```
C1>telnet 192.168.3.1
Trying 192.168.3.1 ...
% Destination unreachable; gateway or host down
```

② 在未被列表禁止的主机 C2 上远程登录路由器 R2，结果显示输入远程登录密码后成功登录至 R2。

```
C2>telnet 192.168.3.1
Trying 192.168.3.1 ... Open

User Access Verification

Password:
R2>
......
```

（8）删除扩展访问控制列表 110，建立新的扩展访问控制列表 111，实现只允许主机 C1 远程登录路由器 R2，禁止其他主机和路由器远程登录路由器 R2。在 R1 上进行如下设置：

```
R1(config)#access-list 111 permit tcp host 192.168.1.2 host 192.168.3.1
eq telnet
R1(config)#int e0/0
R1(config-if)#ip access-group 111 out
```

（9）验证扩展访问控制列表 111：

① 在主机 C1 上远程登录路由器 R2，结果显示输入远程登录密码后成功登录至路由器 R2。

```
C1>telnet 192.168.3.1
Trying 192.168.3.1 ... Open
User Access Verification
Password:
R2>
......
```

② 在主机 C2 上远程登录路由器 R2，结果显示目的地不可达。

```
C2>telnet 192.168.3.1
Trying 192.168.3.1 ...
% Destination unreachable; gateway or host down
```

③ 在主机 C3 上远程登录路由器 R2，结果显示输入远程登录密码后成功登录至路由器 R2。这是因为 C3 远程登录路由器 R2 的路径不经过路由器 R1 的接口 e0/0，因此不受访问控制列表 111 的限制。

```
C3>telnet 192.168.3.1
Trying 192.168.3.1 ... Open
User Access Verification
Password:
R2>
......
```

7.6　NAT 实验

7.6.1　NAT 技术原理

1．NAT 介绍

NAT 称为网络地址转换（Network Address Translation），是由 IETF 制定的标准，允许一个整体机构以一个公用 IP 地址出现在 Internet 上。简单地说，它是一种把内部私有网络地址翻译成合法的公网 IP 地址的技术。因此 NAT 在一定程度上，能够有效地解决公网地址不足的问题。

在局域网内部，网络中的主机使用内部地址（即私有地址）互相通信。主机使用的私有 IP 地址只能在内部网络中使用，在公网中不能被路由转发。因此，当网络内部主机需要与外部网络进行通信时，通常在网络出口设置 NAT，将主机的内部地址替换成公网地址。通过这种方法，可以只申请一个合法 IP 地址，将整个局域网中的计算机接入 Internet 中。同时，NAT 屏蔽了内部网络，所有内部网络的计算机对于公共网络来说是不可见的，而内部网络计算机用户通常不会意识到 NAT 的存在。NAT 功能通常被集成到路由器、防火墙、ISDN 路由器或者单独的 NAT 设备中。例如 Cisco 路由器中已经加入这一功能，网络管理员只需要在路由器的 IOS 中设置 NAT 功能，就可以实现对内部网络的屏蔽。同样，在网络防火墙中将 WEB Server 的内部地址 192.168.1.1 映射为外部地址 202.96.23.11，外部访问 202.96.23.11 地址实际上就是访问 192.168.1.1。此外，对于资金有限的小型企业来说，现在通过软件也可以实现 NAT 功能。Windows 98 SE、Windows 2000 等操作系统都包含了这一功能。

2．NAT 术语

1）公有 IP 地址

公有 IP 地址又称全局地址，是指合法的 IP 地址，它是由 NIC（网络信息中心）或者 ISP（网络服务提供商）分配的地址，对外代表一个或多个内部局部地址，是全球统一的可寻址的地址。

2）私有 IP 地址

私有 IP 地址又称内部地址，属于非注册 IP 地址，专门为组织机构内部使用。因特网分配编号委员会（IANA）保留了 3 块 IP 地址作为私有 IP 地址：10.0.0.0～10.255.255.255，172.16.0.0～172.31.255.255，192.168.0.0～192.168.255.255。

3）地址池

地址池是由一些公有 IP 地址组合而成，在内部网络的数据包通过地址转换到达外部网络时，将会在地址池中选择某个公有 IP 地址作为数据包的源 IP 地址，这样可以有效地利用用户的外部地址，提高访问外部网络的能力。

3．NAT 分类

NAT 的实现方式有 3 种，即静态转换、动态转换和端口多路复用。静态转换是指将内部网络的私有 IP 地址转换为公有 IP 地址，IP 地址对是一对一的，是一成不变的，某个私有 IP 地址只转换为某个公有 IP 地址。动态转换是指将内部网络的私有 IP 地址转换为公有 IP 地址时，IP 地址对是不确定的，而是随机的，所有被授权访问 Internet 的私有 IP 地址可随机转换为任何指定的合法 IP 地址。也就是说，只要指定哪些内部地址可以进行转换，以及用哪些合法地址作为外部地址时，就可以进行动态转换。端口多路复用是指改变外出数据包的源端口并进行端口转换，即端口地址转换（Port Address Translation，PAT）。采用端口多路复用方式，内部网络的所有主机均可共享一个合法外部 IP 地址，实现对 Internet 的访问，从而最大限度地节约 IP 地址资源。同时，又可隐藏网络内部的所有主机，避免来自 Internet 的攻击。

1）静态 NAT

通过手动设置，使 Internet 客户进行的通信能够映射到某个特定的私有网络地址和端口。如果想让连接在 Internet 上的计算机能够使用某个私有网络上的服务器（如网站服务器）以及应用程序（如游戏），那么静态映射是必需的。如果在 NAT 转换表中存在某个映射，那么 NAT 只是单向地从 Internet 向私有网络传送数据。这样，NAT 就为连接到私有网络部分的计算机提供了某种程度的保护。但是，如果考虑到 Internet 的安全性，NAT 就要配合全功能的防火墙一起使用。

静态映射不会从 NAT 转换表中删除。使用静态 NAT 时，当使用私有地址的内部网络主机要与外部网络的主机通信时，主机的数据包经过路由器时，路由器通过查找 NAT table 将 IP 数据包的源 IP 地址（私有地址）改成与之对应的全局 IP 地址，而目标 IP 地址保持不变。这样，数据包就能通过公网到达目的主机。而当目的主机响应的数据包到达与内网相连接的路由器时，路由器同样查找 NAT table，将 IP 数据包的目的 IP 地址改成与之对应的私有地址，这样内部网络主机就能接收到外网主机发过来的数据包。在静态 NAT 方式中，内部的 IP 地址与公有 IP 地址是一种一一对应的映射关系，所以，采用这种方式的前提是，机构能够申请到足够多的全局 IP 地址。

2）动态 NAT

动态 NAT 为每一个内部的 IP 地址分配一个临时的外部 IP 地址。例如，当内部网络用户需要与外部网络进行通信时，动态 NAT 将从地址池中随机选取一个临时的公有 IP 地址分配给该用户使用，当用户与外部网络断开时，该临时的公有 IP 地址将会被释放，并可以被其他用户使用。

动态 NAT 方式适合于当机构申请到的公有 IP 地址较少，而内部网络主机较多的情况。内部网络的私有 IP 地址与公有 IP 地址是多对一的关系。当数据包进出内部网络时，具有 NAT 功能的设备对 IP 数据包的处理与静态 NAT 的一样，只是 NAT table 表中的记录是动态的，若内部网络主机在一定时间内没有和外部网络通信，有关它的 IP 地址映射关系将会被删除，并且会把该全局 IP 地址分配给新的用户使用，形成新的 NAT table 映射记录。

3）端口地址转换（PAT）

PAT 是把不同的私有地址映射到一个公有 IP 地址的不同端口上，各个内网主机通过不同的端口进行区分。利用 PAT 可以节省公有地址的使用量，但会加大 NAT 设备负担，影响其转发速度。

4．NAT 的工作过程

当内部网络中的一台主机想传输数据到外部网络时，它先将数据包传输到 NAT 路由器上，路由器检查数据包的报头，获取该数据包的源 IP 信息，并从它的 NAT 映射表中找出与该 IP 匹配的转换条目，用所选用的内部全局地址（全球唯一的 IP 地址）来替换内部局部地址，并转发数据包。

当外部网络对内部主机进行应答时，数据包被送到 NAT 路由器上，路由器接收到目的地址为内部全局地址的数据包后，它将用内部全局地址通过 NAT 映射表查找出内部局部地址，然后将数据包的目的地址替换成内部局部地址，并将数据包转发到内部主机。

5．NAT 的应用

NAT 主要可以实现以下几个功能：数据包伪装、端口转发、负载平衡和透明代理。

1）数据包伪装

可以将内部网络数据包中的地址信息更改成统一的对外地址信息，不让内部网络主机直接暴露在因特网上，保证内部网络主机的安全。同时，该功能也常用来实现共享上网。例如，内部网络主机访问外部网络时，为了隐藏内部网络拓扑结构，使用全局地址替换私有地址。

2）端口转发

当内部网络主机对外提供服务时，由于使用的是内部私有 IP 地址，外部网络无法直接访问。因此，需要在网关上进行端口转发，将特定服务的数据包转发给内部网络主机，并且这个过程对用户来说是透明的。

3）负载平衡

目的地址转换 NAT 可以重定向一些服务器的连接到其他随机选定的服务器，在这些服务器之间实现负载平衡。

4）透明代理

例如已经架设的服务器空间不足，需要将某些链接指向存在另外一台服务器的空间，或者某台计算机上没有安装 IIS 服务，但是却想让用户访问该台计算机上的内容，这时利用 IIS 的 Web 站点重定向即可解决。

6．NAT 的基本配置方法

1）NAT 配置常用术语

内部局部地址（Inside Local）。在内部网络中分配给主机的私有 IP 地址。

内部全局地址（Inside Global）。一个合法的 IP 地址，它对外代表一个或多个内部局部 IP 地址。

外部全局地址（Outside Global）。由其所有者给外部网络上的主机分配的 IP 地址。

外部局部地址（Outside Local）。外部主机在内部网络中表现出来的 IP 地址。

2）静态 NAT 配置方法

（1）在内部本地地址与内部合法地址之间建立静态地址转换。

```
Router(config)#ip nat inside source static 内部局部地址 内部全局地址
```

（2）指定连接网络的内部端口。

```
Router(config-if)#ip nat inside
```

（3）指定连接外部内部网络的外部端口。

```
Router(config-if)#ip nat outside
```

3）动态 NAT 配置方法

（1）定义内部合法地址池。

```
Router(config)#ip nat pool 地址池名字 起始 IP 地址 终止 IP 地址 子网掩码
```

（2）定义一个标准的 access-list 规则以允许哪些内部本地地址可以进行动态地址转换。

```
Router(config)#access-list ACL 号 permit 源地址 通配符
```

（3）将由 access-list 指定的内部局部地址与指定的内部全局地址进行地址转换。

```
Router(config)#ip nat inside source list access-list ACL 号 pool 地址池名字
```

（4）指定与内部网络相连的内部端口。

```
Router(config-if)#ip nat inside
```

（5）指定与外部网络相连的外部端口。

```
Router(config-if)#ip nat outside
```

4）NAT 其他常用命令

show ip nat translations：显示当前存在的 NAT 转换信息。

show ip nat statistics：查看 NAT 的统计信息。

show ip nat translations verbose：显示当前存在的 NAT 转换的详细信息。

debug ip nat：跟踪 NAT 操作，显示出每个被转换的数据包。

Clear ip nat translations *：删除 NAT 映射表中的所有内容。

7.6.2　实验 27——NAT 配置实验

1．实验目的和要求

（1）理解 NAT 技术原理。

（2）掌握 NAT 在路由器上的配置方法。

2．实验设备

路由器 Cisco3640，3 台；带网卡的 PC，3 台；控制线，3 条；网线若干。

3．实验内容

（1）配置静态地址转换，并验证地址转换过程。
（2）配置动态地址转换，并验证地址转换过程。

4．实验原理

NAT 配置实验拓扑图，如图 7-19 所示。

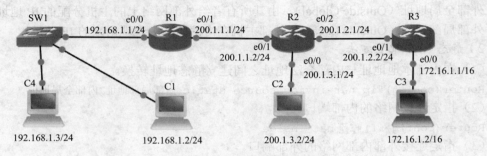

图 7-19　NAT 配置实验拓扑图

5．实验步骤

（1）配置各路由器端口的 IP 地址，配置各主机的 IP 地址。并在 R1、R2 和 R3 上开启动态路由。以 R1 的配置过程为例，具体如下：

```
R1#conf t
R1(config)#int e0/0
R1(config-if)#ip add 192.168.1.1 255.255.255.0
R1(config-if)#no shut
R1(config-if)#exit
R1(config)#int e0/1
R1(config-if)#ip add 200.1.1.1 255.255.255.0
R1(config-if)#no shut
R1(config-if)#exit
R1(config)#ip route 200.1.5.0 255.255.255.0 200.1.1.2
R1(config)#ip route 200.1.3.0 255.255.255.0 200.1.1.2
R1(config)#ip route 200.1.2.0 255.255.255.0 200.1.1.2
```

（2）完成配置后使用 show ip route 查看路由配置的正确性。以 R1 为例，在 R1 上查看路由表结果如下：

```
R1#sh ip rout
Codes: C - connected, S - static, R - RIP, M - mobile, B - BGP
        D - EIGRP, EX - EIGRP external, O - OSPF, IA - OSPF inter area
        N1 - OSPF NSSA external type 1, N2 - OSPF NSSA external type 2
        E1 - OSPF external type 1, E2 - OSPF external type 2
```

```
       i - IS-IS, su - IS-IS summary, L1 - IS-IS level-1, L2 - IS-IS level-2
       ia - IS-IS inter area, * - candidate default, U - per-user static route
       o - ODR, P - periodic downloaded static route
Gateway of last resort is not set
S    200.1.5.0/24 [1/0] via 200.1.1.2
C    200.1.1.0/24 is directly connected, Ethernet0/1
S    200.1.2.0/24 [1/0] via 200.1.1.2
S    200.1.3.0/24 [1/0] via 200.1.1.2
C    192.168.1.0/24 is directly connected, Ethernet0/0
```

（3）在 R1 和 R3 上分别使用静态 NAT 将私有地址转换成公网地址。以 R1 为例，将主机 C1 的私有地址 192.168.1.2/24 转换成 200.1.4.2/24，具体过程如下：

```
R1#config t
R1(config)# ip nat inside source static 192.168.1.2 200.1.4.2
R1(config)#int e0/0
R1(config-if)#ip nat inside
R1(config-if)#int e0/1
R1(config-if)#ip nat outside
```

（4）验证静态 NAT：

① 在 R1 上查看静态 NAT。

```
R1#sh ip nat t
Pro Inside global      Inside local      Outside local      Outside global
--- 200.1.4.2          192.168.1.2       ---                ---
```

② 在主机 C1 上 ping 主机 C2，结果显示成功。

```
C1> ping 200.1.3.2
200.1.3.2 icmp_seq=1 ttl=62 time=171.875 ms
200.1.3.2 icmp_seq=2 ttl=62 time=140.625 ms
200.1.3.2 icmp_seq=3 ttl=62 time=140.625 ms
200.1.3.2 icmp_seq=4 ttl=62 time=109.375 ms
200.1.3.2 icmp_seq=5 ttl=62 time=125.000 ms
```

同时，在 R1 上开启 NAT 监测，可以看到地址转换过程。R1 将收到的源地址为 192.168.1.2 的数据包转换为源地址为 200.1.4.2 的数据包；反之，R1 将收到的目的地址为 200.1.4.2 的数据包转换为目的地址为 192.168.1.2 的数据包。

```
R1#debug ip nat
IP NAT debugging is on
*Mar  1 00:57:57.895: NAT*: s=192.168.1.2->200.1.4.2, d=200.1.3.2 [7044]
*Mar  1 00:57:58.007: NAT*: s=200.1.3.2, d=200.1.4.2->192.168.1.2 [7044]
*Mar  1 00:57:59.051: NAT*: s=192.168.1.2->200.1.4.2, d=200.1.3.2 [7045]
*Mar  1 00:57:59.163: NAT*: s=200.1.3.2, d=200.1.4.2->192.168.1.2 [7045]
……
```

③ 在主机 C1 上 ping 主机 C3 的公网地址，结果显示成功。

```
C1> ping 200.1.5.2
200.1.5.2 icmp_seq=1 ttl=61 time=187.500 ms
200.1.5.2 icmp_seq=2 ttl=61 time=203.125 ms
```

```
200.1.5.2 icmp_seq=3 ttl=61 time=156.250 ms
200.1.5.2 icmp_seq=4 ttl=61 time=171.875 ms
200.1.5.2 icmp_seq=5 ttl=61 time=218.750 ms
```

同时，在 R3 上开启 NAT 监测，可以看到地址转换过程。R1 将收到的源地址为 172.16.1.2 的数据包转换为源地址为 200.1.5.2 的数据包；反之，R1 将收到的目的地址为 200.1.5.2 的数据包转换为目的地址为 172.16.1.2 的数据包。

```
R3#debug ip nat
IP NAT debugging is on
*Mar  1 01:23:11.283: NAT*: s=200.1.4.2, d=200.1.5.2->172.16.1.2 [8545]
*Mar  1 01:23:11.323: NAT*: s=172.16.1.2->200.1.5.2, d=200.1.4.2 [8545]
*Mar  1 01:23:12.495: NAT*: s=200.1.4.2, d=200.1.5.2->172.16.1.2 [8546]
*Mar  1 01:23:12.527: NAT*: s=172.16.1.2->200.1.5.2, d=200.1.4.2 [8546]
……
```

（5）配置动态 NAT。首先删除静态 NAT 的相关配置。以 R1 为例，首先设置包含 5 个公网地址 200.1.4.1～200.1.4.5 的地址池，然后设置允许进行地址转换的私有地址网段 192.168.1.0，并将地址池与私有网段相关联。

```
R1#config t
R1(config)# ip nat pool CISCO 200.1.4.1 200.1.4.5 netmask 255.255.255.0
R1(config)# access-list 1 permit 192.168.1.0 0.0.0.255
R1(config)#ip nat inside source list 1 pool CISCO
R1(config)#int e0/0
R1(config-if)#ip nat inside
R1(config-if)#int e0/1
R1(config-if)#ip nat outside
```

（6）验证动态 NAT：

① 主机 C1 上 ping 主机 C2，在 R1 上使用 debug ip nat，可以看到 C1 的地址转换为 200.1.4.1。

```
*Mar  1 01:47:57.431: NAT*: s=192.168.1.2->200.1.4.1, d=200.1.3.2 [10044]
*Mar  1 01:47:57.535: NAT*: s=200.1.3.2, d=200.1.4.1->192.168.1.2 [10044]
……
```

② 同时，在主机 C4 上 ping 主机 C3，可以看到 C4 的地址转换为 200.1.4.2。

```
*Mar  1 02:11:54.299: NAT*: s=192.168.1.3->200.1.4.2, d=200.1.5.2 [11481]
*Mar  1 02:11:54.455: NAT*: s=200.1.5.2, d=200.1.4.2->192.168.1.3 [11481]
……
```

③ 在 R1 上查看地址转换表，可以看到动态地址转换的对应关系。

```
R1#sh ip nat tr
Pro Inside global      Inside local       Outside local      Outside global
--- 200.1.4.1          192.168.1.2        ---                ---
--- 200.1.4.2          192.168.1.3        ---                ---
```

④ 使用 clear ip nat tr *命令清除地址转换表内容，再次查看 R1 上的地址转换表显示为空。

习题

1. IP 地址与 MAC 地址的区别是什么？
2. IPv4 向 IPv6 过渡的常用技术及基本原理分别是什么？
3. 交换机转发数据帧的 3 种方式是什么？
4. 静态 VLAN 和动态 VLAN 的区别是什么？
5. 距离矢量路由选择算法的基本原理是什么？
6. 说明生成树协议的概念及其工作过程。
7. 说明开放最短路径优先协议的工作过程。
8. 常用网络地址转换方式包括哪些？

参 考 文 献

[1] 高建良，贺建飚. 物联网 RFID 原理与技术[M]. 北京：电子工业出版社，2013.

[2] 付蔚. 家居物联网技术开发与实践[M]. 北京：北京大学出版社，2013.

[3] 刘云浩. 物联网导论[M]. 北京：科学出版社，2010.

[4] 马建. 物联网技术概论[M]. 北京：机械工业出版社，2011.

[5] 贝毅君，干红华，程学林，等. RFID 技术在物联网中的应用[M]. 北京：人民邮电出版社，2013.

[6] 薛燕红. 物联网技术及应用[M]. 北京：清华大学出版社. 2012.

[7] 姜仲. ZigBee 技术与实训教程－基于 CC2530 的无线传感网技术[M]. 北京：清华大学出版社，2014.

[8] 桂劲松. 物联网系统设计[M]. 北京：电子工业出版社，2013.

[9] 徐勇军. 物联网实验教程[M]. 北京：机械工业出版社，2011.

[10] 刘连浩. 物联网与嵌入式系统开发[M]. 北京：电子工业出版社，2012.

[11] 王汝林. 物联网基础及应用主编[M]. 北京：清华大学出版社. 2011.

[12] 无线龙. ZigBee 无线网络原理\无线龙[M]. 北京：冶金工业出版社，2011.

[13] 庞明. 物联网条码技术与射频识别技术[M]. 北京：中国财富出版社，2011.

[14] 李春茂. 物联网理论与技术[M]. 北京：化学工业出版社，2013.

[15] 吕永军. 传感器技术实用教程[M]. 北京：机械工业出版社，2012.

[16] 吴亚林. 物联网用传感器[M]. 北京：电子工业出版社，2012.

[17] 董健. 物联网与短距离无线通信技术[M]. 北京：电子工业出版社，2012.

[18] 马静. 物联网基础教程[M]. 北京：清华大学出版社，2012.

[19] 李佳，周志强. 物联网技术与实践[M]. 北京：电子工业出版社，2012.

[20] 杨恒. 最新物联网实用开发技术[M]. 北京：清华大学出版社，2012.

[21] 赵健，肖云，王瑞. 物联网概述[M]. 北京：清华大学出版社，2013.

[22] 张凯，张雯婷. 物联网导论学习与实验指导[M]. 北京：清华大学出版社，2013.

[23] 饶运涛，邹继军，王进宏，等. 现场总线 CAN 原理与应用技术[M]. 北京：航空航天大学出版社，2007.

[24] 王志良，王粉花. 物联网工程概论[M]. 北京：机械工业出版社，2011.

[25] 杨刚，沈沛意，郑春红. 物联网理论与技术[M]. 北京：科学出版社，2012.

[26] 王相林. 计算机网络组网与配置技术[M]. 北京：清华大学出版社，2012.

[27] 何怀文，肖涛，傅瑜. 计算机网络实验教程[M]. 北京：清华大学出版社，2013.

[28] 程光，李代强，强士卿. 网络工程与组网技术[M]. 北京：清华大学出版社，2008.

[29] 刘京中，邵慧莹. 网络互联技术与实践[M]. 北京：电子工业出版社，2012.

[30] 沈鑫剡. 计算机网络工程[M]. 北京：清华大学出版社，2013.

[31] 沈鑫剡，等. 计算机网络工程实验教程[M]. 北京：清华大学出版社，2013.

[32] 梁正友. 计算机网络实践教程主编[M]. 北京：清华大学出版社，2013.

[33] 陈学平，童均. 计算机网络工程与实训教程[M]. 北京：清华大学出版社，2013.

[34] 吴伯桥. 网络设备配置与管理[M]. 北京：清华大学出版社，2013.

[35] 徐恪，徐明伟，陈文龙，等. 高级计算机网络[M]. 北京：清华大学出版社，2012.

[36] 梁广民，王隆杰. 思科网络实验室路由、交换实验指南：2 版[M]. 北京：电子工业出版社. 2013.

[37] 刘晓辉. 网络设备规划、配置与管理大全（Cisco 版）：2 版[M]. 北京：电子工业出版社. 2012.